2주완성
미용사 네일
필기시험문제

NAIL

   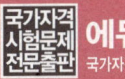

들어가는 말

국민 소득이 높아지고 생활상이 다양해짐에 따라 아름답고 건강해지고자 하는 열망이 미용 산업의 양적 성장뿐 아니라 질적 팽창까지 이끌어내고 있습니다. 그런 흐름에 따라 정부에서는 국가 정책의 하나로 뷰티 & 헬스 산업의 활성화를 공표했으며, 미용 관련 자격증은 가장 전망 있는 자격증으로 손꼽히고 있습니다. 특히 네일 분야는 몇 년 전과는 비교할 수 없을 정도로 숍이 늘어났으며, 직업과 연령대에 상관없이 많은 여성들이 아름다움을 가꾸기 위해 네일숍을 찾고 있습니다.

이 책은 풍부한 현장 경험과 강의 경험을 바탕으로 예비 네일아티스트와 네일미용 창업을 꿈꾸는 분들에게 길잡이가 되고자 실전모의고사를 중심으로 핵심 이론만 요약해 담았습니다. 수험생들의 부담을 덜기 위해 핵심만 간추려 2주 안에 실력을 완성할 수 있도록 얇은 책으로 구성했습니다. 또한 출제예상문제를 상세한 해설과 함께 제공함으로써 시험에 철저하게 대비할 수 있도록 했습니다.

네일아티스트가 되고자 하는 여러분들이 이 책을 통해 더 쉽고 더 빠른 시간 안에 합격의 영광을 누리시길 진심으로 기원합니다. 마지막으로 책을 출간하는 데 애써주신 크라운 출판사 직원 여러분께 감사의 말씀을 전합니다.

저자 드림

2주 만에 합격하는 이 책의 구성

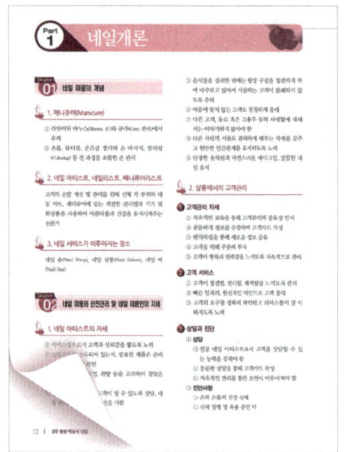

핵심이론
시험에 꼭 나오는 이론만 선별해 수험생들이 단시간에 핵심만 파악할 수 있도록 구성했습니다.

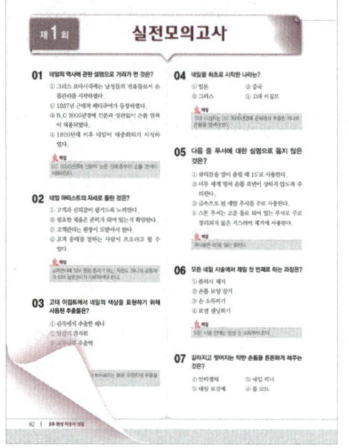

실전모의고사
꼼꼼하게 만든 실전모의고사 5회분을 수록했습니다. 풍부한 문제뿐 아니라 상세한 해설로 수험생들의 이해를 도왔습니다.

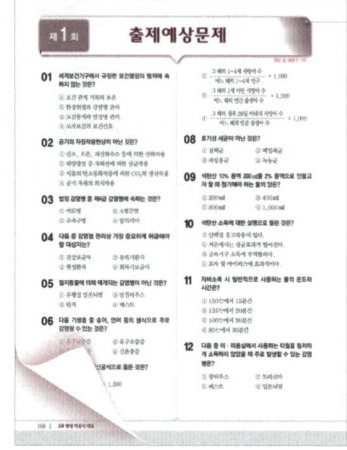

출제예상문제
출제예상문제 4회분을 수록했습니다. 실제 시험을 보는 마음으로 풀어보면 출제 경향을 파악하고 실전 감각을 높이는 데 도움이 될 것입니다.

2주 완성 합격 플랜

1, 2일	3일		4일	5일	6일	7일	8일	9일	10일
Part 1. 네일미용 위생서비스	Part 2. 네일 화장물 제거	Part 3. 네일 기본 관리	Part 4. 네일 화장물 적용 전 처리	Part 5. 자연 네일 보강	Part 6. 네일 컬러링	Part 7. 팁 위드 파우더	Part 8. 팁 위드 랩	Part 9. 인조 네일 보수	Part 10. 네일 화장물 적용 마무리
Chapter 1 Chapter 2 Chapter 3 Chapter 4	Chapter 5 Chapter 6 Chapter 7 Chapter 8 Chapter 9	Chapter 1 Chapter 2 Chapter 3	Chapter 1 Chapter 2 Chapter 3	Chapter 1 Chapter 2 Chapter 3	Chapter 1 Chapter 2 Chapter 3	Chapter 1 Chapter 2 Chapter 3	Chapter 1 Chapter 2 Chapter 3 Chapter 4	Chapter 5 Chapter 6 Chapter 7	Chapter 1	Chapter 1

8, 9, 10일	11일	12일	13일	14일
Part 11. 공중위생관리	실전모의고사	출제예상문제	이론편 총정리	문제편 총정리
Chapter 1 Chapter 2 Chapter 3	실전모의고사 1회 실전모의고사 2회 실전모의고사 3회 실전모의고사 4회 실전모의고사 5회 실전모의고사 6회 실전모의고사 7회 실전모의고사 8회	출제예상문제 1회 출제예상문제 2회 출제예상문제 3회 출제예상문제 4회	이론편을 전체적으로 회독하여 부족한 부분 암기	해설 위주로 자주 출제되는 문제 암기

미용사 네일 자격시험 안내

개요
네일미용에 관한 숙련 기능을 가지고 현장 업무를 수행할 수 있는 능력을 가진 전문 기능 인력을 양성하고자 자격제도를 제정

수행 직무
손톱·발톱을 건강하고 아름답게 하기 위하여 적절한 관리법과 기기 및 제품을 사용하여 네일미용 업무수행

진로 및 전망
네일미용사, 미용 강사, 화장품 관련 연구기관, 네일미용업 창업, 유학 등

출제 경향
손톱·발톱 관리, 네일 시술·교정, 일반네일 장식 등 네일미용 작업의 숙련도 평가

취득 방법
- 시행처 : 한국산업인력공단
- 시험과목
  - 필기 : 1. 네일개론   2. 공중위생관리학   3. 네일미용 기술
  - 실기 : 네일미용 실무
- 검정 방법
  - 필기 : 객관식 4지 택일형(60문항)
  - 실기 : 작업형(2시간 30분 정도)
- 합격 기준 : 필기·실기 100점을 만점으로 60점

출제기준(필기)

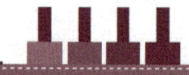

| 직무 분야 | 이용·숙박·여행·오락·스포츠 | 중직무 분야 | 이용·미용 | 자격 종목 | 미용사(네일) | 적용 기간 | 2022. 1. 1. ~ 2026. 12. 31. |

○ 직무내용 : 고객의 건강하고 아름다운 네일을 유지·보호하기 위해 네일케어, 컬러링, 인조네일, 네일아트 등의 서비스를 제공하는 직무이다.

| 필기검정방법 | 객관식 | 문제수 | 60 | 시험시간 | 1시간 |

필기과목명	문제수	주요항목	세부항목	세세항목
네일 화장물 적용 및 네일미용 관리	60	1. 네일미용 위생서비스	1. 네일미용의 이해	1. 네일미용의 개념과 역사
			2. 네일숍 청결 작업	1. 네일숍 시설 및 물품 청결 2. 네일숍 환경 위생관리
			3. 네일숍 안전관리	1. 네일숍 안전수칙 2. 네일숍 시설·설비
			4. 미용기구 소독	1. 네일미용 기기 소독 2. 네일미용 도구 소독
			5. 개인위생관리	1. 네일미용 작업자 위생관리 2. 네일미용 고객 위생관리 3. 네일의 병변
			6. 고객응대 서비스	1. 고객응대 및 상담
			7. 피부의 이해	1. 피부와 피부부속기관 2. 피부유형분석 3. 피부와 영양 4. 피부와 광선 5. 피부면역 6. 피부노화 7. 피부장애와 질환
			8. 화장품 분류	1. 화장품 기초 2. 화장품 제조 3. 화장품의 종류와 기능
			9. 손발의 구조와 기능	1. 뼈(골)의 형태 및 발생 2. 손과 발의 뼈대(골격) 3. 손과 발의 근육 4. 손과 발의 신경
		2. 네일 화장물 제거	1. 일반네일 폴리시 제거	1. 일반네일 폴리시 성분 2. 일반네일 폴리시 제거 작업
			2. 젤네일 폴리시 제거	1. 젤네일 폴리시 성분 2. 젤네일 폴리시 제거 작업
			3. 인조네일 제거	1. 인조네일 제거방법 선택 및 제거 작업
		3. 네일 기본관리	1. 프리에지 모양만들기	1. 네일파일 사용 2. 자연네일 프리에지 모양
			2. 큐티클 부분 정리	1. 자연네일의 구조 2. 자연네일의 특징 3. 큐티클 부분 정리 작업 4. 큐티클 부분 정리 도구
			3. 보습제 도포	1. 네일미용 보습 제품 적용
		4. 네일 화장물 적용 전 처리	1. 일반네일 폴리시 전 처리	1. 네일 유분기 및 잔여물 제거 2. 일반네일 폴리시 전 처리 작업
			2. 젤네일 폴리시 전 처리	1. 젤네일 폴리시 전 처리 작업
			3. 인조네일 전 처리	1. 인조네일 전 처리 작업

필기과목명	문제수	주요항목	세부항목	세세항목
		5. 자연네일 보강	1. 네일랩 화장물 보강	1. 네일랩 화장물 보강 작업 및 도구
			2. 아크릴 화장물 보강	1. 아크릴 화장물 보강 작업 및 도구
			3. 젤 화장물 보강	1. 젤 화장물 보강 작업 및 도구
		6. 네일컬러	1. 풀코트 컬러 도포	1. 풀코트 컬러링
			2. 프렌치 컬러 도포	1. 프렌치 컬러링
			3. 딥프렌치 컬러 도포	1. 딥프렌치 컬러링
			4. 그러데이션 컬러 도포	1. 그러데이션 컬러링
		7. 네일 폴리시 아트	1. 일반네일 폴리시 아트	1. 기초색채 배색 및 일반네일 폴리시 아트 작업
			2. 젤네일 폴리시 아트	1. 기초디자인 적용 및 젤네일 폴리시 아트 작업
			3. 통 젤네일 폴리시 아트	1. 네일 폴리시 디자인 도구 및 통 젤네일 폴리시 아트 작업
		8. 팁 위드 파우더	1. 네일팁 선택	1. 네일 상태에 따른 네일팁 선택
			2. 풀커버 팁 작업	1. 풀커버 팁 활용 및 도구
			3. 프렌치 팁 작업	1. 프렌치 팁 활용 및 도구
			4. 내추럴 팁 작업	1. 내추럴 팁 활용 및 도구
		9. 팁 위드 랩	1. 팁 위드 랩네일팁 적용	1. 네일팁 턱 제거 및 적용 작업
			2. 네일랩 적용	1. 네일랩 오버레이 및 네일랩 적용 작업
		10. 랩네일	1. 네일랩 재단	1. 네일랩 재료 및 작업
			2. 네일랩 접착	1. 네일랩 접착제 및 접착 작업
			3. 네일랩 연장	1. 인조네일 구조 및 네일랩 연장 작업
		11. 젤네일	1. 젤 화장물 활용	1. 젤네일 기구 및 젤 화장물 사용방법
			2. 젤 원톤 스컬프처	1. 네일 폼 적용 및 젤 원톤 스컬프처 작업
			3. 젤 프렌치 스컬프처	1. 젤 브러시 활용 및 젤 프렌치 스컬프처 작업
		12. 아크릴 네일	1. 아크릴 화장물 활용	1. 아크릴 네일도구 및 사용방법
			2. 아크릴 원톤 스컬프처	1. 아크릴 브러시 활용 및 아크릴 원톤 스컬프처 작업
			3. 아크릴 프렌치 스컬프처	1. 스마일 라인 조형 및 아크릴 프렌치 스컬프처 작업
		13. 인조네일 보수	1. 팁네일 보수	1. 팁네일 상태에 따른 화장물 제거 및 보수작업
			2. 랩네일 보수	1. 랩네일 상태에 따른 화장물 제거 및 보수작업
			3. 아크릴 네일 보수	1. 아크릴 네일 상태에 따른 화장물 제거 및 보수작업
			4. 젤네일 보수	1. 젤네일 상태에 따른 화장물 제거 및 보수작업
		14. 네일 화장물 적용 마무리	1. 일반네일 폴리시 마무리	1. 일반네일 폴리시 잔여물 정리 및 건조
			2. 젤네일 폴리시 마무리	1. 젤네일 폴리시 잔여물 정리 및 경화
			3. 인조네일 마무리	1. 인조네일 잔여물 정리 및 광택
		15. 공중위생관리	1. 공중보건	1. 공중보건 기초 2. 질병관리 3. 가족 및 노인보건 4. 환경보건 5. 식품위생과 영양 6. 보건행정
			2. 소독	1. 소독의 정의 및 분류 2. 미생물 총론 3. 병원성 미생물 4. 소독방법 5. 분야별 위생·소독
			3. 공중위생관리법규(법, 시행령, 시행규칙)	1. 목적 및 정의 2. 영업의 신고 및 폐업 3. 영업자 준수사항 4. 면허 5. 업무 6. 행정지도감독 7. 업소 위생등급 8. 위생교육 9. 벌칙 10. 시행령 및 시행규칙 관련 사항

 CBT 시험 안내

🖱 **합격 예정자 발표** : 시험 종료 후 홈페이지 공식 발표

🖱 **CBT 방식 원서접수 방법**
  원서 접수 신청을 하여 자신이 원하는 날짜, 요일, 시간, 시험장을 선택

🖱 **CBT(Computer Based Test)란?**
  – 일반 필기시험과 같이 시험지와 답안카드를 받고 문제에 맞는 답을 답안카드에 기재 (싸인펜 등을 사용)하는 것이 아니라 컴퓨터 화면으로 시험문제를 인식하고 그에 따른 정답을 클릭하면 네트워크를 통하여 감독자 PC에 자동으로 수험자의 답안이 저장되는 방식

🖱 **관련 문의** : 기술자격국 필기시험팀(02-2137-0503)

🖱 **자격검정 CBT 웹체험 프로그램**
  한국산업인력공단 홈페이지(http://www.q-net.or.kr/)

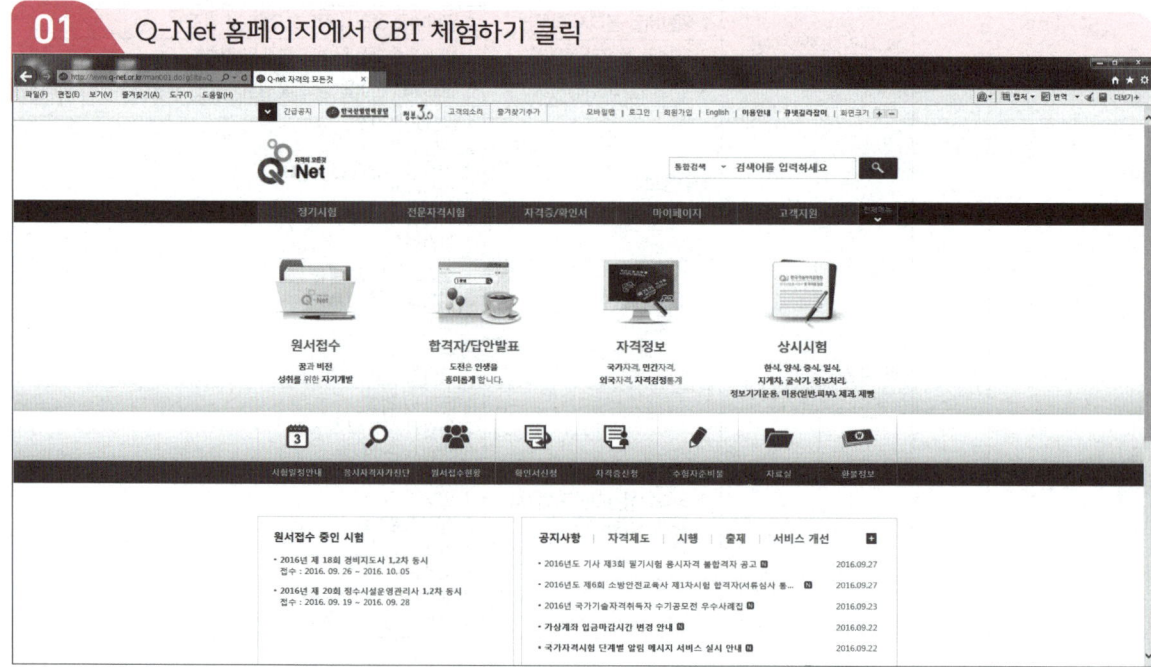

02 CBT 필기 자격시험 체험하기

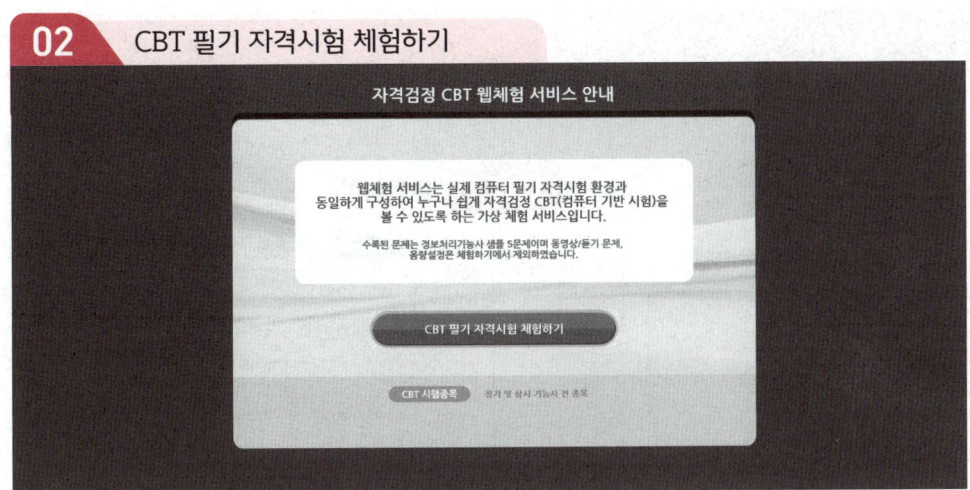

03 수험자 접속 대기

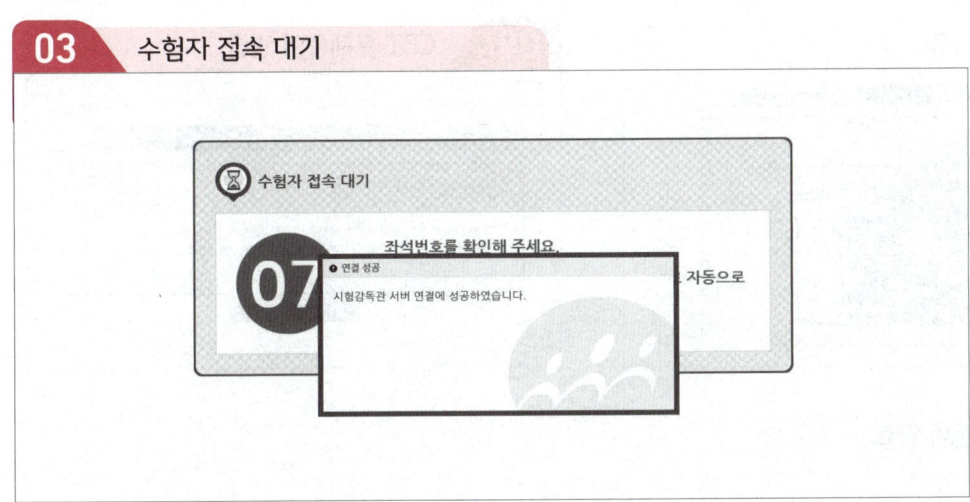

04 수험자 정보 확인

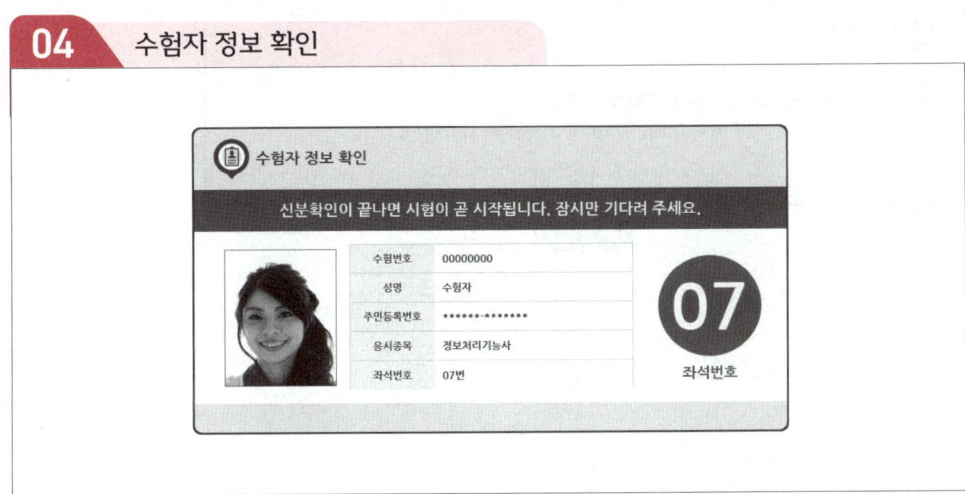

CBT 시험 안내

05 안내사항

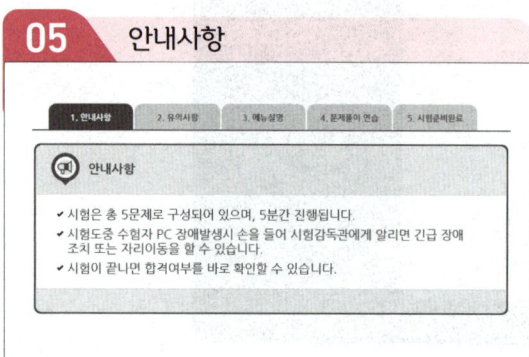

06 유의사항

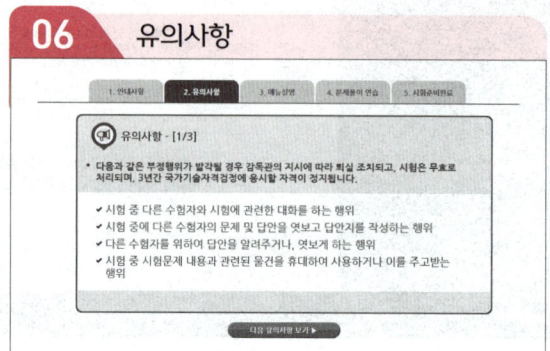

07 메뉴 설명

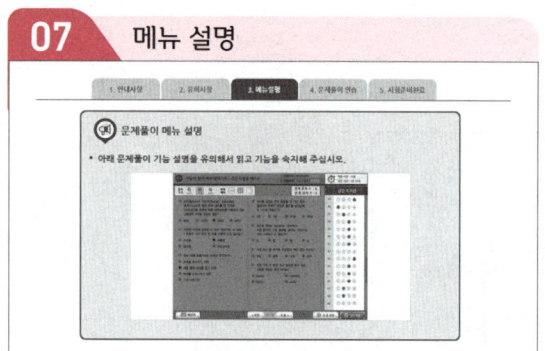

08 CBT 문제풀이 연습

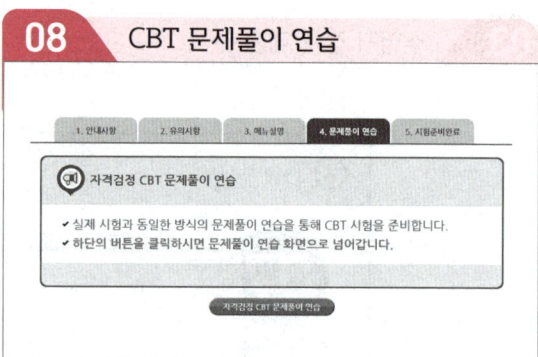

09 시험 준비 완료

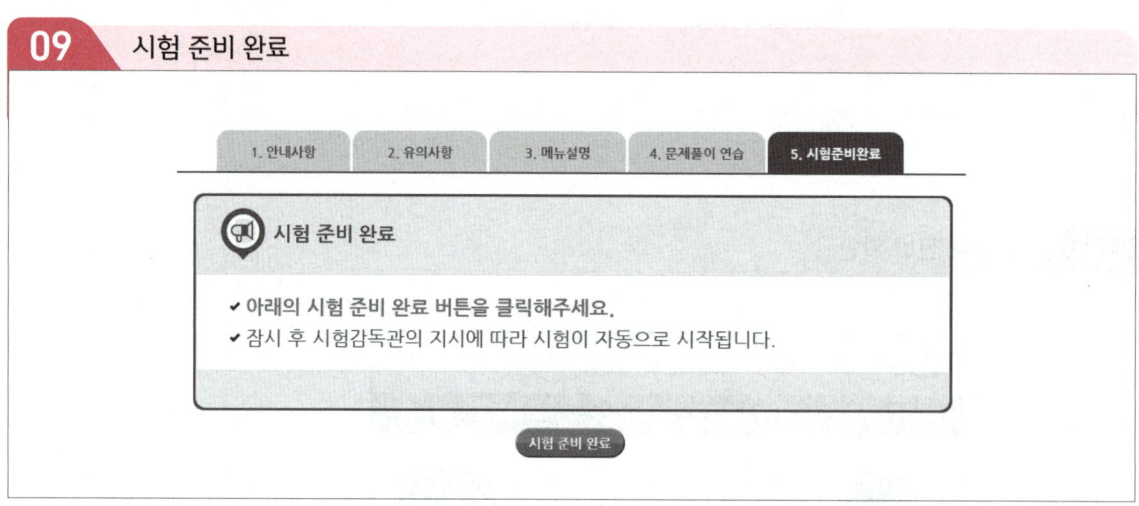

10 잠시 후 시험 시작

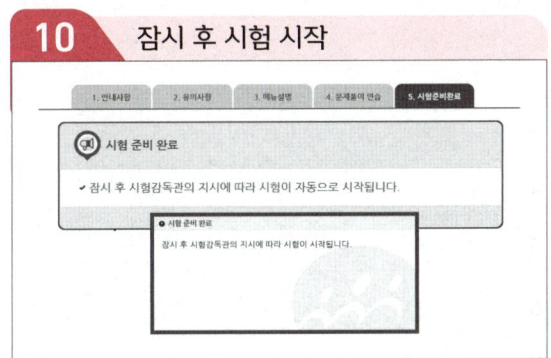

11 문제 풀어보기

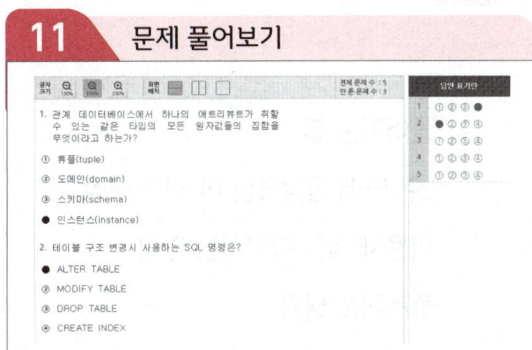

12 답안 제출

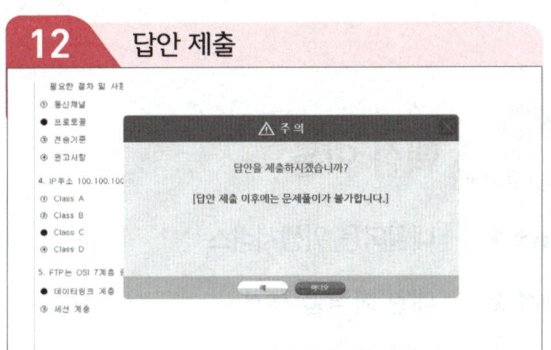

13 최종 확인

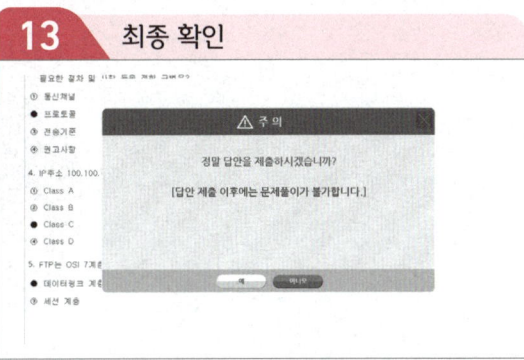

14 시험 완료

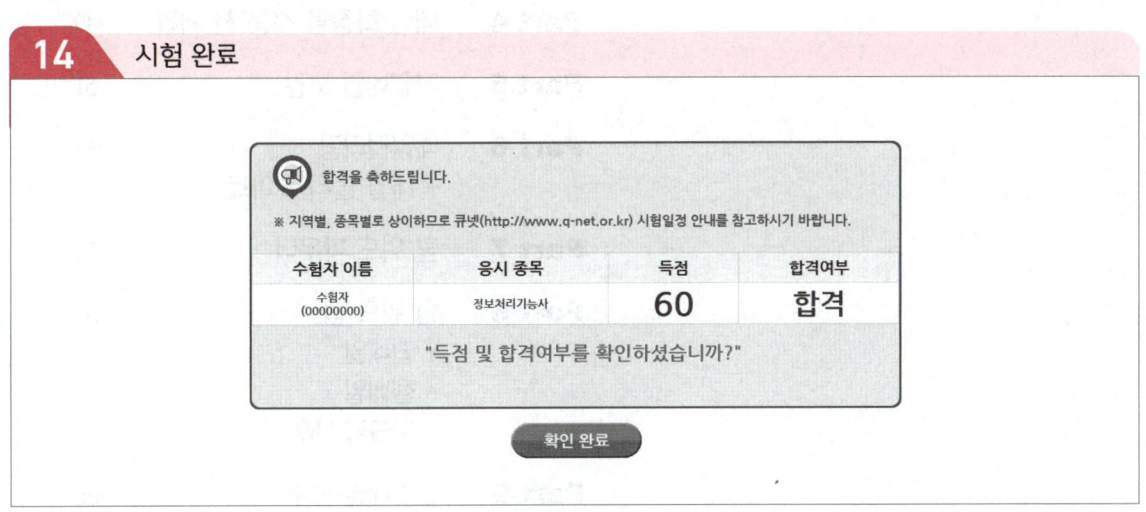

CONTENTS 차 례

들어가는 말 · · · · · · · · · 3
2주 만에 합격하는 이 책의 구성 · · · · · · 4
미용사 네일 자격시험 안내 · · · · · · · 5
출제기준(필기) · · · · · · · · · 6
CBT 시험 안내 · · · · · · · · · 8

제1장 핵심 이론

Part 1 네일미용 위생서비스 · · · · · · 16
Part 2 네일 화장물 제거 · · · · · · · 42
Part 3 네일 기본관리 · · · · · · · · 44
Part 4 네일 화장물 적용 전 처리 · · · 49
Part 5 자연네일 보강 · · · · · · · · 51
Part 6 네일컬러링 · · · · · · · · · 52
　　　　 - 네일 폴리시 아트
Part 7 팁 위드 파우더 · · · · · · · · 56
Part 8 팁 위드 랩 · · · · · · · · · · 59
　　　　 - 랩네일
　　　　 - 젤네일
　　　　 - 아크릴 네일
Part 9 인조네일 보수 · · · · · · · · 66
Part 10 네일 화장물 적용 마무리 · · · 68
Part 11 공중위생관리 · · · · · · · · 70

제2장 실전모의고사

실전모의고사 1회 · · · · · · · · · · · · · · · · 102
실전모의고사 2회 · · · · · · · · · · · · · · · · 110
실전모의고사 3회 · · · · · · · · · · · · · · · · 118
실전모의고사 4회 · · · · · · · · · · · · · · · · 126
실전모의고사 5회 · · · · · · · · · · · · · · · · 134
실전모의고사 6회 · · · · · · · · · · · · · · · · 142
실전모의고사 7회 · · · · · · · · · · · · · · · · 149
실전모의고사 8회 · · · · · · · · · · · · · · · · 158

제3장 출제예상문제

출제예상문제 1회 · · · · · · · · · · · · · · · · 168
출제예상문제 2회 · · · · · · · · · · · · · · · · 178
출제예상문제 3회 · · · · · · · · · · · · · · · · 188
출제예상문제 4회 · · · · · · · · · · · · · · · · 198

부록 · · · · · · · · · · · · · · · · 209

1

핵심이론

Part 1. 네일미용 위생서비스

Part 2. 네일 화장물 제거

Part 3. 네일 기본관리

Part 4. 네일 화장물 적용 전 처리

Part 5. 자연네일 보강

Part 6. 네일 컬러링

Part 7. 팁 위드 파우더

Part 8. 팁 위드 랩

Part 9. 인조네일 보수

Part 10. 네일 화장물 적용 마무리

Part 11. 공중위생관리

Part 1 네일미용 위생서비스

Chapter 01 네일미용의 이해

Section 1 네일미용의 개념

1. 매니큐어(Manicure)

① 라틴어의 마누스(Manus, 손)와 큐라(Cure, 관리)에서 유래
② 손톱, 큐티클, 굳은살 정리와 손 마사지, 컬러링(Coloring) 등 전 과정을 포함한 손관리

2. 네일아티스트, 네일리스트, 매니큐어리스트

고객의 손발 개선 및 관리를 위해 신체 각 부위와 네일아트, 페디큐어에 맞는 적절한 관리법과 기기 및 화장품을 사용하여 아름다움과 건강을 유지시켜 주는 전문가

3. 네일 서비스가 이루어지는 장소

네일숍(Nail Shop), 네일 살롱(Nail Salon), 네일 바(Nail Bar)

Section 2 네일미용의 역사

1. 외국 네일미용의 역사

1 B.C. 3000년경

① 고대 이집트
  ㉠ 관목에서 추출한 헤나(Henna)라는 붉은 오렌지색으로 손톱 염색
  ㉡ 왕과 왕비는 진한 적색, 신분이 낮은 계층은 옅은 색상으로 손톱 염색

② 중국
  ㉠ 벌꿀과 계란흰자, 아라비아산 고무나무 추출물로 액을 만들어 손톱에 바름
  ㉡ 기원전 600년경 : 귀족들이 손톱에 금색과 은색을 바름
  ㉢ 15세기 : 명나라 왕조가 손톱에 흑색과 적색을 바름

③ 중세시대 : 군 지휘관이 전쟁터에 나가기 전에 특이한 머리모양과 함께 입술과 손톱에 동일한 색을 칠함(승리 기원, 강한 위엄 상징)

2 그리스 로마시대

① 남성들의 전유물로서 손톱관리 시작
② 17세기경 인도 : 상류층 여성들이 조모(Nail Matrix)에 문신 바늘로 물감을 주입하여 신분 과시

3 근대

1800년대 이후로 네일이 대중화되기 시작하였다.

① 1800년
  ㉠ 아몬드 모양 네일 유행
  ㉡ 붉은색 오일을 발라 색을 냄
  ㉢ 염소 가죽의 일종인 섀미(Chamois)로 광택을 내기 시작
② 1830년 : 유럽의 발 전문의사 시트(Site)가 치과에서 사용하던 기구에서 착안한 오렌지우드스틱을 네일 관리에 이용
③ 1885년 : 에나멜 필름형성제인 니트로셀룰로오스 개발
④ 1892년 : 발 전문의사 시트(Site)에 의해 네일관리가 여성의 직업으로 미국에 도입
⑤ 1900년
  ㉠ 금속파일과 가위 등을 손톱손질에 사용
  ㉡ 폴리시를 브러시로 칠하기 시작
  ㉢ 유럽에서도 네일관리가 본격적으로 시작됨

⑥ **1910년** : 매니큐어 제조회사 플라워리(Flowery)가 뉴욕에 설립되어 금속파일과 사포로 된 파일 제작
⑦ **1925년** : 네일 폴리시 시장 본격화
⑧ **1927년** : 프렌치 매니큐어에 사용하는 흰색 폴리시, 큐티클 크림, 큐티클 리무버 제조
⑨ **1930년** : 폴리시 리무버, 워머 로션, 큐티클 오일 등장
⑩ **1932년** : 미국의 레브론 사에서 최초로 립스틱과 어울리는 네일컬러를 출시하며 다양한 폴리시를 제조하기 시작
⑪ **1935년** : 인조네일 개발
⑫ **1940년**
　㉠ 여배우 리타 헤이워드에 의해 네일 패션이 시작되었으며 빨간 컬러의 손톱 유행
　㉡ 남성들도 이발소에서 습식 손톱관리를 받음
⑬ **1948년** : 미국의 노린 레호(Noreen Reho)에 의해 매니큐어 작업에 기구를 사용하기 시작
⑭ **1950년** : 다양하고 자연적인 색상이 유행

④ 현대

① **1956년** : 헬렌 걸리(Helen Gourley)가 최초로 미용학교에서 네일케어를 가르침
② **1957년** : 근대적 페디큐어 등장
③ **1960년** : 실크와 린넨을 이용하여 약한손톱을 보강하기 시작
④ **1967년** : 손발을 가꾸는 트리트먼트 시작
⑤ **1970년**
　㉠ 인조네일 시술이 본격적으로 시작됨
　㉡ 아크릴릭 네일을 시작으로 미국 서부에서 중부로 전파
⑥ **1973년** : 네일 접착제와 접착식 인조네일 개발(미국의 네일 제조회사 IBD)
⑦ **1975년**
　㉠ 미국 식약청(FDA)에서 메틸메타크릴레이트의 사용 금지
　㉡ 네일아티스트 협회인 NANA(National Association of Nail Artist) 결성

⑧ **1976년**
　㉠ 네일아트가 미국사회에 정착하기 시작
　㉡ 스퀘어 모양의 손톱 유행
　㉢ 네일팁, 아크릴릭 네일, 파이버 랩 등장
⑨ **1989년** : 네일 시장 급성장
⑩ **1992년**
　㉠ NIA(The Nails Industry Association)가 창립되어 네일 산업이 정착되기 시작
　㉡ 인기 스타들에 의한 대중화
⑪ **1994년**
　㉠ 라이트 큐어드 젤 시스템 등장
　㉡ 뉴욕 주에 네일 전문가 면허제도 도입

2. 한국 네일미용의 역사

① 고려시대
봉선화과의 한해살이 풀을 지갑화(指甲花)라고 불렀으며, 여성들이 아름다움을 가꾸기 위해 지갑화로 손톱을 물들이기 시작했다는 기록이 있음

② 조선시대
조선 순조 때의 민속 해설서인 세시풍속집 '동국세시기(東國歲時記)'에 젊은 각시와 어린이들이 봉선화를 따다가 백반에 찧어서 신분과 상관없이 손톱에 물을 들였다는 기록이 있음

③ 현대
① **1988년** : 이태원에 최초의 전문 네일숍 그리피스 오픈
② **1996년**
　㉠ 미국 키스사 제품을 국내에 수입
　㉡ 압구정동에 네일 전문 살롱인 세씨 네일, 헐리우드 네일 등이 오픈
③ **1997년** : 미국 레브론 계열사인 크리에이티브 네일사의 한국 독점 계약 체결로 전문가용 용품과 다양하고 우수한 제품들이 대중화됨

Part 1 네일미용 위생서비스

Section 3 네일 기기 및 도구

1. 네일기구

종 류	내 용
테이블	• 고객이 편리하게 시술받을 수 있는 매니큐어 전용 책상 사용 • 네일 폴리시 재료를 진열할 수 있는 공간과 보관할 수 있는 서랍 필요
의자	• 시술자 의자 : 바퀴가 달린 것이 편리하며 폴리시가 묻었을 때 제거가 용이한 소재로 선택 • 고객 의자 : 편리하고 안락한 의자 선택
조명	• 각도 조절이 가능하고 조도는 40와트 이상이어야 함
파라핀워머	• 손의 보습 및 팩 관리의 목적으로 사용되는 기구로서 응고된 파라핀을 녹이는 기기
네일 드라이어	• 폴리시의 신속한 건조를 위해 사용
페디스파기	• 페디큐어 시술 시 사용 • 각탕기와 의자가 일체형으로 되어 있는 기구
각탕기	• 페디큐어 시술 시 발을 불리거나 피로를 풀어줄 때 사용
습식 소독기	• 네일도구의 살균과 소독을 위해 소독액을 담을 수 있는 용기 • 투명하며 뚜껑이 있어야 함
젤 큐어링 라이트기	• 젤 시술 시 젤을 응고시키는 기기
자외선 살균소독기	• 시술도구를 살균·소독하기 위하여 넣어두는 기기
손목 받침대	• 고객의 편안한 시술을 위해 손목에 받치는 쿠션
재료 받침대	• 네일 시술 시 필요한 재료를 정리해놓는 받침대
솜 용기	• 자른 솜을 보관하는 뚜껑이 있는 용기
왁싱 워머	• 제모 왁스를 녹이는 기기
컴프레서	• 공기를 압축하는 기계

2. 네일도구

종 류	내 용
니퍼	• 손톱 주위의 거스러미나 굳은살을 제거하는 도구
푸셔	• 큐티클을 밀어 올릴 때 45°로 사용 • 너무 세게 밀어 손톱 표면이 상하지 않도록 주의 • 종류 : 메탈푸셔, 스톤푸셔
네일 클리퍼	• 자연네일과 인조네일의 길이를 조절할 때 사용 • 일자형과 둥근형이 있으며, 네일 시술 시 주로 일자형을 사용
팁 커터기	• 인조네일을 자를 때 사용
랩 가위 (실크 가위)	• 실크, 린넨, 파이버 글라스 등을 재단할 때 사용하는 작은 가위
네일브러시	• 네일 시술 시 생기는 먼지나 가루 등을 털어낼 때 사용 • 더스트 브러시라고도 함
오렌지우드스틱	• 큐티클을 밀거나 손톱 주위에 묻은 폴리시를 제거할 때 등 다양하게 사용
콘커터(크레도)	• 발바닥의 굳은살을 제거하는 도구로, 면도날로 인해 상처가 생기지 않도록 주의
페디파일	• 발바닥의 굳은살을 제거하거나 콘커터 사용 후 피부를 부드럽게 하기 위해 사용
토우세퍼레이터	• 페디큐어 컬러링 시 발가락 분리를 고정하기 위해 발가락 사이에 끼우는 도구
핑거볼	• 습식매니큐어 시 큐티클 제거를 용이하게 하기 위하여 미온수에 손을 담가 불릴 때 사용
디스펜서	• 리무버를 담아 놓는 펌프식의 리필용 용기
디펜디시	• 아크릴 시술 시 리퀴드를 덜어 쓰는 작은 용기
파일	• 손톱의 모양을 다듬거나 인조네일 시술 시 사용 • 그리트로 용도를 구분하고 숫자가 클수록 입자가 부드러움 - 100그리트 : 거친 파일로 인조네일 시술 시 사용하며 지브라 파일, 블랙 파일 등이 있음 - 150~180그리트 : 부드러운 파일로 자연네일에 사용하며 우드 파일 등이 있음 - 240그리트 : 가장 부드러운 파일로 자연네일 시술 시 사용
샌딩블록	• 버퍼라고도 하며 네일 표면을 매끄럽게 정리할 때 사용
3-Way	• 거칠기가 다른 3면으로 되어 있으며, 손톱 표면에 광택을 낼 때 사용
라운드패드	• 파일링 후 손톱 밑의 거스러미나 찌꺼기를 제거할 때 사용
브러시	• 아크릴 브러시 : 아크릴 파우더로 인조네일을 만들 때 사용 • 젤 브러시 : 젤로 인조네일을 만들 때 사용
에어브러시 건	• 압축된 공기로 물감을 분사하는 도구
스텐실 칼	• 스텐실 제작 시 사용하는 칼
유리보드	• 스텐실 제작 시 사용하는 받침대
크린포트	• 건을 청소할 때 사용하는 도구

- **아크릴 브러시의 부분 명칭**
  - 팁(Tip)
    - 미세한 작업이나 스마일라인, 큐티클라인 주변을 올릴 때 사용
    - 아트 작업에 이용(Flag)
  - 벨리(Belly) : 형태를 고르게 펼 때 사용(Move Product)
  - 백(Back) : 힘을 주어 펼 때 길이를 조절하기 위해 사용 (Stop Product)

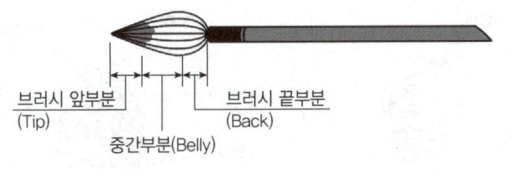

브러시 앞부분(Tip) / 중간부분(Belly) / 브러시 끝부분(Back)

3. 네일재료

종 류	내 용
안티셉틱	• 피부 소독제로 시술자와 고객의 손 소독에 사용
지혈제	• 시술 시 발생하는 출혈을 지혈하는 혈액응고제
폴리시 리무버	• 논 아세톤 : 아세톤 성분이 없어서 아크릴이나 글루가 녹지 않아 인조네일의 폴리시 제거에 용이 • 퓨어 아세톤 : 쏙(Sock) 리무버라고도 하며 주로 인조네일 제거에 사용(100% 아세톤)
큐티클 리무버	• 큐티클을 부드럽고 유연하게 해줌
큐티클 오일	• 큐티클과 네일에 유·수분을 공급하고, 큐티클을 부드럽게 해서 굳은살과 큐티클 제거를 용이하게 해줌
네일 폴리시	• 에나멜, 컬러, 락카라고도 하며 손톱에 바르는 유색의 화장품
베이스 코트	• 폴리시를 바르기 전에 손톱 표면에 바르는 것
톱 코트	• 폴리시 위에 바르는 것으로 광택, 보호, 지속효과가 있음
네일 보강제	• 찢어지거나 갈라지는 약한손톱을 강화하고 영양 공급 • 베이스 코트 전이나 그 대신으로 사용
네일 표백제	• 네일 블리치라고도 하며 누렇게 변색된 손톱을 탈색할 때 사용
네일 화이트너	• 손톱의 프리에지 부분을 하얗게 보이게 하는 것으로 크림이나 치약 형태로 되어 있음
띠너	• 폴리시의 점성이 끈끈해졌을 때 한두 방울을 넣으면 다시 묽어짐
로션	• 손발에 유·수분 제공

종 류	내 용
글루	• 라이트 글루 : 점도가 낮고 빨리 스며들어 랩이나 인조팁 접착 시 사용 • 젤글루 　- 점도가 높고 글루보다 접착력이 강함 　- 글루 도포 후 덧바르면 랩이나 네일팁이 오래 유지됨
글루 드라이어	• 글루나 젤을 빨리 건조시킬 때 사용하는 스프레이 • 10~15cm 간격에서 도포해야 하며, 많은 양을 도포할 경우 표면이 변색될 수 있음
필러파우더	• 실크나 팁 시술 시 턱을 보강하고 두께를 만들 때 사용
랩	• 갈라지거나 찢어진 자연네일 또는 인조팁 위에 붙여 튼튼하게 유지
네일팁	• 인조네일로 손톱길이를 연장할 때 사용 • 종류 : 풀팁, 하프팁, 디자인팁
프라이머	• 손톱 표면의 pH 밸런스를 조절해 유·수분을 제거하고 아크릴릭의 접착력을 높임
아크릴 리퀴드	• 액체 상태로 모노머라고도 하며 아크릴 파우더를 녹여 믹스할 때 사용
아크릴 파우더	• 분말 상태이며 리퀴드와 믹스하여 사용 • 클리어·화이트·핑크·컬러 파우더 등 여러 종류가 있음
폼	• 스컬프처드 네일 시술 시 손톱 밑에 끼워 손톱의 모양을 잡아주는 받침대 역할을 하는 틀 • 주로 일회용으로 된 종이폼을 사용
브러시 클리너	• 브러시를 세척할 때 사용
에어브러시 물감	• 에어브러시 전용 물감으로 컬러에 따라 용도와 입자가 다름
스텐실	• 디자인이 되어 있는 접착 스텐실과 필름 스텐실이 있음
에어브러시 톱 코트	• 에어브러시 전용 톱 코트로 광택을 증가시키고 디자인 보호

- **네일재료의 주요성분**
  - 큐티클 오일 주성분 : 아몬드 오일, 아보카도 오일, 호호바(조조바) 오일 등
  - 큐티클 리무버 주성분 : 트라이에탄올아민, 글리세린, 정제수, 향료
  - 네일 폴리시 주성분 : 니트로셀룰로오스, 초산에틸, 초산부틸, 톨루엔, 에틸알코올, 아세틸트라이부틸, 구연산, 안료, 침전방지제 등
  - 베이스 코트 주성분 : 니트로셀룰로오스, 초산에틸, 톨루엔, 알카이드수지, 캠퍼, 아이소프로페놀, 착색안료, 송진(접착력 향상) 등

Part 1 네일미용 위생서비스

- 톱 코트 주성분 : 니트로셀룰로오스, 초산에틸, 아르키드 수지, 캠퍼, 초산부틸, 아세틸퀴산트라이에틸, 톨루엔, 착색안료, 송진
- 네일 보강제 주성분 : 프로틴 하드너, 나일론 섬유, 포름알데하이드
- 네일 표백제 주성분 : 과산화수소수, 레몬산

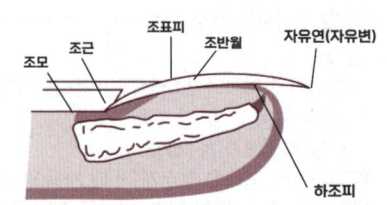

Section 4 네일의 구조와 이해

1. 손톱의 특성

① 표피의 각질층과 투명층의 반투명 각질판으로 구성
② 아미노산과 시스테인이 많고, 수분은 12~18% 함유
③ 경도는 수분, 단백질, 케라틴 조성에 따라 달라짐
④ 조체(Nail Body)는 산소가 필요하지 않지만 조모와 조소피는 산소를 필요로 함
⑤ 조상(Nail Bed)의 모세혈관으로부터 산소를 공급받음
⑥ 단백질로 구성되어 있으며 비타민과 미네랄이 부족하면 이상현상 발생
⑦ 촉각에 해당하는 지각신경이 집중되어 있음
⑧ 피부의 부속물이며 신경, 혈관, 털은 없음
⑨ 태생 10주에 손톱판이 생기고 14주에 만들어지기 시작해서 21주가 되면 완성

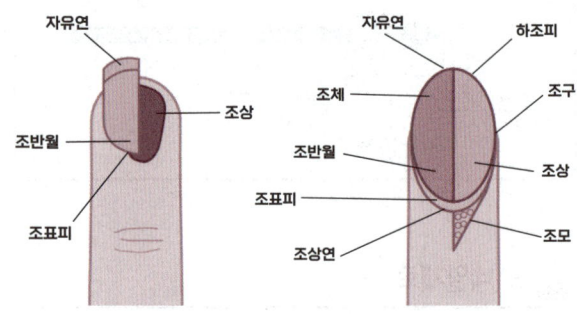

① **조체(Nail Body)** : 손톱 자체를 가리키며, 아랫부분은 약하고 윗부분으로 갈수록 단단해짐
② **조근(Nail Root)** : 네일 베이스의 피부 밑에 묻혀 있으며 얇고 부드러운 세포가 만들어짐
③ **자유연(Free Edge)** : 손톱의 끝부분으로서 조체가 밀려 올라오는 부분으로 어느 정도 길이가 길어지면 끊어지며 장식할 때 주로 사용
④ **조상(Nail Bed)**
 ㉠ 네일 밑에 위치하며 네일바디를 받치는 역할
 ㉡ 밑부분에 혈관과 신경세포가 분포되어 네일의 신진대사에 관여하고 수분 공급
⑤ **조모(Nail Matrix)** : 네일의 성장이 시작되는 곳으로, 네일 매트릭스가 손상되면 네일 성장이 저해될 수 있음
⑥ **반월(Lunula)** : 완전히 케라틴화되지 않은 네일바디의 베이스에 있는 백색의 반달 모양

2. 손톱의 구조와 기능

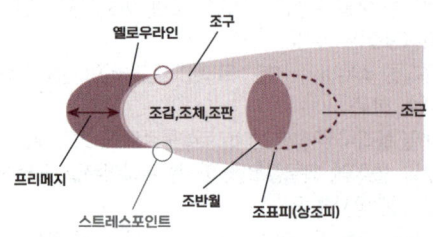

3. 손톱 주위 피부

❶ 손톱 주위 피부의 구조와 기능

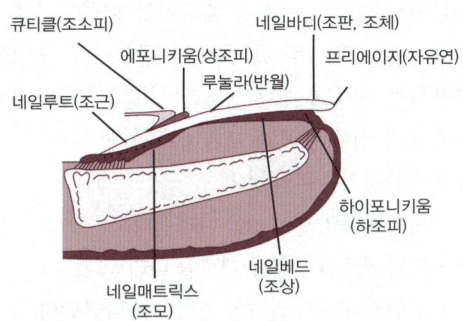

① **조소피(Cuticle)**
  ㉠ 네일 주위를 덮고 있는 피부로 각질세포 생산과 성장 조절에 관여
  ㉡ 혈관, 신경, 림프관으로 구성
② **조주름(Nail Fold)** : 네일루트가 묻혀 있는 네일 베이스에 깊게 접혀 있는 피부
③ **조구(Nail Grooves)** : 네일 베드(조상)의 양쪽 측면에 패인 곳
④ **조벽(Nail Wall)** : 네일 그루브(조구) 위에 있는 양쪽 피부
⑤ **상조피(Eponychium)** : 네일 베이스에 있는 가는 선의 피부
⑥ **조상연(Perionychium)** : 손톱 전체를 에워싼 피부의 가장자리 부분
⑦ **하조피(Hyponychium)** : 프리에이지(자유연) 밑부분 피부

❷ 구성성분

조체는 케라틴(Keratin)이라는 섬유 단백질을 비롯해 탄소 51.9%, 산소 22.39%, 질소 16.09%, 황 2.8%, 수소 0.82%로 구성된다.

Chapter 02 네일숍 청결 작업

Section 1 네일숍 시설 및 물품 청결

1. 네일숍의 최적화 공기 환경

네일숍의 실내는 18±2℃(16~20℃)를 적정온도로 한다. 실외온도가 26℃ 이상 또는 10℃ 이하일 시 난방을 요구한다. 즉 인체 자체의 개인차는 있지만 약 10~26℃에서 체온조절 범위와 함께 머리(Head)와 발(Foot)간에도 2~3℃ 간극을 주는 것도 위생상 좋다.

2. 네일숍의 최적화 작업환경

청소 시 유의점

- 제품표면의 먼지, 오염을 방지하기 위해 주기적으로 수행한다.
- 청소 시 장갑이나 가운, 보안경 등을 착용하고 확실하게 규정된 책임을 맡은 감독자를 둔다.
- 높고 깨끗한 곳을 우선으로 하여 낮고 더러운 곳은 나중에 한다.
- 먼지를 발생시키지 않는 방법으로서 먼지나 천장 타일 벽 등 청소 시 높은 곳에서 낮은 쪽으로 이물질이 떨어져서 오염되지 않도록 한다.
- 작업대, 작업의자와 고객의자, 전등 등의 표면은 먼지를 매일 닦아야 한다.
- 바닥은 소독제로 충분히 적시고 마찰을 이용하여 청소한다.
- 커튼과 카펫은 스케줄에 따라 오염을 정기적으로 확인하고 필요 시 교환하며 세탁한다. 특히 카펫은 네일숍에 적합하지 않지만, 진공청소기를 사용하여 이물질을 흡인시킨다.
- 벽, 창문, 문, 문고리 등은 스케줄에 따라 정기적으로 관리하되 오염되었을 때에는 즉시 청소한다.

Part 1 네일미용 위생서비스

Section 2 | 네일숍 환경 위생관리

1. 네일숍 환경 위생관리

환기가 잘 되는 쾌적한 숍에서 깨끗한 위생환경을 제공해야 한다.
① 작업 전용 네일테이블(Venttted Table)에 부착된 통풍구나 환기 필터는 먼지나 냄새를 흡입하는 장치로서 네일 작업 전에 미리 켜둔다.
② 네일숍 내의 냄새뿐 아니라 분진과 먼지를 없애기 위해 환기를 자주 시킨다.

Chapter 03 네일숍 안전관리

Section 1 | 네일숍 안전수칙

1. 환기 및 안전

① 환기가 잘 되는 쾌적하고 깨끗한 환경 제공
② 용기는 반드시 뚜껑을 닫아 보관
③ 소독이 필요한 도구는 반드시 소독 후 사용
④ 손은 세균 방지 비누액으로 깨끗이 세척
⑤ 테이블은 클리너 및 소독액으로 닦아낸 후 사용
⑥ 쿠션은 고객이 바뀔 때마다 깨끗한 새 타월로 감싸 사용
⑦ 일회용품은 1회 사용 후 폐기
⑧ 작업장, 서랍, 캐비닛 등 모든 시설을 깨끗하고 청결하게 유지

Section 2 | 네일숍 시설·설비

1. 물질안전기준표(Manterial Safety Data Sheet, MSDS)

미국에서 법으로 규제한 MSDS는 화학제품에 대한 정보 또는 위험성을 알려주는 기준표이다. 작업할 때 사용하는 제품에 대한 물질안전기준표를 숍 내부 장소에 쉽게 접할 수 있게 비치해야 한다.

① 물질안전기준표의 정의
  • 화학제품의 연소성을 나타낸다.
  • 화학제품의 성분 위험도를 나타낸다.
  • 작업장에서의 건강상 위험도를 나타낸다.
  • 작업 시 사용하는 제품의 인체 위해도를 결정한다.
  • 작업장에서 사고가 발생했을 때 응급 순서를 결정한다.

② 물질안전기준표에 명시되는 목록
  • 제품의 이름 : 화학물의 이름, 상표 이름
  • 제조업자, 판매자 또는 수입업자 : 이름, 주소, 비상 시 전화번호
  • 물질안전기준표에 제시된 날짜
  • 제품에 함유된 위험한 성분들
  • 제품이 암을 유발하는지 여부
  • 악화할 수 있는 건강상의 문제
  • 물리적·화학적 특성 : 외형, 냄새, 녹는점, 끓는점, 증기압력 등
  • 화재 또는 폭발의 위험성 : 인화성, 연소성, 발화점 등
  • 통계치수 : 필요한 환기 종류, 마스크나 장갑과 같은 보호장비 취급 요령
  • 반응 : 다른 화학물질과 반응했을 때 새로운 위험성이 발생하는지 여부
  • 노출의 경로 : 일반적인 호흡과 흡입, 피부 접촉을 통해 몸속으로 들어오는지에 대한 여부
  • 건강에 끼치는 위험 : 장시간 혹은 단시간에 걸쳐 건강에 영향을 끼치는 징후들

Chapter 04 미용기구 소독

Section 1 네일미용 기기 및 도구 소독

1. 소독 관리

1 면역의 분류

재질	소분류
금속제품	• 니퍼, 클리퍼, 팁커터, 드릴비트, 메탈푸셔, 메탈스패츌러 등 • 알코올(70%)에 20분간 담근 후 사용하거나 제4기 암모늄 혼합물이 담긴 소독기에서 사용 직전 꺼내어서 사용
유리제품	• 유리는 세척을 깨끗이 한 후 자외선에 노출될 수 있도록 겹치지 않게 자외선 소독기에 넣어 소독
플라스틱 제품	• 핑거볼, 네일브러시, 스포이드 등 사용 후 세제를 푼 미온수로 닦아서 말린 후 사용하거나 물로 세척 후 닦아서 건조한 후에 자외선 소독기에 넣어 소독 • 물로 세척 후 알코올로 소독하여 사용 • 핑거볼은 일회용 종이볼 사용을 권장
나무제품	• 나무류의 지압봉은 1인 사용을 원칙으로 하여 폐기 처분하거나 그렇지 못할 경우 알코올 소독액에 20분 이상 침전 후 물에 잘 헹구어 타월로 닦고 통풍이 잘되는 그늘에서 건조시킨 후 보관

2. 네일도구의 소독

① 네일도구는 비눗물로 세척한 후 마른 수건으로 물기를 닦고 자외선 소독기에 보관한다.
② 핑거볼은 가능한 한 일회용으로 사용하고, 부득이한 경우 소독 처리 후 사용한다.
③ 오렌지우드스틱, 파일, 면봉 등은 소모품으로서 1인 1기 사용 후 폐기한다.
④ 니퍼, 랩 가위, 메탈푸셔 등은 소독제에 소독한 다음 흐르는 물에 헹구어 마른 수건으로 닦는다. 세척이 끝나면 자외선 소독기에 넣어두고 작업할 때마다 꺼내어서 사용한다.
⑤ 린넨과 타월 등은 고객 1인에 한하여 1회 사용한 후 뜨거운 물로 세탁하고 통풍이 잘되는 곳에서 햇볕에 말린다.
⑥ 사용 후 이물질이 묻은 도구는 즉시 버리거나 반드시 소독한 후 사용하고, 사용 전후로 구분하여 따로 보관한다.

Chapter 05 개인위생관리

Section 1 네일미용 작업자 위생 관리

1. 작업장 위생

작업대	• 소독된 사용제품 및 소독제품을 위생적으로 세팅한 후 손받침대를 준비한다. • 1회용품을 준비하고 작업 직전에 사용할 수 있는 기구들은 자외선 소독기 또는 습식소독기에서 꺼내 준비한다. • 작업 매트, 타월, 페이퍼타월 순으로 세팅하고 일회용 위생 봉투를 쓰레기통으로 활용한다.
작업자	• 세탁 완료된 가운을 위생적으로 착용하며, 작업 후 세탁한다. • 네일미용사는 자신의 안전을 위해 보호안경과 마스크를 반드시 착용한다. • 마스크는 1회 사용 후 폐기하고 보호안경은 사용 후 반드시 소독한다.

Section 2 네일미용 고객위생관리

올바른 위생처리와 작업 습관은 전문인으로서 고객에게 신뢰감을 줄 수 있다.

• 네일숍 내에서의 위생관리
• 에어컨 및 통풍구의 필터를 자주 교환
• 네일숍 내에서 음식물이나 음료 섭취, 흡연 등을 금함
• 네일도구 및 기기, 전열 기계의 마모 상태를 주기적으로 점검
• 작업 시 요구되는 재료와 사용한 타월, 솜(코튼), 페이퍼 키친 등 위생적인 처리

Part 1 네일미용 위생서비스

Section 3 네일의 병변

1. 네일 시술이 가능한 이상 손톱

① **골이 지고 능선이 생긴 손톱(Furrow, Corrugaitons)**
  ㉠ 손톱 표면에 가로 세로로 골이 파인 증상
  ㉡ 원인 : 영양 및 아연 결핍, 위장장애, 순환계 이상, 고열, 임신, 홍역 등
  ㉢ 관리 : 울퉁불퉁한 손톱을 파일로 부드럽게 갈아서 관리

② **거스러미 손톱(Hang Nail)**
  ㉠ 건조한 손톱 주위의 큐티클이 갈라지고 거스러미가 일어나는 증상
  ㉡ 관리 : 핫 크림 매니큐어, 파라핀 매니큐어 등의 보습 처리

③ **계란껍질 손톱(Egg Shell Nail)**
  ㉠ 손톱 표면이 흰색을 띠고 끝이 굴곡진 상태
  ㉡ 원인 : 질병, 다이어트, 신경계통 이상

④ **변색된 손톱(Discolored Nail)**
  ㉠ 변색된 손톱(조갑변색)이 황색, 푸른색, 자색, 적색 등 여러 색깔로 변하는 증상
  ㉡ 원인 : 베이스 코트 없이 유색 폴리시 사용, 혈액 순환장애, 빈혈, 심장질환 등

⑤ **멍든손톱(Bruised Nail)**
  ㉠ 혈종이라고도 하며 상처로 인해 손톱 밑에 혈액이 응고된 상태로 검푸른색을 나타냄
  ㉡ 조모가 손상되지 않았다면 약 1개월 후에 손톱이 새로 자라나옴

⑥ **모반(Nevus)** : 니버스는 손톱 표면에 밤색 또는 검은색으로 멜라닌색소가 침착된 증상으로서 모반 또는 점

⑦ **조소피 과잉 성장(Pterygium)**
  ㉠ 테리지움이라 하며, 손톱에 있는 큐티클이 과잉 성장하는 증상
  ㉡ 관리 : 규칙적인 마사지와 오일 이용

⑧ **교조증(Onychophagy)** : 오니코파지는 불안감과 스트레스로 손톱을 물어뜯는 증상

⑨ **스푼형 손톱(Spoon-shaped Nail)**
  ㉠ 손톱이 약해져 한가운데 부분이 수저 혹은 쟁반 모양으로 움푹 들어가면서 얇아지는 증상
  ㉡ 원인 : 건선, 빈혈, 갑상선기능 장애 등의 질병, 강한 알칼리성 세제 사용

⑩ **조내생(Onychocryptosis)**
  ㉠ 오니코크립시스는 손·발톱이 피부 속으로 파고들어가는 증상
  ㉡ 원인 : 손·발톱을 잘못 자르거나 꽉 조이는 신발을 신었을 때

⑪ **조갑비대증(Onychauxis)** : 오니콕시스는 유전 또는 질병으로 인해 손톱 끝이 과잉 성장하여 두껍게 자라나는 증상

⑫ **조갑위축증(Onychatrophia)**
  ㉠ 오니코아드로피는 손톱에 윤기가 없고 심할 경우 부서져 나가는 증상
  ㉡ 원인 : 조모 손상, 내과적 질환, 강한 알칼리성 세제 사용

⑬ **조박종렬증(Onychorrhexis)**
  ㉠ 오니코렉시스는 손톱이 갈라지고 부서지며 세로로 골이 패인 증상
  ㉡ 원인 : 갑상선기능 항진증, 강한 알칼리성 세제 사용

⑭ **조백반증(Leuconychia)** : 루코니키아는 손톱에 하얀 반점이 생기는 증상

⑮ **무조증(Anonychai)** : 선천성 발육 부전증으로서 심한 감염 등에서 볼 수 있음

2. 네일 작업이 불가능한 이상 손톱

① **사상균증(Mold)**
  ㉠ 자연네일과 인조네일 사이로 습기가 스며들어 사상균이 서식하면서 발생하는 진균 염증 상태의 곰팡이
  ㉡ 손톱이 누런색 → 황록색 → 청록색 → 검은색 순으로 변색
  ㉢ 손톱이 약해지고 냄새가 나며 떨어져 나갈 수도 있음

② **조갑염(Onychia)** : 오니기아라고도 하며, 손톱에 염증이 생기며 기저 부분이 붓고 고름이 생기는 현상
③ **조갑구만증(Onychogryphosis)** : 오니코그라이포시스라 하며 손·발톱이 두꺼워지고 휘어지는 현상
④ **조갑진균증(Onychomycosis)**
  ㉠ 오니코마이코시스라 하며, 진균에 감염되어 손톱이 불균형하게 얇아지고 일부분이 떨어져 나가는 증상
  ㉡ 경우에 따라 손톱이 두꺼워지고 변색되거나 울퉁불퉁해짐
⑤ **조갑박리증(Onycholsis)** : 오니코리시스라 하며, 손톱과 발톱(조체) 사이에 틈이 생겨 색이 변하고 세균이 침투하여 발생하는 증상
⑥ **조갑주위증(Paronychia)** : 파로니키아는 손톱 주위의 조직이 박테리아에 감염되어 붉게 부풀어 오르고 살이 물러지거나 염증과 고름을 동반하는 증상
⑦ **화농성 육아종(Pyogenic Granuloma)** : 심한 염증 상태로 손톱 주위에 붉은 살이 자라 올라오는 증상

Chapter 06 고객응대 서비스

Section 1 고객응대 및 상담

1. 살롱에서의 고객관리

① 고객관리 자세
① 지속적인 교육을 통해 고객관리의 중요성 인식
② 꼼꼼하게 정보를 수집하여 고객카드 작성
③ 벤치마킹을 통해 새로운 정보 공유
④ 고객을 위해 꾸준히 투자
⑤ 고객이 행복과 만족감을 느끼도록 지속적으로 관리

② 고객서비스
① 고객이 청결함, 편리함, 쾌적함을 느끼도록 관리
② 빠른 일처리, 헌신적인 마인드로 고객응대
③ 고객의 요구를 정확히 파악하고 의사소통이 잘 이뤄지도록 노력

③ 상담과 진단
① 상담
  ㉠ 전문 네일아티스트로서 고객을 상담할 수 있는 능력을 갖춰야 함
  ㉡ 충분한 상담을 통해 고객카드 작성
  ㉢ 지속적인 관리를 통한 조언이 이루어져야 함
② 진단사항
  ㉠ 손과 손톱의 건강 상태
  ㉡ 신체 질병 및 복용 중인 약
  ㉢ 알레르기 여부
  ㉣ 고객의 생활습관
  ㉤ 고객이 원하는 서비스 및 시술 종류
  ㉥ 고객이 선택한 서비스의 종류

Chapter 07 피부의 이해

 Section 1 피부와 피부부속기관

1. 피부의 정의

① 신체의 외부를 둘러싸고 있는 가장 커다란 조직으로 외부의 물리적·화학적·생물학적 자극에서 신체 내부를 보호·유지
② 전체 면적의 1.6~2㎡, 성인체중의 16% 몸무게의 5% 정도 차지
③ 수분과 지방, 단백질, 무기질로 구성
④ 정상적인 피부는 pH 4.5~6.5의 약산성으로, 세균의 침입에서 신체를 보호할 수 있는 항균력이 있음

2. 피부의 구조

① 표피(Epidermis)의 구조
① 피부의 가장 바깥층이자 가장 얇은 층

② 외부의 유해물질이나 균의 침입을 방어하고 수분 증발 억제
③ 무핵층과 유핵층으로 구분
  ㉠ 무핵층 : 죽은 세포층으로 각질층, 투명층, 과립층으로 구성
  ㉡ 유핵층 : 경계가 뚜렷하지 않은 2단계의 살아 있는 세포층으로 유극층, 기저층으로 구성
④ 표피구성세포는 기저 세포층에서 유사분열 후 유극세포, 과립세포, 투명세포, 각질세포 등으로의 분화된 형태로 천천히 바깥으로 밀려 올라오는 현상 즉, 각화주기 28일 후 피탈됨
  ㉠ 각질층(Stratum Corneum)
    - 피부의 가장 바깥층으로 무핵의 죽은 세포로 구성
    - 각질 세포가 20~25층을 이루고 있으며, 15~20%의 수분 함유
    - 수분이 부족하면 각질층이 두꺼워짐
  ㉡ 투명층(Stratum Lucidum)
    - 편평한 형태의 생명력 없는 세포가 2~3층을 이루며 빛을 차단
    - 손바닥과 발바닥에 주로 분포
    - 엘라이딘(Elaidin) : 반유동적 단백질로서 수분 흡수를 방지하고 햇빛 차단
  ㉢ 과립층(Granular Layer) : 케라토하이알린(Kelatohyalin, 각질 효소) 과립층이 이물질 침입과 외부의 수분 침투, 내부의 수분 유출을 방지하고 자외선의 80%를 흡수
  ㉣ 유극층(Stratum Spinosum)
    - 표피의 대부분을 차지하며 표피 중 가장 두꺼움
    - 표면에 가시 모양의 돌기가 서로 연결되어 있어 가시층(데스모좀 또는 교소체)이라고도 함
    - 5~10층의 유핵 세포층으로 세포 재생 가능
  ㉤ 기저층(Stratum Basale)
    - 핵이 있는 입방형의 살아있는 세포로, 표피의 가장 깊은 곳에 위치
    - 진피층과 접하는 물결 모양의 단층으로, 진피층의 모세혈관을 통해 산소와 영양분을 공급받으며 피부 표면의 피부결 상태 결정
    - 세포분열을 통해 새로운 세포 생성
    - 멜라닌색소형성세포가 있어 피부색과 모발색을 결정하는 요소가 됨

2 표피의 구성 세포

① 각질형성세포(Keratinocyte)
  ㉠ 표피세포의 80~90%를 구성하며 기저층에 존재하며 재상피화를 주관함
  ㉡ 각화과정(Keratinization)
    - 기저층에서 세포분열을 마친 세포가 유극층과 과립층을 거쳐 각질층에 도달하면서 핵이 없어지고 수분이 빠져나가 편평한 모양으로 떨어져 나가는 과정
    - 기저층에서 세포가 생성된 후 떨어져나갈 때까지 약 28일 소요(각화주기)

② 멜라닌색소형성세포(Melanocyte)
  ㉠ 표피를 이루는 세포 중 약 5%를 차지하며 기저층에 존재
  ㉡ 멜라닌색소가 형성되며, 이 멜라닌색소가 피부 바깥쪽으로 이동해 각질층에 분포됨으로써 피부색 결정
  ㉢ 멜라닌
    - 타이로시나아제(Tyrosinase)의 효소작용에 의해 타이로신 아미노산으로부터 만들어짐
    - 유해한 자외선이 기저층과 진피 내로 침입하는 것을 막아 피부보호

③ 랑게르한스세포(Langerhans Cell)
  ㉠ 유극층에 존재하고 피부면역과 밀접한 관계가 있음
  ㉡ 외부 항원을 림프구로 전달하며, 피부에 이물질이 침입했을 때 방어반응을 인지하거나 중계

④ 머켈세포(Merkel Cell)
  ㉠ 기저층에 존재하며 촉각을 감지
  ㉡ 신경섬유 말단과 연결되어 뇌에 신경자극 전달
  ㉢ 주로 손바닥, 발바닥, 입술 등 연모가 없는 피부에 분포

3. 진피(Dermis)의 특징

① 피부층 중 가장 두꺼운 부분으로 피부의 주체를 이룸으로써 진짜 피부라고 함
② 두께는 약 2~3㎜로 표피보다 20~40배 정도 두꺼움
③ 피부의 약 90% 이상을 차지
④ 교원섬유(콜라겐)와 탄력섬유(엘라스틴), 기질(무코 다당류)로 구성
⑤ 신체의 탄력적 균형 유지, 피부의 윤기 및 긴장도 유지
⑥ 60% 정도의 수분 함유
⑦ 피부조직 외에도 부속기관인 혈관, 지각신경, 자율신경, 림프관, 한선, 피지선, 모발 및 입모근 등이 존재
⑧ 진피의 세포층
　㉠ 유두층(Papillary Layer)
　　• 솔방울 모양의 돌기로서 모세혈관이 몰려 있음
　　• 기저층에 영양분을 공급하기 때문에 표피 건강 상태는 유두층에 달려 있음
　　• 신경을 전달하며 감각기관인 촉각과 통각이 있음
　㉡ 망상층(Reticular Layer)
　　• 세포 성분과 세포간 물질로 구성된 두꺼운 층
　　• 교원섬유와 탄력섬유로 구성된 그물 모양의 결합조직
　　• 피부가 과도하게 늘어나거나 파열되지 않도록 보호하는 역할

4. 진피의 구성

① 교원섬유(Collagen Fiber)
　㉠ 교원질에 속하는 단백질로 피부의 결합조직을 구성하는 주요성분
　㉡ 진피 성분의 90%, 피부 건조 중량의 75% 차지
　㉢ 아교 성분으로 섬유아세포에서 생성
　㉣ 피부에 장력을 주고 상처 치유에 도움이 됨

② 탄력섬유(Elastic Fiber)
　㉠ 탄력성이 강한 단백질로 섬유아세포에서 생성
　㉡ 피부의 파열을 방지하는 스프링 역할을 하며 피부탄력을 결정짓는 중요한 요소
　㉢ 주로 신축성이 요구되는 피지샘과 땀샘 주변에 분포
③ 기질(Ground Substance)
　㉠ 진피의 섬유 성분과 세포들 사이를 채우는 무정형의 세포외 물질
　㉡ 결합수로서 생체 내에서 쉽게 마르거나 얼지 않음
　㉢ 하이아루론산, 콘드로이틴 황산염, 헤파린 황산염 등의 무코다당류로 구성

5. 피하지방층(Subcutaneous Tissue)

① 진피와 근육, 뼈 사이에 위치하며 지방세포로 구성
② 외부의 충격을 흡수하며 에너지 저장
③ 혈관, 림프관, 신경관 등과 연결되어 영양분과 산소 공급
④ 체내 수분 조절, 체온 유지, 몸의 곡선 형성
⑤ 피하지방층의 두께에 따라 비만도가 결정됨

6. 피부부속기관의 종류

❶ 한선(땀샘, Sweat Gland)

① 우리 몸에서 땀을 분비하는 외분비선으로 포유류에만 존재
② 체온조절, 피부보호
③ 땀의 특징
　㉠ pH 5.2~6.2 정도의 산성으로, 알칼리를 중화시키거나 미생물 번식을 억제
　㉡ 99%가 수분으로 이루어져 있으며 식염, 지방, 황화물, 아미노산, 요소, 요산, 암모니아, 크레아틴 등이 1%를 차지

Part 1 네일미용 위생서비스

④ **한선의 종류**
  ㉠ 소한선(Eccrine gland)
    - 입술과 음부를 제외한 전신에 약 230만개 정도 분포
    - pH 3.8~5.6인 무색·무취의 맑은 액체
    - 발한으로 체온조절
  ㉡ 대한선(Apocrine gland)
    - 샘 세포체 일부가 떨어져 지방 등의 성분과 결합하여 땀 분비
    - 피하조직에 존재하며 사춘기 이후에 발달하기 시작
    - 겨드랑이, 유륜, 유두, 항문 주위, 생식기, 배꼽, 서혜부(사타구니) 등 한정된 부위에만 존재
    - pH 5~6 정도이며 산성막 생성에 관여
    - 땀의 농도가 짙고 단백질을 함유하여 특유의 냄새가 있음

2 피지선(Sebaceous Gland)
① 손바닥과 발바닥을 제외한 전신에 분포
② 진피 망상층의 모낭 측면에 존재
③ 머리, 가슴, 얼굴, 등, 겨드랑이, 음낭 부위에 많이 분포
④ 하루 1~2g 정도 분비
⑤ 이물질의 침입을 방지하고 피부 타입 결정
⑥ 피지막을 만들어 수분증발 억제
⑦ 지방산이 함유되어 살균작용을 함

3 모발(Hair)
① 케라틴으로 구성
② **성장주기** : 성장기 → 퇴행기 → 휴지기
③ **모발의 기능**
  ㉠ 신체 보호
    - 자외선으로부터 두개피부보호
    - 눈썹과 속눈썹 : 햇볕과 땀으로부터 눈 보호
    - 코털 : 외부로부터 유입된 이물질 여과
  ㉡ 촉각 전달, 장식 등

4 조갑(손·발톱)
① 손가락과 발가락 끝을 보호해주는 투명한 각질판
② 표피 속에 묻혀 있는 조체, 뿌리 부분인 조근, 조모, 조체 뿌리 근처에 있는 조반월로 구성
③ **주요성분** : 표피의 각질층이 변화한 경케라틴, 황, 미량의 칼슘, 비소, 인 등
④ 하루에 0.1㎜ 정도 자라며, 손톱 기질에서 말단까지 성장하는 데 약 6개월 소요
⑤ 밤보다 낮에, 겨울보다 여름에 더 잘 자람
⑥ **조갑의 기능**
  ㉠ 물건을 잡을 때 받침대 역할
  ㉡ 외부 유해물질 침입 방지
  ㉢ 장식적 효과

Section 2 피부유형분석

1 피부의 기능
① **보호작용**
  ㉠ 장기, 뼈, 근육 보호
  ㉡ 약산성(pH 5.2~5.8)으로 세균 성장 억제
  ㉢ 수분증발 저지막이 이물질의 침입을 막고 체외로 수분증발 억제
  ㉣ 멜라닌색소가 자외선을 흡수하여 피부 손상 방지
② **체온조절작용** : 한선을 통해 땀을 분비해서 체온 조절
③ **감각작용** : 냉각, 통각, 온각, 촉각 등을 인지
④ **분비작용** : 땀과 피지 분비를 통해 노폐물 배출
⑤ **비타민 D 형성작용** : 피부를 통해 비타민 합성
⑥ **재생작용** : 노화된 각질은 떨어지고 새로운 세포 생성
⑦ **면역작용** : 림프구와 랑게르한스 세포가 면역 기능 담당
⑧ **호흡작용** : 모공을 통해 산소를 흡입하고 이산화탄소 배출
⑨ **저장작용** : 수분, 영양, 혈액 저장

2 피부유형 분석

① 정상피부
- ㉠ 이상적인 피부로 표면이 매끄럽고 부드러우며 탄력이 있고 촉촉함
- ㉡ 연한 핑크빛을 띠며 피부 트러블이나 잡티, 여드름 등이 없음

② 건성피부
- ㉠ 전체적으로 유·수분이 부족한 상태로 환절기에 건성피부로 바뀌기 쉬움
- ㉡ 수분이 부족하여 피부가 땅기거나 가려울 수 있음
- ㉢ 색소침착이 발생하기 쉽고 저항력이 약해 상처가 오래감

③ 지성피부
- ㉠ 호르몬의 불균형, 고온다습한 기후 등이 주요 원인
- ㉡ 피지 분비량이 많아 노화와 주름 형성은 늦춰지지만 모공이 확장될 수 있음
- ㉢ 블랙헤드가 생성되거나 변질된 피지가 모공을 막아 여드름을 유발할 수 있음

④ 민감성 피부
- ㉠ 선천적·후천적 원인 또는 면역 기능저하가 주요 요인
- ㉡ 화장품을 교체할 때 민감한 반응을 일으키며, 발열감이나 홍반 등이 나타날 수 있음

⑤ 복합성 피부
- ㉠ 중성, 지성, 건성 중 2가지 이상의 피부유형이 동시에 나타남
- ㉡ 주로 T존 부위는 지성, 다른 부위는 건성 또는 민감성을 나타냄
- ㉢ 호르몬 분비 및 다양한 요인으로 인해 피부 조직이 불규칙함
- ㉣ 여드름과 눈가 잔주름이 생기기 쉬움
- ㉤ 볼과 광대뼈에 색소침착이 나타날 수 있음

⑥ 노화피부
- ㉠ 탄성섬유가 줄어들어 피부가 탄력을 잃고 주름이 늘어남
- ㉡ 표피가 얇아지고 피부결에 윤기가 없어짐
- ㉢ 피부의 생리기능이 감퇴하고 건조 증상이 나타남

Section 3 피부와 영양

1 탄수화물, 지방, 단백질

① 탄수화물
- ㉠ 중추신경계를 움직이는 에너지원이며 혈당 유지
- ㉡ 피부에 활력과 높은 보습효과 부여
- ㉢ 과다 섭취하면 지성피부를 만들 수 있음

② 지방
- ㉠ 피부를 유연하게 하고 산소 공급
- ㉡ 식물성 지방 : 피부 내에서 인지질 생성을 촉진하고 세포를 활성화시킴
- ㉢ 동물성 지방 : 과다 섭취하면 콜레스테롤이 침착되어 모세혈관이 노화되고 피부탄력이 떨어짐

③ 단백질
- ㉠ 진피의 망상층에 있는 결합조직과 탄력섬유가 단백질로 구성되어 있음
- ㉡ 체내 수분 조절과 pH 평형 유지에 관여
- ㉢ 피부 조직의 재생 촉진
- ㉣ 결핍 시에는 진피세포가 노화되어 잔주름이 생기고 피부탄력이 떨어짐

2 비타민

① 비타민 B_2 : 혈액순환을 촉진하여 피부미용에 효과적임
② 비타민 B_6 : 피지 과다 분비 억제, 혈액순환 촉진, 진정효과
③ 비타민 H
- ㉠ 비타민 B군의 일종으로 수용성 비타민에 속함
- ㉡ 신진대사 촉진, 피부탄력 증가, 염증 치유에 효과적임

④ 비타민 C
- ㉠ 멜라닌색소 생성 억제
- ㉡ 광선에 대한 저항성 증가

Part 1 네일미용 위생서비스

  ⓒ 치아, 뼈, 혈관 벽을 튼튼하게 함
  ㉣ 콜라겐 생합성 조절에 관여
  ㉤ 피부탄력 증가

Section 4 피부와 광선, 피부면역, 피부노화

1 피부와 광선

① 자외선
  ㉠ 살균·소독작용, 비타민 D 합성 유도, 혈액순환 촉진
  ㉡ 색소침착, 일광화상, 광노화, 피부암 등을 유발

② 적외선
  ㉠ 600~1,400nm의 장파장으로 눈에 보이지 않음
  ㉡ 건성피부와 주름진 피부, 비듬성 피부 개선에 사용

2 피부면역

① **선천적 면역(자연 면역)**: 태어날 때부터 가지고 있는 면역 체계
② **후천적 면역(획득 면역)**: 후천적으로 획득한 면역 체계
  ㉠ 능동면역 : 예방접종을 통해 획득한 면역
  ㉡ 수동면역 : 감염병 감염 이후 획득한 면역

3 피부노화

① **노화**
  ㉠ 나이가 들어감에 따라 인체 기능이 저하되는 현상
  ㉡ 증상 : 안구 조절 기능의 장애. 피부탄력성 저하, 노인성 반점 형성, 피부의 수분 및 모발의 양 감소, 세포 기능저하 등

② **피부노화**
  ㉠ 생리적 노화(내인성 노화)
    • 표피와 진피가 얇아짐
    • 피지 분비 감소
    • 피부의 윤기와 탄력이 감소하고 잔주름 증가
    • 색소침착과 얼룩 반점이 생김
    • 자외선 방어 능력 및 신진대사 기능저하

  ㉡ 환경적 노화
    • 생활 여건이나 환경으로 인한 노화
    • 원인 : 공해, 매연, 과도한 자외선 등
    • 광노화 유발

  • 광노화 •
  • 표피가 두꺼워지고 피부탄력이 떨어져 주름 형성
  • 멜라닌세포 증가로 색소침착 유발
  • 주근깨나 노인성 흑자, 피부암 등이 생길 수 있음

Section 5 피부장애와 질환

1. 원발진(Primary Lesions)

1 종류와 특성

① **구진(Popule)**
  ㉠ 경계가 뚜렷한 융기로 액체 성분이 함유되어 있지 않음
  ㉡ 직경 1cm 미만으로 끝이 뾰족하거나 둥글고 단단함
  ㉢ 여드름, 사마귀 종류의 뽀루지

② **결절(Nodules)**
  ㉠ 구진과 형태는 같지만 직경이 1cm 이상으로 크고 깊음
  ㉡ 생성 시부터 통증을 수반하기도 하며 치유 후에 흉터가 남음
  ㉢ 물리적으로 제거할 때는 다른 조직이 상하지 않도록 주의

③ **농포(Pustule)**
  ㉠ 농(염증, 고름)을 포함하고 있으며 경계가 뚜렷한 피부의 작은 융기
  ㉡ 주로 미생물에 의해 발진
  ㉢ 모양은 수포와 비슷하지만 대개 염증성 유륜을 보임
  ㉣ 단일 또는 군집으로 생성

④ **낭포(Cyst)**: 반고체성 액체가 담긴 덩어리 상태

⑤ 종양(Tumors)
  ㉠ 직경이 2cm 이상으로 크기와 모양, 경도가 다양
  ㉡ 악성종양과 양성종양으로 구분
⑥ 면포(Comedo)
  ㉠ 모공을 막고 있는 분비물 및 각질 덩어리
  ㉡ 코 주위에 검은 여드름 형태로 나타남
⑦ 소수포(Vesicles)
  ㉠ 직경 1cm 미만의 맑은 액체가 포함된 물집
  ㉡ 표피 내부에 자리 잡고 있는 화상 물집의 형태
⑧ 팽진(Wheal) : 벌레에 물리거나 알레르기 반응으로 인해 피부가 일시적으로 부어올라 울퉁불퉁한 상태
⑨ 비립종 : 면포와 달리 나오는 구멍이 없어 흰 알갱이가 표피에 들어 있는 형태
⑩ 헤르페스(포진) : 입술 주위에 나타나는 습진성 수포 발진
⑪ 반점(Macule)
  ㉠ 크기가 다양하며 화염상모반, 몽고반 등 큰 반점을 반(Patches)이라 함
  ㉡ 붉은색 반점과 그 외 반점으로 크게 분류
  ㉢ 홍반, 자반, 백반, 주근깨, 기미 등

2. 속발진(Secondary Lesions)

❶ 종류와 특성
① 인설(Scales)
  ㉠ 각질층에서 떨어진 죽은 표피세포 조각을 말함
  ㉡ 크기와 모양은 다양함
  ㉢ 얇고 건조하며 부서지기 쉽고 광택이 있음
② 찰상(Excoriations) : 손톱으로 긁거나 기계적 마찰로 인해 피부가 벗겨진 상태
③ 균열(Fissures)
  ㉠ 피부의 탄력성과 신축성이 떨어져 진피 상부층까지 좁고 깊게 갈라진 상태
  ㉡ 손·발가락 사이, 발뒤꿈치, 입술, 항문 등에 주로 나타남

④ 가피(Crusts)
  ㉠ 표피가 소실되거나 손상된 부위에 생기는 혈청과 농 또는 마른 혈액 덩어리
  ㉡ 보통 세균과 표피 부스러기가 섞여 딱지 형태를 보임
⑤ 미란(Erosions)
  ㉠ 농가진이나 단순포진 등에서 수포가 터지는 표피 결손 후에 생겨남
  ㉡ 가피 형성 여부를 떠나 반흔 없이 치유
⑥ 궤양(Ulcers) : 진피 혹은 피하지방층의 조직 괴사를 치유한 후에 생기는 불규칙한 모양의 흉터
⑦ 반흔(Scars) : 흉터 또는 상처로 인하여 진피가 손상된 후 새로운 결체 조직이 생긴 상태
⑧ 태선화(Lichenification)
  ㉠ 표피 전체와 진피의 일부가 가죽처럼 두꺼워진 상태
  ㉡ 피부가 광택을 잃고 딱딱해지며 주름이 뚜렷해짐
⑨ 위축(Atophy) : 표피와 진피층의 변성으로 피부가 얇아진 상태

Chapter 08 화장품 분류

Section 1 화장품 기초

1. 화장품의 정의와 요건

❶ 정의
① 몸을 청결하게 하고 용모의 매력을 더하며 피부와 모발의 건강을 유지하기 위해 사용
② 인체에 사용되는 물품으로서 인체에 대한 작용이 적은 것
③ 화장품 본래의 목적 이외에 질병 진단이나 치료 처치 또는 예방 등 신체의 구조와 기능에 약리적인 영향을 주기 위해 사용되는 것은 포함되지 않음

Part 1 네일미용 위생서비스

④ **화장품, 의약외품, 의약품의 구분**

구분	화장품	의약외품	의약품
사용대상	건강한 사람의 피부	건강한 사람	특정 질환의 환자
사용목적	청결, 미화	위생, 미화	질병 치료 및 진단
사용기간	장기간 지속적으로 사용	장기간 또는 단기간 사용	치료 시까지 사용
사용범위	전신	특정 부위	특정 부위
부작용	없어야 함	없어야 함	약간의 부작용은 무방

❷ **화장품의 4대 요건**
① **안전성** : 피부에 대한 트러블과 독성이 없을 것
② **안정성** : 보관에 따른 변색·변질·변취가 없고 미생물에 의한 오염이 없을 것
③ **사용성** : 사용이 용이하며 피부에 잘 스며들 것
④ **유효성** : 적절한 보습, 노화 억제, 자외선 차단, 미백, 세정 등의 효과가 있을 것

 2. 화장품의 분류

분류	사용목적	주요 제품
기초 화장품	세정	클렌징 워터, 클렌징 로션, 클렌징 크림, 클렌징 폼, 비누, 스크럽
	정돈	유연화장수, 수렴화장수, 마사지 크림
	보호	로션, 크림, 에센스
메이크업 화장품	베이스 메이크업	메이크업 베이스, 파운데이션, 페이스 파우더
	포인트 메이크업	립스틱, 아이섀도, 네일 에나멜, 마스카라, 아이라이너
모발 화장품	세발	샴푸, 린스, 트리트먼트제
	트리트먼트	린스, 헤어 트리트먼트
	정발	무스, 스프레이, 젤, 크림, 오일, 팩, 리퀴드
바디 화장품	세정	바디클렌저, 바디스크럽
	보호	바디오일, 바디로션, 핸드 크림
	탈취	샤워코롱, 데오도란트
네일 화장품	미용	네일 에나멜, 베이스 코트, 탑 코트, 폴리시 리무버, 큐티클 오일
	보호	큐티클 크림, 네일 보강제

분류	사용목적	주요 제품
방향 화장품	향취	퍼퓸, 오데코롱, 오데토일렛
기능성 화장품	주름개선	에센스, 아이크림 등
	미백	미백 크림
	자외선 차단	선크림, 선오일

Section 2 화장품 제조

1. 수성원료

❶ **물**
① 화장품 전체 원료 중 가장 큰 비중 차지
② 안전을 위해 정제수, 탈이온수, 증류수 등을 사용

❷ **에탄올(에틸알코올)**
① 10% 이내로 함유
② 휘발성이 있어 청량감과 수렴효과가 뛰어남
③ 배합량이 많을수록 살균·소독효과가 높아짐
④ 다른 원료를 녹이는 용매의 역할도 수행

2. 유성원료

❶ **오일**
① 지용성 용매로서 작용
② 피부 오염물질 세정 및 보습작용
③ **종류** : 식물성 오일, 동물성 오일, 광물성 오일, 합성 오일 등

❷ **왁스**
① 고급지방산에 고급 알코올을 결합한 고형의 유성 성분
② 화장품의 경도를 높임
③ 식물성 왁스와 동물성 왁스로 구분

❸ 계면활성제

종류	특징	사용 범위
음이온성 계면활성제	• 세정효과 및 기포형성작용 우수	비누, 샴푸, 클렌징 폼
양이온성 계면활성제	• 살균·소독작용 우수 • 정전기 방지, 유연효과 • 물에 잘 녹고 색과 향이 없으며 독성이 적음	린스, 헤어 트리트먼트
양쪽성 계면활성제	• 세정력·살균력·유연효과 우수 • 피부에 안정적	저자극·어린이용 샴푸, 어린이용 세정제
비이온성 계면활성제	• 독성이 가장 적음 • 주로 기초화장품에 사용	클렌징 크림의 세정제, 크림의 유화제

3. 화장품 제조 공정

❶ 기본 제조 공정
① **1차**: 분산 → 유화 → 가용화 → 혼합 → 분쇄
② **2차**: 포장 공정을 통해 완제품 생산

❷ 제조 공정별 특징
① **분산**: 분산상에 넣고 혼합·용해시키는 과정
② **유화**: 유화장치를 이용하여 크림, 로션 같은 유액을 만드는 과정
③ **가용화**: 가용화하고 여과 작업을 거쳐 투명한 제품을 얻는 과정
④ **혼합**: 안료 등을 혼합기에 넣고 균일한 상태로 혼합하는 과정
⑤ **분쇄**: 분쇄기를 이용해 예비 혼합된 분체 입자의 응집을 풀고 균일한 크기로 분쇄하는 과정
⑥ **포장**: 반제품을 완제품으로 생산하는 과정

Section 3 화장품의 종류와 기능

1. 기초화장품

❶ 목적
① **세정**: 피부 표면의 오염물질과 메이크업 잔여물질 제거
② **정돈**: 피부의 pH, 피부결 등을 정상화
③ **보호**: 외부 유해물질로부터 피부보호
④ **영양 공급**: 피부에 유·수분 및 영양 공급

❷ 종류
(1) 세안용 화장품

제품	특징
비누	• 계면활성제의 일종으로 피부 노폐물 제거 • 과도하게 유·수분을 제거하여 피부 건조 유발
클렌징 크림	• 오일의 함량(광물성 오일 40~50%)이 많아 세정효과 높음 • 진한 메이크업을 제거할 때 효과적
클렌징 로션	• 식물성 오일이 함유되어 이중 세안이 필요 없음 • 사용감이 좋고 자극이 적음 • 옅은 메이크업을 제거할 때 효과적
클렌징 오일	• 물에 유화되는 수용성 오일로 건성·민감성 피부 등에 적합 • 진한 메이크업을 제거할 때 효과적

클렌징 젤	• 유성 타입 : 세정력이 강해 짙은 메이크업을 제거할 때 효과적
	• 수성 타입
	  - 세정력이 약해 옅은 메이크업을 제거할 때 효과적
	  - 매끄럽고 사용감이 좋음

클렌징 폼	• 세정력 우수 • 보습제가 함유되어 세안 후 피부 건조 방지 • 자극이 적어 피부보호에 효과적
클렌징 워터	• 옅은 메이크업을 제거할 때 효과적 • 주로 립 앤 아이 등 포인트메이크업용 워터 리무버 사용

(2) 조절용 화장품
① **주요성분**: 기본 성분(정제수, 에탄올, 보습제), 유용화제, 가용화제, 완충제, 점증제, 향료, 방부제 등
② **목적**: 수분 공급, pH 조절, 피부 정돈
③ **종류**
  ㉠ 세정화장수
    • 일반화장수에 비해 알코올 함량이 많음(알칼리성)
    • 피부 노폐물 및 메이크업을 제거할 때 사용
  ㉡ 유연화장수
    • 스킨로션, 스킨소프트너, 스킨토너라고도 함

Part 1 네일미용 위생서비스

- 보습제와 유연제가 함유되어 피부를 부드럽게 함
- ⓒ 수렴화장수
  - 아스트리젠트, 스킨 프레시너, 토닝 로션 등이라고도 함
  - 기능 : 모공 수축, 피지 분비 억제, 피부결 정리, 피부 소독 등

(3) 보호용 화장품
① 로션
  - ㉠ O/W형의 묽은 유액으로 사용감이 가벼움
  - ㉡ 지성피부나 여름철에 사용하기 적합
  - ㉢ 수분 함량 60~80%, 유분 함량 30% 이하로 유분과 수분을 동시에 공급

② 크림
  - ㉠ 유화제의 종류 및 배합 비율에 따라 O/W형, W/O형으로 구분
  - ㉡ 기능 : 보습 및 유연효과, 보호작용
  - ㉢ 종류

종류	기능
콜드크림	• 피부에 도포할 때 차가운 느낌 • 마사지용 크림으로 혈액순환과 신진대사 촉진
에몰리언트크림	• 유연제 및 보습제 역할 • 나이트크림, 영양 크림, 모이스처라이징 크림 등
데이크림	• 배니싱 크림의 일종 • 수분 공급, 보호작용
나이트크림	• 에몰리언트크림의 일종 • 유연작용 및 재생효과 • 유분 함량 : 데이크림 < 나이트크림
화이트닝크림	• 미백효과
선크림	• 자외선 차단
아이크림	• 주름 예방, 탄력 증진
영양크림	• 영양 공급, 유연작용, 재생효과
바디크림	• 유·수분 공급, 건조 방지
핸드크림	• 건조 방지, 피부보호

③ 에센스
  - ㉠ 고농축 보습 성분 함유
  - ㉡ 흡수가 빠르고 사용감이 가벼움
  - ㉢ 피부보호 및 영양 공급
  - ㉣ 주요성분 : 보습제, 알코올, 점증제, 비이온성 계면활성제, 유연제, 향신료 등

④ 마스크 & 팩
  - ㉠ 기능 : 보습, 혈행 촉진, 청정, 흡착, 각질 제거, 영양공급 등
  - ㉡ 특징
    - 외부의 공기를 차단하여 수분증발 억제 및 영양 공급
    - 진정효과, 탄력효과가 뛰어남
    - 팩류는 얇은 피막을 형성하지만 굳어지지 않아 유·수분 차단효과가 있음
    - 팩의 주요성분 : 정제수, 알코올, 보습제, 점증제, 에몰리언트제, 계면활성제 등

2. 메이크업 화장품

1 특징
① 피부색을 통일하여 피부톤 정리
② 색상으로 미적 효과 부여
③ 얼굴형 및 부분 수정으로 단점 보완
④ 자외선 차단제가 함유되어 자외선으로부터 피부보호

2 종류

구분		특징
베이스 메이크업	메이크업 베이스	• 피지막을 형성해 피부보호 • 색소침착 방지 • 파운데이션의 밀착력과 지속력 향상
	파운데이션	• 피부의 결점을 커버하고 피부톤 통일 • 자외선, 먼지 등 외부 오염물질에서 피부보호 • 얼굴의 윤곽 수정 및 입체감 표현
	컨실러	• 기미나 주근깨, 점, 흉터 등 피부 결점 커버
	파우더	• 피부보호, 탄력감과 투명감 부여 • 파운데이션을 고정하여 메이크업의 밀착력과 지속력 향상 • 메이크업 번짐 방지

구분		특징
포인트 메이크업	아이브로	• 눈썹 형태 보완 • 얼굴 인상을 결정
	아이섀도	• 눈에 입체감 부여 • 눈 모양 수정·보완
	아이라이너	• 눈 모양을 수정·보완하고 눈매를 또렷하게 함
	마스카라	• 속눈썹을 풍성하게 보이게 함 • 눈을 크고 깊이 있게 표현
	립 제품	• 입술에 색상을 부여하고 모양 수정·보완 • 입술에 음영과 입체감 부여 • 영양 공급 및 입술 보호
	치크	• 혈색으로 여성미와 건강미 부여 • 얼굴형 보완

3. 모발화장품

❶ 세발용

① **샴푸**

　㉠ 세정, 탈모 억제

　㉡ 모발에 광택과 윤기 부여

　㉢ 거품이 잘 생기고 거품의 지속력이 높아야 함

　㉣ pH는 약산성이나 중성이어야 함

　㉤ 두개피부와 눈에 자극이 적어야 함

② **린스**

　㉠ 모발 표면에 윤기 부여

　㉡ 정전기 방지

　㉢ 모발의 pH 조절

　㉣ 샴푸 후에 생긴 불용성 알칼리 성분 중화

❷ 정발용

종류	기능
헤어오일	광택 부여, 유분 공급
포마드	젤 형태로 식물성과 동물성으로 구분
헤어크림	광택 부여, 보습효과
헤어로션	보습효과
헤어스프레이, 헤어무스, 헤어젤	헤어스타일 연출 및 유지

❸ 트리트먼트

종류	기능
헤어트리트먼트 크림	• 손상된 모발에 영양 공급
헤어팩	• 유화형 영양물질을 도포한 후 씻어내는 타입 • 손상된 모발에 영양 공급
헤어코트	• 코팅 효과, 모발의 갈라짐 방지, 회복효과
헤어블로	• 모발에 유·수분 공급 • 모발 컨디셔닝, 헤어스타일링

❹ 기타

① **양모제**

　㉠ 두개피부와 모발에 살균효과

　㉡ 혈액순환 촉진

　㉢ 비듬과 가려움 제거

② **염모제** : 염색과 탈색에 사용

③ **탈색제** : 모발의 색을 빼서 원하는 색조로 만듦

④ **퍼머넌트제** : 물리적·화학적인 방법으로 영구적인 웨이브 형성

4. 바디관리 화장품

분류	특성	종류
세정	피부 노폐물 제거	바디샴푸, 바디솔트, 버블바스, 비누
트리트먼트	샤워 후 건조함 방지	바디로션, 바디크림, 바디오일, 핸드크림, 풋크림
각질 제거	노화된 각질을 부드럽게 제거	바디스크럽, 바디솔트
태닝	피부를 균일하게 그을려 건강한 피부 표현	선케어 제품
슬리밍	혈액순환을 도와서 노폐물을 배출하고 셀룰라이트가 생기지 않도록 예방	마사지 크림, 지방분해 크림
체취 방지	신체의 불쾌한 냄새 제거	데오도란트 제품

5. 네일 화장품

종류	특성
네일 폴리시	• 손톱에 바르는 유색의 화장품
베이스 코트	• 폴리시를 바르기 전에 손톱 표면에 바르는 제품 • 자연네일의 변색과 오염 방지 • 폴리시의 밀착력을 높임 • 주성분 : 송진, 아이소프로필알코올, 부틸아세테이트, 니트로셀룰로오스
탑 코트	• 폴리시 위에 바르는 제품 • 광택 · 보호 · 지속효과 • 주성분 : 송진, 니트로셀룰로오스, 용해제 알코올, 폴리에스터, 레진 등

폴리시 리무버	• 네일 표면의 폴리시를 제거할 때 사용
	• 종류
	  - 논 아세톤 : 아세톤 성분이 없고 아크릴이나 글루가 녹지 않아 인조네일의 폴리시 제거에 용이
	  - 퓨어 아세톤 : 쏙(Sock) 리무버라고도 하며 인조네일을 제거할 때 주로 사용

큐티클 리무버	• 큐티클을 유연하게 함
큐티클 오일	• 큐티클과 네일에 유 · 수분 공급 • 큐티클을 부드럽게 만들어 굳은살과 큐티클 제거를 용이하게 함 • 주성분 : 아몬드 오일, 아보카도, 호호바 오일 등
네일 보강제	• 약한손톱에 강화와 영양 공급 • 베이스 코트 전에 바르거나 그 대신으로 사용 • 주성분 : 프로틴 하드너, 나일론 섬유, 포름알데하이드 등
네일 표백제	• 변색된 손톱을 탈색할 때 사용
네일 화이트너	• 크림이나 치약 형태 • 프리에이지 부분을 희게 보이게 함
띠너	• 폴리시가 끈끈해졌을 때 넣으면 묽어지는 희석제

 6. 방향화장품(향수)

1 구비조건
① 향에 특징이 있어야 함
② 확산성이 좋아야 함
③ 지속성이 있으며 세련되고 아름다운 향이어야 함
④ 향기가 조화를 이루어야 함

2 농도에 따른 구분

종류	특성
퍼퓸 (Perfume)	• 부향률 : 10~30% • 지속 시간 : 6~7시간 • 완벽한 향으로 가격이 비쌈
오데퍼퓸 (Eau de Perfume)	• 부향률 : 9~10% • 지속 시간 : 5~6시간 • 퍼퓸과 지속력은 비슷하지만 가격이 저렴
오데토일렛 (Eau de Toilette)	• 부향률 : 6~9% • 지속 시간 : 3~5시간 • 퍼퓸의 지속력과 오데코롱의 가벼움을 갖춤
오데코롱 (Eau de Colongne)	• 부향률 : 3~5% • 지속 시간 : 1~2시간 • 향수를 처음 사용하는 사람에게 적합
샤워코롱 (Shower Colongne)	• 부향률 : 1~2% • 지속 시간 : 1시간 • 전신 방향 제품

 7. 에센셜(아로마) 오일 및 캐리어 오일

아로마테라피
① 정의
  ㉠ 아로마(Aroma, 향기) + 테라피(Therapy, 요법, 치료)
  ㉡ 식품의 꽃, 꽃잎, 뿌리, 열매, 수지 등에서 추출한 오일로 신체적 · 정신적 건강을 추구하는 향기 요법
② 에센셜 오일의 추출 방법

종류	방법
증류법	물에 재료를 넣고 끓인 후 오일과 물을 분리
냉압착법	기계의 힘으로 압착
솔벤트 추출법	유기용매에 재료를 담가 에센셜 오일만 추출
냉침법	동물성 지방인 라드를 바르고 그 위에 꽃잎 등을 덮어 지방에 흡수시켜 오일 추출
여과법	증기의 접촉 시간을 단축하여 식물성분이 파괴되는 것을 방지
이산화탄소 추출법	낮은 온도에서 액상 이산화탄소를 접촉시켜 추출

③ **에센셜 오일의 종류** : 프랑킨센스, 네롤리, 라벤더, 제라늄, 카모마일, 자스민, 레몬, 마조람, 로즈, 로즈마리, 샌달우드, 오렌지, 티트리, 페퍼민트 등

❷ 캐리어 오일

① 식물의 씨를 압착시켜 만든 것으로 베이스 오일이라고도 함

② 종류

종류	특징	사용 범위
호호바 오일	• 화학구조가 인체의 피지와 비슷 • 피부 친화력과 침투력, 보습력이 좋음 • 산화되지 않아 오래 보존 가능	여드름, 습진, 건성 피부
아몬드 오일	• 비타민, 미네랄, 단백질 성분이 많음 • 피부연화작용	가려운 피부, 튼살
아보카도 오일	• 비타민 A·B·E, 단백질 등 영양 성분 풍부	노화피부

8. 기능성 화장품

❶ 미백

① **티로시나아제 효소작용 억제** : 알부틴, 감초, 코직산, 닥나무 추출물 등

② **멜라닌세포 자체를 사멸시키는 물질** : 하이드로퀴논

③ **도파의 산화를 억제하는 물질** : 비타민 C 유도체, 코엔자임 Q-10 등

④ **각질세포를 없애 멜라닌색소를 제거하는 물질** : AHA, BHA 등

❷ 주름개선

종류	기능
레티놀	활성산소 제거, 세포 생성 촉진
레티닐 팔미네이트	레티놀의 안정화 작용, 팔미틴산(지방산)과 결합
베타케로틴	피부 재생, 유연효과
항산화제	항산화, 항노화, 재생작용, 활성산소 억제
아데노신	섬유세포 증식, 세포활성화, 탄력 부여, 주름개선

❸ 자외선 차단

구분	특징
자외선 차단제	• 피부에서 자외선을 반사시킴 • 피부 자극이 없어 안정적임 • 백탁현상 있음 • 성분 : 산화아연, 이산화티탄, 탈크 등
자외선 흡수제	• 자외선의 화학에너지를 열에너지로 바꿔 피부 침투 방지 • 사용감은 좋지만 피부에 자극을 줄 수 있음 • 성분 : 신나메이트, 벤조페논, 계피산 유도체, 살리실산 유도체(살리실레이트)

● SPF(자외선 차단 지수) ●

$$= \frac{\text{자외선 차단제를 도포한 피부의 최소 홍반량(MED)}}{\text{자외선 차단제를 도포하지 않은 대조 부위의 최소 홍반량(MED)}}$$

Chapter 09 손발의 구조와 기능

Section 1 뼈(골)의 형태 및 발생

1. 뼈의 기능

뼈는 우리 인체에서 가장 단단한 부분으로 혈관과 신경이 분포되어 있으며, 성인의 경우 총 206개로 구성되어 있다.

① 인체의 형태를 만들고 지지하는 기능
② 인체의 주요 장기, 뇌, 척수 등을 보호하는 기능
③ 뼈의 중앙에 있는 골수에서 혈액을 만드는 조혈 기능
④ 신진대사에 필요한 무기질을 저장하는 기능

2. 뼈의 구조

❶ 뼈의 구조

① **골막(Periosteum)**
  ㉠ 뼈의 표면을 구성하는 이중막으로 뼈를 보호하고 뼈의 성장과 재생 담당

Part 1 네일미용 위생서비스

　　ⓒ 뼈의 운동을 조절하는 근육이 부착되어 있음
② 내·외 원주층판(Inner·Outer Circumferential Lamella)
　　㉠ 뼈의 치밀(질) 조직을 내외적으로 감싸고 있는 막
　　ⓒ 내원주층판은 해면질과 치밀질의 경계면을 형성하고, 외원주층판은 골막과 접해 있음
③ 하버스계(Haversian System)
　　㉠ 골원(Osteon)이라고도 하며 하버스층판으로 구성
　　ⓒ 치밀골 조직에 분포된 신경과 혈관이 지나가는 하버스관을 중심으로 동심원을 구성
④ 골소주(Trabecula) : 뼈의 내측에 해면질을 구성하고 있는 작은 가지 모양으로 불규칙하게 구성되어 있음
⑤ 골수(Bone Marrow) : 뼈의 가장 중앙에 위치하는 공간으로 조혈작용을 통해 적혈구와 백혈구 생성

2 뼈의 조직
① **골모세포(Osteoblast)** : 뼈를 만드는 세포
② **골세포(Osteocyte)** : 골조직을 만드는 세포
③ **파골세포(Osteoclast)**
　　㉠ 뼈가 성장하거나 새로 생성되는 과정에서 불필요한 골조직 파괴
　　ⓒ 파괴된 뼈에서 칼슘, 인을 혈액으로 보냄
④ **골기질(Bone Matrix)**
　　㉠ 뼈를 형성하는 기질(골세포 제외)
　　ⓒ 칼슘, 인 등의 무기질이 50~60% 차지

3 뼈의 분류
① **장골(Long Bone)**
　　㉠ 긴 장축을 가진 뼈로서 뼛속에 골수강(Medully Cavity)이라는 공간이 있기 때문에 관상골(Tubular Bone)이라고도 함
　　ⓒ 분류 : 상완골, 요골, 척골, 대퇴골, 경골, 비골 등
② **단골(Short Bone)**
　　㉠ 길이와 폭이 비슷한 입방 형태
　　ⓒ 분류 : 손목뼈(수근골), 발목뼈(족근골) 등
③ **편평골(Flat Bone)**
　　㉠ 손바닥처럼 넓고 편평하게 생긴 뼈
　　ⓒ 두개골, 견갑골, 늑골 등
④ **불규칙골(Irregular Bone)** : 불규칙하게 생긴 뼈로 추골과 관골이 대표적
⑤ **종자골(Sesamoid Bone)**
　　㉠ 작은 뼈로 주로 손발에 존재
　　ⓒ 최대 종자골인 슬개골은 무릎과 관련이 있음
⑥ **함기골(Air Bone)**
　　㉠ 뼛속에 빈 공간이 있어 공기를 함유하고 있는 뼈
　　ⓒ 분류 : 두개골, 상악골, 전두골, 접형골, 사골, 측두골 등

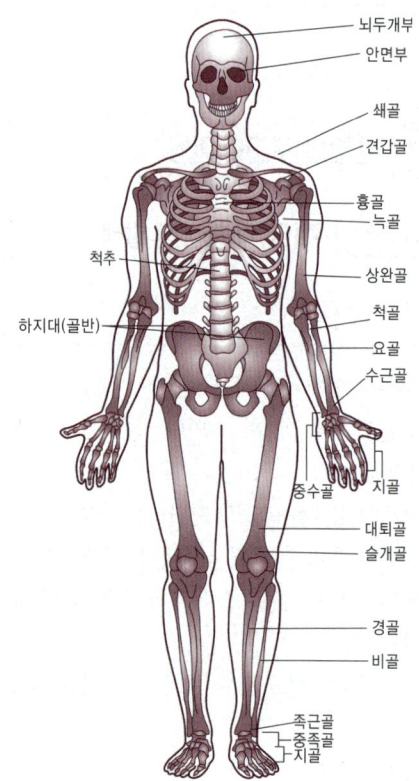

Section 2 | 손과 발의 뼈대(골격)

1. 손뼈의 구조

❶ 손뼈

수근골, 중수골, 수지골로 크게 분류되며 오른손 27개, 왼손 27개 총 54개로 구성된다.

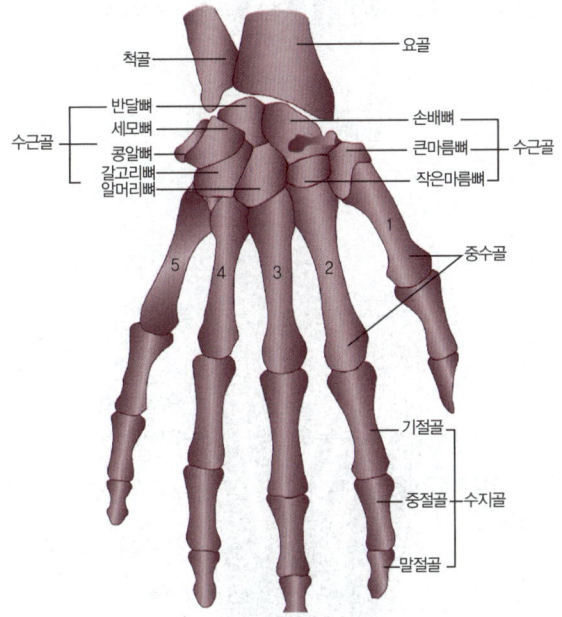

① **손목뼈(Carpal Bones)**
  ㉠ 수근골이라 하며 총 8개의 작고 불규칙한 뼈들이 인대로 결합되어 있는 관절
  ㉡ 구성 : 손배뼈, 반달뼈, 세모뼈, 콩알뼈, 큰마름뼈, 작은마름뼈, 알머리뼈, 갈고리뼈
② **손허리뼈(Metacarpal Bones)** : 5개 장골의 중수골로서 구성되어 있으며 위쪽은 손목뼈, 아래쪽은 손가락뼈와 연결
③ **손가락뼈(Phalange)**
  ㉠ 수지골인 엄지손가락 : 기절골과 말절골로 구성
  ㉡ 제2~5지 : 첫마디 기절골, 중간마디 중절골, 끝마디 말절골로 구성

 2. 발뼈의 구조

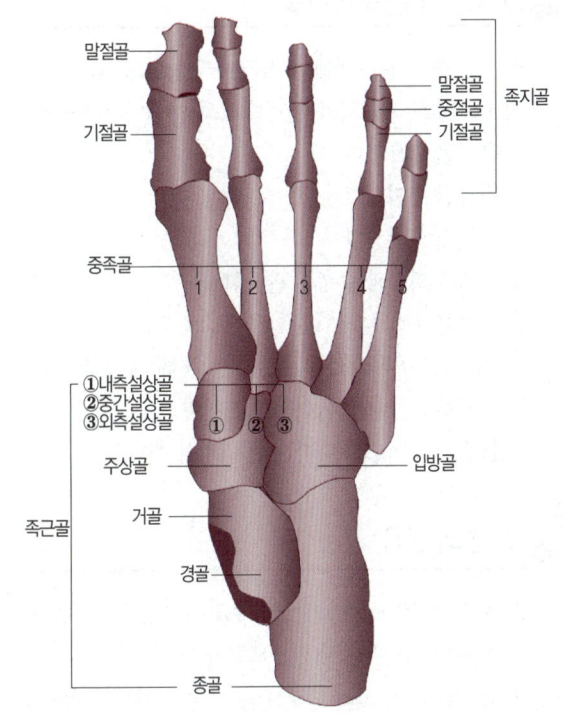

① **발목뼈(Tarsal Bones)**
  ㉠ 족근골로서 발목을 구성하는 짧고 모난 뼈로 몸의 무게를 지탱하는 데 관여
  ㉡ 거골, 종골, 주상골, 입방골, 외측 설상골, 중간 설상골, 내측 설상골로 총 7개의 뼈로 구성
② **발바닥뼈(Metatarsal Bones)** : 중족골로서 발바닥과 발등을 구성하는 5개의 뼈로 각각 발가락에 연결
③ **발가락뼈(Phalange Bones)**
  ㉠ 족지골로서 발가락을 형성하는 14개의 축소된 장골
  ㉡ 엄지발가락에는 기절골과 말절골이라는 2개의 지골이 있고, 나머지 발가락은 기절골, 중절골, 말절골로 구성

Part 1 네일미용 위생서비스

Section 3 손과 발의 근육

1. 손(발) 근육의 기능

골격근(횡문근)은 뼈에 부착되어 있으며 근육이 횡문과 단백질로 구성되어 있어 수의적 활동이 가능하다.
① 운동을 일으킨다.
② 자세를 유지한다.
③ 열을 발생시킨다.
④ 혈관의 확장과 수축을 관장한다.
⑤ 수축을 통해 혈액의 순환을 일으킨다.
　• 혈액은 조직과의 수분 교환을 통해 체내의 수분을 조절하고 체액의 pH를 조절한다.
⑥ 물질이 들어오고 나가는 문 역할을 한다.

2. 손의 근육

① 무지굴근(Tenar Muscle) : 단무지외전근, 장무지굴근, 무지대립근, 무지내전근으로 구성
② 중수근(Intermediate Muscle) : 손바닥을 이루는 작은 근육으로 충양근, 장측골간근, 배측골간근으로 구성
③ 소지굴근(Hypothenar Muscle) : 소지외전근, 단소지굴근, 소지대립근으로 구성

3. 발의 근육

① **발등 근육(Dorsal Muscle Foot)** : 족배근이라 하며 2개의 근육으로 구성된 단지신근과 단무지신근이 발가락 신전에 관여
② **발바닥 근육(Plantar Muscle of Foot)** : 족척근으로서 총 9개의 근이 있으며 크게 외측족척근, 내측족척근, 중앙족척근으로 구분

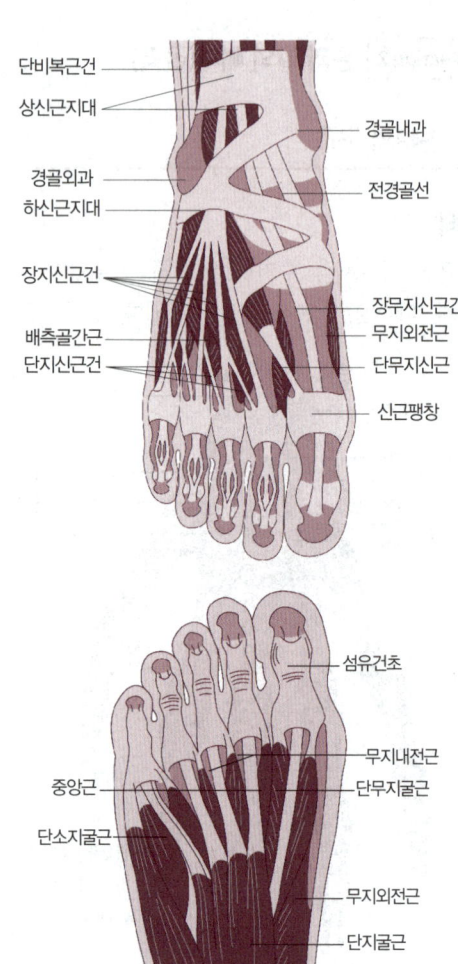

Section 4 | 손과 발의 신경

1. 신경의 기능

각 신경세포는 자신의 정보를 전송하기 위해 전기 화학적 신호로 바꾼다.

1 감각신경(구심성)
① 감각뉴런은 수용체라는 장치를 통해 몸속과 외부로부터 정보들을 수집한다.
　㉠ 정보들은 적절한 조치가 결정되는 뇌와 척수로 보내진다.
　㉡ 말초의 자극을 중추 쪽으로 전달하는 신경이다.

2 운동신경(원심성)
① 뇌와 척수로부터 적절한 샘, 기관 또는 근육으로 지시사항을 전달한다.
② 중추의 자극을 말초로 전달하는 신경이다.

3 개재 신경
감각신경과 운동신경 간의 신호들을 왕복시키며 중추신경계 속에 완전히 놓여 있다.

2. 손의 혈관

신경계통은 중추신경과 말초신경, 자율신경으로 구성된다. 그 중에서도 척수신경은 피부에 신경층을 형성하여 몸 전체에 분포하기 때문에 손의 신경을 이해하기 위해서는 척수신경을 중심으로 알아두어야 한다.
① 액와(겨드랑이)신경 : 소원근과 삼각근의 운동 및 삼각근 상부에 있는 피부를 지배
② 근피(근육)신경 : 팔의 굴근에 대한 운동을 지배
③ 정중신경 : 팔과 외측 손바닥에 전체적으로 분포
④ 요골신경 : 손등의 외측과 요골에 분포
⑤ 척골신경 : 내측 손바닥과 척골에 분포

Part 2 네일 화장물 제거

Chapter 01 일반네일 폴리시 제거

Section 1 일반네일 폴리시 성분

1. 네일 폴리시 성분

- 베이스코트는 송진, 아이소프로필 알코올, 부틸아세테이트, 에틸아세테이트, 니트로셀룰로즈, 포말다이하이드를 주성분으로 한다.
- 네일 폴리시는 색상을 담고 있는 것으로서 성분은 벤조페논, 에틸아세테이트, 아이소프로페놀, n-부틸아세테이트, 니트로셀룰로즈 성분을 포함하고 휘발성 용해액으로 용해시킨 것으로서 휘발성이 강하다.

Section 2 일반네일 폴리시 제거 작업

1. 네일 폴리시 제거하기

① **손 소독하기(시술자+고객)** : 소독솜(안티셉틱)에 적셔진 것을 사용하여 시술자의 손과 고객의 손을 소독한다.
② **네일 폴리시 제거하기**
  ㉠ 네일 폴리시 리무버를 솜에 적셔 컬러된 소지 위에 얹는다.
  ㉡ 조체 위에 얹힌 솜을 이용하여 소지부터 모지로 이행하면서 닦는다.
  ㉢ 조체판, 자유연 안, 측·후 조곽(조벽)까지 섬세하게 닦는다.

Chapter 02 젤네일 폴리시 제거

Section 1 젤네일 폴리시 성분

1. 젤네일 폴리시 성분

- 젤 성분은 아세톤(Acetone), 아이소프로페놀(Isopro-panol), 에틸카바매트(Ethylcarbamat), 에틸시아노 아크릴레이트(Ethylcyanoacrylate)가 포함되어 있다.
- 라이트 큐어드 젤의 제거방법에 따라 하드젤(Hard gel)과 속오프젤(Soak off gel)로 나누어진다.
- 젤은 우레탄과 메타아크릴레이트 혼합물, 항황화제 UV 광장치를 필요로 하는 광 개시제와 셀룰로오즈를 포함하고 있다.

Section 2 젤네일 폴리시 제거 작업

1. 젤네일 폴리시 제거하기

① **손 소독하기(시술자+고객)** : 소독솜(안티셉틱)에 적셔진 것을 사용하여 시술자의 손과 고객의 손을 소독한다.
② 큐티클 오일 바르기 및 아세톤을 이용한 솜 올리기
  ㉠ 큐티클 라인에 오일을 바른다.
  ㉡ 솜에 아세톤을 적셔 인조손톱에 올린다.
  ㉢ 호일을 사용하여 손톱을 감싼다.
③ 손톱 표면에 젤폴리시가 남아있을 경우 푸셔나 오렌지우드스틱을 사용하여 프리에이지 방향으로 밀어내고 파일을 사용하여 남아있는 잔여물을 제거한다.

Chapter 03 인조네일 제거

Section 1 인조네일 제거방법 선택 및 제거 작업

1. 인조네일 제거 방법 및 절차

종류	소분류		
	팁네일랩 네일	아크릴 네일	젤 네일
손 소독제로 시술자의 손과 고객의 손을 소독한다.	◎	◎	◎
네일 리무버로 컬러링된 폴리시를 깨끗이 지운다.	◎	◎	◎
네일의 길이가 길 경우 고객이 원하는 길이에 맞추어 자유연(프리에이지) 부분을 자른다.	◎	◎	◎
네일파일을 사용하여 인조네일의 두께를 파일링 한 후, 더스트 브러시를 사용하여 분진을 제거한다.	◎	◎	◎
큐티클 오일을 손톱 주변에 도포한다.	◎	◎	◎
100% 아세톤을 솜에 적신 후 네일 위에 올려주고 아세톤이 휘발되지 않도록 호일로 감싸준다.	◎	◎	◎
7~10분 후 호일과 솜을 제거한 후에 접착제가 녹아서 밀려나면 오렌지우드스틱이나 푸셔를 사용하여 프리에이지 방향으로 밀어내면서 제거한다.	◎	◎	◎
팁제거기(팁프리기)를 이용하여 제거하는 방법-팁제거기에 100% 아세톤을 붓고 손가락을 5~10분 정도 담근 후 접착제가 녹아서 밀려나면 오렌지우드스틱이나 푸셔를 사용하여 프리에이지 방향으로 밀어내면서 제거한다.	◎	◎	◎
샌딩블럭을 사용하여 자연손톱의 남아있는 접착제를 제거한다.	◎	◎	◎
큐티클 오일과 로션을 사용하여 손질한 후 고객이 원하는 작업을 시행한다.	◎	◎	◎
제거(Soack off)되지 않는 젤은 아세톤에 녹지 않으므로 파일링하여 제거해야 한다.	◎	◎	◎

Part 3 네일 기본관리

Chapter 01 프리에이지 모양만들기

Section 1 네일파일 사용

1. 재료와 도구 운용

① 파일 사용

① 파일링 시 주의점
  ㉠ 자연손톱인 경우에는 한 방향으로 파일링을 해야 한다.
  ㉡ 양방향으로 파일링할 경우 조체판 균열로 깨어지거나 부서질 수 있다.

② 브러시 사용

(1) 브러시에 젖은 제품 조절 방법
  ① 브러시에 묻은 네일 제품의 양을 조절하기 위해 붓의 한쪽 면 부분에만 묻도록 제품 케이스(병 입구)에서 조절한다.
  ② 브러시의 양쪽에 묻게 되면 조체에 도포될 때 제품이 뭉치거나 흐를 수 있기 때문에 브러시의 한쪽 면에 묻어나도록 한다.

(2) 브러시 운행 방법
  폴리시 브러시 각도는 조체면에 45°가 되도록 한다. 브러시 끝(붓끝)이 45° 이상 또는 45° 이하로 눕거나 세워서 바르게 되면 제품들이 뭉쳐 줄을 이룰 수도 있다.

2. 손톱의 모양

① 스퀘어 모양(Square Shape)

① 파일을 90°로 사용해 손톱의 양쪽 모서리각을 그대로 살린 모양
② 잘 부러지지 않아 약한손톱에 적당
③ 굵거나 짧은 손가락은 단점을 부각시켜 어울리지 않음
④ 손끝을 많이 쓰는 컴퓨터 종사자나 사무직 등이 선호하는 모양

② 오버 스퀘어 모양(Over Square Shape)

① 라운드 스퀘어 또는 세미 스퀘어라고도 함
② 스퀘어형에서 양쪽 모서리를 둥글게 파일링한 모양으로서 가장 무난하게 선호됨

③ 라운드 모양(Round Shape)

① 파일을 45°로 사용하여 손톱 모서리에서 중앙으로 둥글게 파일링한 모양
② 약하고 짧은손톱에 적당
③ 남성들이 주로 선호하는 모양

④ 오벌 모양(Oval Shape)

① 파일을 15~30°로 사용하여 손톱 모서리를 더 타원형으로 파일링
② 가장 여성스럽고 손가락이 가늘어 보임
③ 손 노출이 많은 직업에 적당
④ 여성들이 가장 선호하는 모양

⑤ 포인트 모양(Point Shape)

① 아몬드 모양이라고도 하며, 파일을 거의 10° 정도로 눕혀서 끝을 뾰족하게 파일링
② 손가락이 가늘고 길어 보임
③ 약하고 잘 부러지며 개성이 강해 일반인들은 자주 하지 않음

⑥ 스틸레토 모양(Stiletto Shape)

① 하이힐의 뾰족한 굽을 표현한 모양
② 끝을 뾰족하고 길게 파일링
③ 주로 대회나 아트용 손톱모양

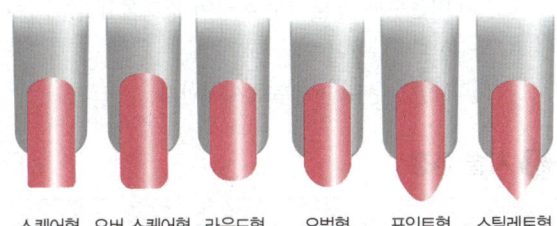

스퀘어형   오버 스퀘어형   라운드형   오벌형   포인트형   스틸레토형

Chapter 02 큐티클 부분 정리

Section 1 큐티클 부분 정리 작업

1. 네일 큐티클 정리절차

1 큐티클 연화시키기

오른손의 파일 작업이 끝나고 왼손 작업을 하는 동안 먼저 오른쪽 손의 큐티클을 연화시키기 위해 미온수가 담긴 핑거볼에 손가락을 담근다.

2 손가락 물기 말리기

고객의 손을 핑거볼에서 꺼낸 후 페이퍼타월로 손가락 사이 사이의 물기를 제거한다.

3 큐티클 리무버 바르기

큐티클을 연화시키기 위해 큐티클 리무버 또는 큐티클 오일 등을 바른다.

4 큐티클 밀어 올리기

푸셔를 연필 잡듯이 쥐고 조체면에 얹어 45° 각도로 밀어 올린다. 자연네일 판이 최대한 긁히지 않도록 조곽면을 따라 큐티클을 가볍게 밀어준다.

5 큐티클 잘라내기

① 니퍼를 조체면 45° 각도로 얹어 파일링과 동일하게 한쪽 방향으로 자른다.

② 니퍼 날의 ⅓면을 사용하여 오른쪽 측조곽면에서 후조곽(큐티클) 방향으로 잘라 나간다.

③ 니퍼 날을 쥔 손은 바닥이 보이도록 바꾸어서 왼쪽 측조곽에서 후조곽(큐티클) 방향으로 연결하여 자른다.

6 손 소독하기(모델)

큐티클 제거가 끝난 후 조상연 및 큐티클 주위에 소독제를 뿌려준다.

Section 2 큐티클 부분 정리 도구

1 큐티클 니퍼(Cuticle Nipper)

조체의 큐티클과 주변의 굳은살과 거스러미를 제거할 때 사용되는 가위이다. 감염이 되기 쉬우므로 소독 후 사용한다.

2 푸셔(Pusher)

- 큐티클을 밀어 올릴 때 사용한다.
- 메탈푸셔 이외에 스톤푸셔도 있다.

3 핑거 볼(Finger Bowl)

- 습식매니큐어 시 손끝의 큐티클을 불리기 위해 손가락을 담그는 용기이다.
- 미온수를 담아 사용하는 도구이다.

4 습식 소독용기(Water sanitizer)

큐티클 니퍼, 푸셔, 클리퍼, 더스트브러시 등은 소독 용기에 담가 사용한다.

5 족욕기

발톱의 큐티클을 부드럽게 연화시켜 제거를 쉽게 하기 위해 사용한다. 족욕기는 제품에 따라 스파의자와 족욕으로 구분된다.

Part 3 네일 기본관리

Chapter 03 보습제 도포

Section 1 네일미용 보습 제품 적용

1. 보습제 도포 절차

① 큐티클 보습제 절차

손 소독하기(수험자 + 모델) ⇨ 큐티클 연화시키기 ⇨ 손가락 물기 말리기 ⇨ 큐티클 오일 또는 리무버 바르기 ⇨ 큐티클 밀어올리기 ⇨ 큐티클 잘라내기 ⇨ 소독제 분무하기(모델) ⇨ 손 마사지 ⇨ 유분기 제거하기

2. 습식매니큐어

① 정의 및 효과
① 물을 사용하는 손관리 방법이다.
② 손과 손톱관리, 마사지, 컬러링 등 손을 전체적으로 관리하는 가장 기본적인 매니큐어 방법이다.
③ 군은살을 제거하고 관리함으로써 손을 더 깔끔하게 보이도록 한다.

② 재료 및 준비
① 기본 재료
타월, 키친타월, 솜, 안티셉틱(스킨 소독제), 알코올, 핑거볼, 니퍼, 푸셔, 클리퍼, 파일, 샌딩블록, 라운드패드, 더스트 브러시, 오렌지우드스틱, 로션, 폴리시 리무버, 큐티클 오일, 큐티클 리무버, 폴리시, 베이스 코트, 톱 코트, 지혈제

② 사전 준비
㉠ 모든 도구 및 재료에 이름표를 부착한다.
㉡ 모든 도구를 소독한다(푸셔, 니퍼 등은 알코올에 20분 이상 소독).
㉢ 테이블은 70% 알코올로 소독한다.
㉣ 타월과 팔 받침대를 준비한다.
㉤ 미온수에 살균비누를 넣어 핑거볼에 담아 준비한다.
㉥ 시술자는 항균비누로 세척한다.

③ 시술 과정

손 소독 ⇨ 폴리시 제거 ⇨ 손톱모양만들기(파일링하기) ⇨ 샌딩하기 ⇨ 라운드패드하기 ⇨ 큐티클 불리기 ⇨ 큐티클 오일 바르기 ⇨ 큐티클 밀어 올리기 ⇨ 큐티클 정리하기 ⇨ 소독하기 ⇨ 손 마사지하기 ⇨ 유분기 제거 ⇨ 베이스 코트 바르기 ⇨ 컬러링 2회 하기 ⇨ 톱 코트 바르기

① **손 소독** : 항균 소독제나 알코올로 시술자와 고객의 손을 소독한다.

② **폴리시 제거**
㉠ 리무버를 솜에 묻혀 약 5초간 손톱에 얹었다가 제거한다.
㉡ 네일 밑이나 주변 폴리시는 오렌지우드스틱에 솜을 말아 구석까지 깔끔하게 제거한다.
㉢ 닦는 방향 : 왼쪽 5지 ⇨ 오른쪽 5지

③ **손톱모양만들기(파일링하기)**
㉠ 우드 파일을 이용하여 고객이 원하는 모양을 잡고 왼손 5지부터 시술한다.
㉡ 파일은 비비지 않아야 하며 바깥쪽에서 안쪽으로 파일링한다.

④ **샌딩하기**
㉠ 네일 표면을 매끄럽게 하기 위한 과정이다.
㉡ 순서 : 중앙 ⇨ 좌 ⇨ 우 ⇨ 전체

⑤ **라운드패드하기** : 손톱 밑의 거스러미를 제거한다.

⑥ **손 담그기(큐티클 불리기)** : 따뜻한 물에 손을 담가 큐티클을 불린다.

⑦ **큐티클 오일 바르기** : 페이퍼 타월로 물기를 닦고, 큐티클 오일이나 크림을 큐티클 라인과 양옆 군은살에 바른다.

⑧ **큐티클 밀어 올리기**
㉠ 푸셔나 오렌지우드스틱으로 큐티클을 밀어 올린다.

ⓛ 힘을 너무 주면 손톱이 손상될 수 있으므로 45°로 잡고 조심스럽게 밀어 올린다.

⑨ **큐티클 정리하기**
㉠ 니퍼를 사용하여 밀어 올린 큐티클을 제거한다.
ⓛ 너무 깊게 제거하면 통증과 염증, 세균 감염 등이 발생할 수 있으므로 주의한다.

⑩ **소독하기** : 안티셉틱으로 니퍼와 푸셔가 닿은 손과 손톱을 소독한다.

⑪ **손 마사지하기** : 핸드로션을 발라 가볍게 마사지한다.

⑫ **유분기 제거**
㉠ 손 전체 : 핫 타월로 로션의 유분기와 큐티클 잔여물 등을 제거한다.
ⓛ 손톱 표면 : 오렌지우드스틱에 솜을 말아 리무버를 묻혀 꼼꼼히 제거한다.

⑬ **베이스 코트 바르기**
㉠ 폴리시의 밀착력과 지속력을 높이고, 손톱을 보호하기 위해 바른다.
ⓛ 손톱 표면에 코팅막을 형성하여 착색을 방지한다.
㉢ 베이스 코트 대용으로 네일 보강제를 사용하기도 한다.

⑭ **컬러링 2회 하기**
㉠ 큐티클에 최대한 가까이 바른다.
ⓛ 브러시를 45°로 잡고 엷게 두 번 바른다.
㉢ 프리에이지 아랫부분은 1회만 바른다.
- 첫 번째 시술
 중앙 ⇨ 왼쪽 ⇨ 오른쪽 ⇨ 프리에이지
- 두 번째 시술
 중앙 ⇨ 왼쪽 ⇨ 오른쪽(프리에이지 생략)

⑮ **톱 코트 바르기**
㉠ 손톱 위의 폴리시를 보호한다.
ⓛ 폴리시의 광택과 지속력을 높인다.

 3. 파라핀 매니큐어

1 목적
① 유·수분이 부족한 손과 손톱에 효과적이며, 겨울철에 많이 시술한다.
② 거칠고 갈라진 피부와 네일을 윤택하고 촉촉하게 한다.
③ 피부의 모공을 열어 영양과 수분을 공급한다.
④ 혈액순환을 활발하게 하고 신진대사를 촉진한다.
⑤ 찢어지거나 데인 피부, 습진, 빨갛게 부어오른 피부 등에는 시술을 삼간다.

2 재료 및 준비사항
① **기본 재료**
습식매니큐어 재료, 파라핀워머, 파라핀 왁스, 파라핀 장갑 또는 전기장갑, 비닐장갑 등
② **사전 준비**
㉠ 습식매니큐어의 사전 준비와 동일하다.
ⓛ 파라핀 왁스가 녹으려면 3~4시간 정도 소요되므로 미리 파라핀워머를 켜놓도록 한다.
㉢ 파라핀이 완전히 녹은 후의 온도는 52~55℃가 되어야 한다.

3 시술 과정

습식매니큐어와 동일(①~⑫) ⇨ 베이스 코트 바르기 ⇨ 파라핀에 담그기 ⇨ 비닐장갑 씌우기 ⇨ 타월장갑 씌우기 ⇨ 파라핀 벗기기 ⇨ 베이스 코트 지우기 ⇨ 유분기 제거 ⇨ 컬러링

① **습식매니큐어와 동일(①~⑫)**
② **베이스 코트 바르기**
㉠ 베이스 코트를 발라 완전히 건조시킨다.
ⓛ 파라핀 자체의 유분기 때문에 파라핀을 벗긴 후 베이스 코트를 지우고 폴리시를 발라야 컬러가 잘 밀착된다.

3 네일 기본관리

③ **파라핀에 담그기**
  ㉠ 손에 로션이나 오일을 바르고 팔목까지 서서히 담갔다 빼기를 3~5회 반복한다.
  ㉡ 여러 차례 반복해서 파라핀을 두껍게 씌워야 외부의 온도가 차단되고, 보온효과를 통해 파라핀의 영양이 공급된다.
④ **비닐장갑 씌우기** : 파라핀의 열이 외부로 나가는 것을 방지한다.
⑤ **타월장갑 씌우기** : 전기장갑을 사용하는 경우도 있으며 보통 10~15분 정도 유지한다.
⑥ **파라핀 벗기기** : 손목에서 손끝 방향으로 벗겨낸다.
⑦ 베이스 코트를 지우고 유분기를 제거한 후 컬러링한다.

① **습식매니큐어와 동일(①~⑤)**
② **워머 로션에 손 담그기**
  ㉠ 왼손을 데워둔 워머 로션에 담근다.
  ㉡ 따뜻해진 로션이 손의 모공을 열고 큐티클을 유연하게 한다.
  ㉢ 왼손을 담그는 동안 오른손에는 습식매니큐어 과정을 실시한다.
③ **큐티클 정리** : 손에 묻은 크림을 닦아낸 후 큐티클을 푸셔로 밀어 니퍼로 정리한다.
④ **손 소독**
⑤ **핫 타월** : 로션의 유분기와 큐티클의 잔여물 등을 제거한다.
⑥ **유분기 제거 및 컬러링** : 유분기 제거 후 컬러링한다.

4. 핫 크림 매니큐어

1 정의 및 효과
① 핫 오일 매니큐어, 핫 로션 매니큐어라고도 한다.
② 건조하고 갈라지는 손톱, 물어뜯는 손톱, 테리지움(손톱 표면 위로 큐티클이 자라는 증상) 등에 효과적이다.
③ 주로 겨울철에 많이 시술하며, 주기적인 관리를 통해 손과 손톱의 큐티클을 부드럽게 유지할 수 있다.

2 재료 및 준비사항
① **기본 재료**
  습식매니큐어 재료, 로션, 워머 로션, 플라스틱 로션 용기
② **사전 준비**
  ㉠ 습식매니큐어의 사전 준비와 동일하다.
  ㉡ 플라스틱 로션 용기에 로션을 1/2 정도 넣어 10~15분 정도 미리 데워두고, 핫 타월을 준비한다.

3 시술 과정

> 습식매니큐어와 동일(①~⑤) ⇨ 워머 로션에 손 담그기 ⇨ 큐티클 정리 ⇨ 손 소독 ⇨ 핫 타월 ⇨ 유분기 제거 및 컬러링

Part 4. 네일 화장물 적용 전 처리

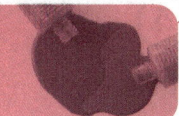

Chapter 01 일반네일 폴리시 전 처리

Section 1 네일 유분기 및 잔여물 제거

1. 큐티클과 네일 주변 거스러미 정리

① 전 처리 시 큐티클 제거의 목적
- 큐티클을 지나치게 제거하는 것은 좋지 않다.
- 네일 화장물 적용을 위해 큐티클 제거 작업을 한다.
- 네일 화장물 작업 시 표면과 들뜨지 않고 밀착하도록 한다.
- 큐티클은 네일루트에 세균이 침투하는 것을 막아주는 역할을 한다.

② 전 처리 시 네일 주변의 거스러미 정리 목적
- 네일 주변의 각질들은 네일 화장물 적용 시 완성도를 낮추며 네일 화장물의 유지력에도 영향을 준다.
- 조체 주변의 각질 또는 불필요한 거스러미 등은 푸셔와 니퍼, 오일 등을 사용하여 네일 화장물의 완성도와 유지력을 향상한다.

③ 큐티클과 네일 주변 거스러미 정리 적용
- 큐티클이 없을 경우 큐티클을 밀어 올려 마무리한다.
- 큐티클과 거스러미가 있는 경우 니퍼를 사용하여 정리한다.
- 큐티클과 거스러미를 정리할 경우 푸셔와 거즈를 사용하여 작업을 진행한다.
- 큐티클과 거스러미 정리 시 네일과 큐티클의 상태에 따라 선택적으로 적용한다.

Section 2 일반네일 폴리시 전 처리 작업

1. 네일 표면의 유분기 제거

① 물리적 제거
- 과도한 파일 작업은 자연네일이 얇아지는 등의 손상이 생길 수 있다.
- 자연네일 표면을 180그릿 이상의 파일을 사용하여 유분기를 제거해 준다.

① 화학적 제거
- 멸균 거즈 및 탈지면에 아세톤 성분을 포함한 용제를 사용하여 네일 표면을 전체적으로 닦아준다.
- 과도한 작업 시 네일의 탈수와 피부주위의 건조함을 유발할 수 있다.

Chapter 02 젤네일 폴리시 전 처리

Section 1 젤네일 폴리시 전 처리 작업

- 작업 매뉴얼에 따라 작업에 적합한 네일 길이 및 모양을 만들 수 있다.
- 네일 상태에 따라 표면정리를 통하여 제품의 밀착력을 높일 수 있다.
- 작업 매뉴얼에 따라 네일과 네일 주변의 거스러미를 정리할 수 있다.
- 작업 매뉴얼에 따라 접착력을 높이기 위하여 전 처리제를 도포할 수 있다.

네일 화장물 적용 전 처리

Chapter 03 인조네일 전처리

Section 1 인조네일 전 처리 작업

- 멸균 거즈 또는 더스트 브러시를 사용하여 손톱 표면의 분진을 제거한다.
- 젤네일 폴리시의 밀착력을 높이기 위해 네일 표면에 전처리하는 방법이다.
- 전 처리제 도포 시 큐티클 부분과 주변 스킨에 넘쳐나지 않도록 도포 한다.
- 전 처리제로는 프리프라이머, 프라이머, 젤 본더 등이 있다.

Part 5. 자연네일 보강

Chapter 01 일반네일 폴리시 전 처리

Section 1 네일랩 화장물 보강 작업

1. 네일랩을 이용한 자연네일 보강의 특징

- 네일랩은 네일 접착제를 사용하여 자연네일을 보강하고 손상 정도에 따라 필러파우더를 함께 적용할 수 있다.
- 자연네일에 금이 간 경우 네일 접착제를 사용하여 금이 간 네일에 접착제를 바르고, 네일랩을 적용한다.
- 네일랩은 찢어지거나 금이 간 부분을 효과적으로 연결하여 주기 때문에 효과적이다.

Chapter 02 아크릴 화장물 보강

Section 1 아크릴 화장물 보강 작업 및 도구

1. 아크릴을 이용한 자연네일 보강의 특징

- 손상된 부분의 범위가 넓고, 단단하게 두께를 형성해야 하는 경우는 아크릴 화장물로 자연네일을 보강하는 것이 적절하다.
- 찢어진 자연네일의 경우는 접착제를 사용하여 찢어진 부위를 붙인다. 아크릴 화장물을 적용하기 전 올바른 전처리 과정을 수행하지 않으면 리프팅이 될 수 있으므로 표면의 광택을 제거하고 전 처리제를 도포한다.
- 아크릴은 가장 단단하고 수축 및 변형이 없어 보강이 필요한 자연네일 중 내구성이 가장 좋다.

Chapter 03 젤 화장물 보강

Section 1 젤 화장물 보강 작업 및 도구

1. 젤을 이용한 자연네일 보강의 특징

- 자연네일의 상태에 따라 하드 젤과 소프트 젤을 선택하여 사용한다.
- 젤은 한 번에 많을 양을 올리게 되면 경화 시 네일 베드가 뜨거워질 수 있어 적절한 양을 조절하여 경화한다.
- 젤은 퍼지는 성질이 있으므로 약해진 자연네일을 보강하거나 자연네일의 손상을 예방하거나 네일에 전체적으로 보강할 때에 효과적이다.
- 찢어진 자연네일의 경우 네일 접착제를 사용하여 찢어진 부위를 붙이고, 젤을 적용한다.
- 젤 볼을 네일에 올리기 전 전처리 과정을 수행하지 않으면 리프팅의 원인이 될 수 있어 표면의 광택을 제거하고 전 처리제를 도포한다.

Part 6 네일컬러링

Chapter 01 풀코트 컬러 도포

Section 1 풀코트 컬러링

1. 컬러링 방법과 타입

① 컬러링 방법

① 폴리시는 색채와 광택을 부여함으로써 손톱을 아름답게 하고, 피막을 형성해 피부를 보호한다.
② 베이스 코트 ⇨ 폴리시 ⇨ 톱 코트 순으로 바른다.
  ㉠ 폴리시는 왼손 소지부터 시작하여 큐티클에 최대한 가깝게 바른다.
  ㉡ 브러시 각도는 45°가 적당하다.
  ㉢ 폴리시가 얼룩지거나 뭉치지 않도록 얇게 2~3번 발라 준다.
  ㉣ 프리에이지 부분도 꼭 바른다.
  ㉤ 톱 코트는 가볍게 발라야 폴리시가 얼룩지거나 브러시 자국이 생기지 않는다.

② 컬러링 타입

컬러링 종류	특징
풀코트(Full Coat)	• 손톱 전체를 가득 채워 컬러링
프리에이지(Free Edge)	• 프리에이지 부분(손톱 끝)은 비워 두고 컬러링 • 컬러의 벗겨짐 방지
프렌치(French)	• 프리에이지 부분에만 컬러링
헤어라인 팁 (Hair Line Tip)	• 풀코트 컬러링 후 손톱 끝 1.5mm를 지우는 컬러링 • 컬러의 벗겨짐 방지
슬림라인(Slim Line) / 프리월(Free Wall)	• 손톱 양쪽 옆면을 1.5mm 정도 남기고 컬러링 • 손톱이 가늘고 길어 보임
하프문(Half Moon) / 루눌라(Lunula)	• 손톱의 반월 부분만 남기고 컬러링

풀코트 프리에이지 프렌치 헤어라인팁 슬림라인/
프리월 하프문/
루눌라

2. 레귤러 및 스페셜

매니큐어의 실제는 레귤러(습식·건식) 매니큐어, 매니큐어 컬러링, 스페셜 매니큐어, 스페셜 매니큐어 컬러링으로 크게 나뉜다. 레귤러 매니큐어는 베이직 매니큐어(습식매니큐어), 베이직 컬러링(풀커버 컬러링)으로 구분된다. 스페셜 매니큐어 컬러링은 손톱색조화장을 강조하기 위한 프리에이지 컬러링, 딥프렌치 컬러링과 그러데이션 컬러 등이 있으며, 스페셜 매니큐어는 손톱에 유·수분을 보충함으로써 보습효과를 갖는 파라핀 매니큐어, 핫오일 매니큐어 등이 있다.

① 풀커버(풀코트) 컬러링 : 레드 또는 화이트 폴리시를 이용하여 손톱면 전체를 꽉 채우듯이 컬러를 도포한다.

Chapter 02 프렌치 컬러 도포

Section 1 프렌치 컬러링

1. 프리에이지(프렌치) 컬러링

① 정의 및 종류

① **정의** : 프리에이지(자유연)에 다른 색상의 폴리시를 바르고 자연스러운 컬러로 풀코트하는 방법으로서 깨끗하고 깔끔한 느낌을 준다.

㉠ 반달형 : 오벌형, 스퀘어형, 라운드형 손톱에 어울린다.
㉡ 일자형 : 네일 베드의 1/3 끝부분에 일자 모양으로 바른다.
㉢ V자형 : 손톱의 폭과 길이에 맞추어 V자 모양으로 그리며 스퀘어형, 라운드형에 어울린다.
㉣ 사선형 : 모든 손톱모양에 어울린다.

반달형　　일자형　　V자형　　사선형

❷ 시술 과정

습식매니큐어와 동일(①~⑫) ⇨ 베이스 코트 바르기 ⇨ 자연색 폴리시 컬러링하기 ⇨ 스마일라인 컬러링하기 ⇨ 톱 코트 바르기

① **습식매니큐어와 동일(①~⑫)**
② **베이스 코트 바르기** : 프리에이지까지 풀코트한다.
③ **자연색 폴리시 컬러링하기** : 비치는 자연색 폴리시를 전체적으로 얇게 바른다(생략 가능).
④ **스마일라인 컬러링하기**
　㉠ 흰색 폴리시로 프리에이지에 얇게 2회 컬러링한다.
　㉡ 밑에 바른 자연색 폴리시를 충분히 건조시킨 다음에 발라야 밀리지 않는다.
⑤ **톱 코트 바르기** : 밑의 컬러가 밀리지 않도록 주의하며 프리에이지까지 풀코트한다.

Chapter 03 딥프렌치 컬러 도포

Section 1 딥프렌치 컬러링

1. 딥프렌치 컬러링

❶ 딥프렌치 컬러링

① 딥프렌치 컬러링 실제
　㉠ 1차 : 프리퍼레이션
　㉡ 2차(색조화장 과정)
　　• 1차 프리퍼레이션 후, 2차 손톱 색조화장으로 베이스 코트 ⇨ 반월을 제외한 풀커버 컬러링 ⇨ 톱 코트 순으로 한다.
　　- 첫째, 손질된 조체에 베이스 코트를 바른다.
　　- 둘째, 딥프렌치 컬러를 하기 위해 손톱의 반월을 제외하고 풀커버 컬러링한다. 즉, 고객 손톱의 오른쪽에서 반월 부위를 제외하고 중앙 쪽으로 반월의 흐름에 따라 둥글게 바른 다음, 다른 쪽에서 중앙의 반월을 향하여 풀커버 컬러링한다.
　　- 셋째, 톱 코트 시 얇게(1회) 발라준다.
② 손톱 색조화장의 마무리 기술
　오렌지우드스틱에 솜을 말아 네일 리무버를 적셔 손톱 주변에 묻은 컬러를 닦아낸다.

Chapter 04 그러데이션 컬러 도포

 Section 1 그러데이션 컬러링

1. 그러데이션 컬러

① 그러데이션 컬러의 실제
　㉠ 1차 : 프리퍼레이션
　㉡ 2차(색조화장 과정)

Part 6 네일컬러링

- 1차 습식매니큐어, 즉 손질 절차가 끝난 후 2차 손톱 색조화장으로 베이스 코트 ⇨ 풀커버 컬러링(그라데이션 컬러의 도구인 스펀지를 사용하여 반복적으로 두드려 컬러를 입혀줌) ⇨ 톱 코트 순으로 시술한다.
② 그러데이션에는 단색기법과 2가지 이상 색을 사용하는 기법이 있다.

그라데이션 기법	실 제
레드 폴리시를 이용한 단색기법	첫째, 손질된 조체에 베이스 코트를 바른다. 둘째, 폴리시로 적셔진 스펀지를 손톱 맨 윗부분(반월)부터 프리에이지를 향하여 점차 그러데이션(옅은 색에서 짙은 색으로 또는 짙은 색에서 옅은 색으로) 기법으로 풀커버 컬러링한다.
2가지 이상 색을 이용한 응용기법	첫째, 손질된 조체에 베이스 코트를 바른다. 둘째, 손톱판에 대해 90°를 유지하면서 가볍게 폴리시 컬러를 적신 스펀지를 톡톡 반복적으로 두드리듯 도포한다. 셋째, 그러데이션 컬러된 손톱을 건조시킨 후 풀커버로 톱 코트를 발라준다.

• 네일폴리시 디자인 순서 •

주제선정 → 자료수집 → 밑그림 그리기 → 베이스 코트 도포 → 컬러링 → 디자인 → 탑 코트 도포

Chapter 06 젤네일 폴리시 아트

 **Section 1** 기초디자인 적용 및 젤네일 폴리시 아트 작업

1. 젤폴리시 디자인

- 젤폴리시를 사용하여 네일에 디자인하는 것을 말한다.
- 젤폴리시 경화를 위해 젤 램프기기를 사용해야 한다.
- 네일 산업에서는 젤네일 폴리시 아트가 많이 적용되고 있다.
- 젤폴리시는 경화 전에는 굳지 않으므로 디자인의 수정 보완이 가능한 장점이 있다.
- 젤네일 폴리시의 경우 흐르는 정도의 점도를 가지고 있어 병(유리재질) 형의 용기에 담아 내장된 브러시로 도포한다.
- 젤폴리시는 네일 폴리시와 아크릴릭 네일의 단점들을 보완시킨 작업으로서 시간단축과 지속력이 우수하다.

Chapter 05 일반네일 폴리시 아트

 **Section 1** 기초색채 배색 및 일반네일 폴리시 아트 작업

1. 네일 폴리시 디자인

- 네일 폴리시를 사용하여 네일에 표현하는 것을 말한다.
- 네일 폴리시에 세필 브러시, 라이너 브러시, 툴 등의 도구를 사용하여 아트를 표현할 수 있다.
- 네일 폴리시는 건조가 빠르기 때문에 아트를 표현할 때는 폴리시가 굳기 전에 아트를 표현해야 한다.
- 폴리시를 물에 떨어뜨려 움직임을 표현하는 워터마블과 네일 위에 직접 컬러를 섞어 디자인하는 기법 등이 있다.

 # Chapter 07 통 젤네일 폴리시 아트

 **Section 1** 네일 폴리시 디자인 도구 및 통 젤네일 폴리시 아트 작업

 ## 1. 통 젤네일 폴리시의 종류

종류	특징
컬러 통젤	• 다양한 컬러로 발림성과 퍼짐성이 좋다. 다른 젤과 혼합하여 원하는 색을 만들어 디자인할 수 있다. 단점은 젤이 묽을수록 도포량 조절이 쉽지 않아 큐티클라인과 손톱 주변으로 흘러내릴 수 있다.
스컬프처 통젤	• 빌더젤이라고도 하며 점도가 높고 퍼짐성이 적어 흘러내리지 않는 장점으로 자연네일의 보강을 위한 오버레이와 자연손톱을 연장할 때 사용된다. • 단점은 퍼짐성이 적기 때문에 네일의 표면정리가 부자연스러워 파일링을 해야 한다.
글리터 통젤	• 투명 젤에 글리터를 혼합하여 사용하는 젤로 글리터의 크기에 따라 그러데이션과 라인 등의 다양한 느낌으로 표현할 수 있다.

Part 7 팁 위드 파우더

Chapter 01 네일팁 선택

Section 1 네일 상태에 따른 네일팁 선택

1. 네일팁

① 팁의 개념
① 인조네일을 의미하며, 부러지거나 짧은 손톱길이를 인위적으로 연장할 때 시술한다.
② **주요 재질** : 플라스틱, 나일론, 아세테이트 재질
③ 팁 자체만으로는 너무 약해서 팁 위에 랩(실크, 린넨, 파이버 글라스), 아크릴릭, 젤 등을 덮어 강도를 높인다.
④ 멋과 개성을 위해 컬러 팁이나 디자인팁을 사용하기도 한다.

② 팁의 종류
① 팁은 크기에 따라 호수로 분류한다.
② 모양과 커브에 따라 종류가 분류된다.
  ㉠ 풀팁(Full Tip) : 손톱 전체를 덮는 팁
  ㉡ 하프팁(Half Tip) : 손톱길이를 연장하기 위해 손톱 끝부분에 붙이는 팁
  ㉢ 디자인팁(Design Tip) : 각종 아트 팁과 컬러 팁 등

③ 팁 고르는 법
① 자연네일과 넓이가 동일하거나 한 사이즈 큰 팁을 고른다.
② 웰의 크기가 크면 갈아서 사이즈를 맞춘다.
③ 손톱 양 사이드가 부족함이 없이 모두 커버되어야 한다.
④ 손톱과 어울리는 모양과 컬러의 팁을 고른다.

④ 팁 부착 요령
① 팁이 자연네일의 1/2 이상을 덮지 않도록 한다.
② 웰 부분에 접착 글루를 바른 후 45°로 내려 자연네일 끝에서 지그시 눌러 공기가 들어가지 않게 접착한다. 공기가 들어가면 들뜸의 원인이 된다.

⑤ 팁 관리 및 제거
① 1~2주에 한 번씩은 보수를 받아야 오래 유지된다.
② 새로 자란 자연네일과 네일팁과의 턱을 제거하고 글루나 젤글루, 필러로 보수한다.
③ 샌딩으로 표면을 매끈하게 한 다음 마무리한다.
④ 제거 방법
  ㉠ 퓨어 아세톤에 팁이 부착된 손톱을 10~15분 담갔다가 제거한다.
  ㉡ 솜에 퓨어 아세톤을 묻혀 팁 위에 얹은 후 호일로 감아 5~10분 후 제거한다.
  ㉢ 팁 전용 제거기로 제거한다.

2. 팁 위드 파우더

① 기본 재료
습식매니큐어 재료, 네일팁, 네일글루, 젤글루, 필러파우더, 팁 커터기, 글루 드라이

② 시술 과정

> 손 소독 ⇨ 폴리시 제거 ⇨ 큐티클 밀기 ⇨ 손톱모양 잡기 ⇨ 에칭하기 ⇨ 팁 붙이기 ⇨ 샌딩 ⇨ 오일 바르기 ⇨ 거스러미나 접착제 잔여물 제거

① 손 소독 ⇨ 폴리시 제거 ⇨ 큐티클 밀기는 다른 시술과 동일하다.
② **손톱모양잡기** : 모양은 라운드형, 프리에이지 길이는 0.5~1㎜가 적당하다.

③ **에칭하기** : 팁 접착력을 높이기 위해 샌딩블록으로 자연네일 표면의 광택을 제거한다.
④ **팁 붙이기** : 웰 부분에 접착제를 바른 후 자연네일 위에 45°로 내려 끝을 지그시 눌러 공기가 들어가지 않게 접착한다.
  ㉠ 팁 길이 자르기 : 팁 커터기를 팁에 직각으로 대고 원하는 길이로 자른다.
  ㉡ 모양만들기 : 원하는 형태와 모양으로 파일링한다.
  ㉢ 팁턱 제거 : 자연네일이 손상되지 않도록 주의하며 자연네일과 팁의 경계 부분인 턱을 갈아준다.
  ㉣ 턱 보강하기 : 글루 바르기 ⇨ 필러파우더 뿌리기 ⇨ 글루 바르기 ⇨ 파일링하기 ⇨ 글루 바르기 ⇨ 젤글루 바르기
⑤ **샌딩하기** : 샌딩블록으로 표면을 매끄럽게 다듬는다.
⑥ 오일을 바른 후 큐티클을 밀어 거스러미나 접착제 잔여물을 제거한다.

Chapter 02 내추럴 팁 작업

Section 1 내추럴 팁 활용 및 도구

 1. 손질과정의 절차

① 손 소독하기 : 수험자 + 모델
② 네일 폴리시 제거하기 : 습식매니큐어의 실제와 동일하다.
③ 큐티클 밀어 올리기 : 푸셔로 45° 각도로 자연손톱에 상처가 생기지 않도록 큐티클을 조심스럽게 밀어 올린다.
④ 손톱길이 및 모양 다듬기 : 에머리보드 파일을 이용하여 모델의 소지 손톱 판 오른쪽 스트레스 포인트에서 손톱의 중앙을 향하여 파일하고, 왼쪽 스트레스 포인트도 같은 방법으로 파일링한다.

⑤ 네일 표면 광택 제거하기
  • 손톱 표면에 유 수분기가 있으면 들뜸 현상의 원인이 될 수 있다.
  • 브러시나 디스크 패드를 사용하여 손톱과 프리에이지 부분을 깨끗하게 정리한다.
⑥ 인조팁 선택하기 → 인조팁 부착하기
  • 고객의 손톱 양쪽 끝(스트레스 포인트)과 인조팁의 모양이 11자가 되는 동일한 것을 선택한다.
  • 웰 부분에 젤글루 또는 글루를 이용하여 팁과 손톱이 45°가 되도록 하여 팁을 부착한다.
  • 조구 내 스트레스 포인트 양 사이드 부분에 잘 부착되도록 수험자의 모지와 인지로 팁의 양 끝을 살짝 눌러준다.
⑦ 인조팁 턱 제거 → 손톱모양만들기
  • 자연손톱에 손상이 가지 않도록 해야 한다.
⑧ 글루 바르기 → 필러파우더 뿌리기
  • 손톱 전체에 글루를 바른 후 필러파우더를 뿌려 하이 포인트를 만들어준다. 필러파우더와 글루를 1~2회 반복한다.
⑨ 글루 드라이어 분사(1차) 후 → 손톱 표면 다듬기
  • 글루 드라이어 분사 후 글루가 건조되었으면 파일로 손톱모양과 손톱 면을 고르게 파일한 후 버핑 작업을 한다.
  • 더스트 브러시를 사용하여 먼지를 깨끗이 제거한다.
⑩ 글루 또는 젤글루 바르기 → 글루 드라이어 분사(2차)하기
  • 샌딩블럭으로 버핑한다.
⑪ 표면 샌딩하기 → 큐티클 밀기
  • 네일 표면과 측면을 매끄럽게 버핑한다.
  • 큐티클에 묻은 접착제(글루, 젤글루)를 오렌지우드 스틱으로 밀어준다.
  • 거스러미가 있으면 니퍼로 제거한다.

Part 7 팁 위드 파우더

 Chapter 03 풀커버 팁 작업

Section 1 풀커버 팁 활용 및 도구

큐티클 라인에 맞추어 자연네일 전체를 덮는 팁으로, 길이 연장과 아트가 되어 있는 팁을 적용할 때 많이 사용한다.

● 풀커버 접착 시 주의사항 ●

- 큐티클 라인부터 자연네일 프리에이지까지 네일 접착제가 도포되어야 한다.
- 접착되는 면적이 넓으므로 접착 후 기포가 발생할 가능성이 크다.
- 네일 주변으로 네일 접착제가 흐를 수 있으므로 접착 시 각별한 주의가 필요하다.
- 네일 접착제는 자연네일 중앙을 중심으로 먼저 도포하고 가장자리는 얇게 네일 접착제를 도포하면 주변으로 흐르는 네일 접착제를 방지할 수 있다.
- 점성이 높은 접착제를 사용하여 가볍게 눌러주면 기포 발생을 줄일 수 있다.

 Chapter 04 프렌치 팁 작업

Section 1 프렌치 팁 활용 및 도구

- 프렌치 팁은 다양한 컬러를 선택하여 접착할 수 있다.
- 컬러링을 하지 않아도 되는 장점이 있다.
- 프렌치 팁의 웰은 하프웰과 웰이 없는 팁으로 구분된다.
- 웰이 없는 프렌치 팁은 자연네일의 프리에이지에서 프렌치 라인을 조절하여 접착할 수 있다.

Part 8. 팁 위드 랩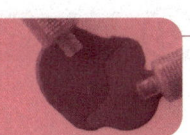

Chapter 01 네일랩 적용

Section 1 네일랩 적용 작업

1. 네일랩

① 정의 및 종류

① **정의** : 상하고 찢어진 손톱 위에 천(Wrap)을 접착하여 보수하고 네일 강도를 높이는 시술을 말한다.

② **종류**

㉠ 패브릭(천 소재)
- 실크 : 명주실 소재의 천으로 가볍고 투명해서 가장 많이 사용한다.
- 린넨 : 굵은 실로 짠 천으로, 튼튼하지만 두껍고 투박하다.
- 파이버 글라스 : 가느다란 인조섬유, 광섬유, 유리섬유 소재의 천으로, 투명하면서도 강하지만 너무 얇아 다루기 힘들다.

㉡ 페이퍼 랩(종이 랩) : 얇은 종이로 되어 있으며, 투명하고 자연스럽지만 아세톤이나 논 아세톤에 용해되기 때문에 임시 랩으로만 사용한다.

② 기본 재료

습식매니큐어 재료, 네일랩(실크), 글루, 젤글루, 필러파우더, 랩 가위, 글루 드라이

③ 시술 과정

손 소독 ⇨ 폴리시 제거 ⇨ 큐티클 밀기 ⇨ 손톱모양 잡기 ⇨ 에칭하기 ⇨ 글루 바르기 ⇨ 랩 붙이기 ⇨ 글루 드라이 도포 ⇨ 랩 턱 갈기, 표면 샌딩하기 ⇨ 글루 바르기 ⇨ 젤글루 바르기 ⇨ 샌딩하기 ⇨ 오일 바르기 ⇨ 거스러미나 접착제 잔여물 제거

① 손 소독 ⇨ 폴리시 제거 ⇨ 큐티클 밀기는 다른 시술과 동일하다.
② **손톱모양잡기** : 모양은 라운드형, 프리에이지 길이는 0.5~1㎜가 적당하다.
③ **에칭하기** : 팁 접착력을 높이기 위해 샌딩블록으로 자연네일 표면의 광택을 제거한다.
④ **글루 바르기** : 자연네일에 글루를 도포하며 피부에 묻지 않게 주의한다.
⑤ **랩 붙이기**
　㉠ 랩 재단하기 : 왼쪽 위 코너를 둥글게 재단하면 붙이기 수월하다.
　㉡ 랩 접착하기 : 큐티클 라인에서 1.5㎜ 정도 떨어진 곳에 양 사이드가 밀착되도록 접착한다.
　㉢ 글루 바르기 : 네일 중앙에서부터 얇게 도포한다.
⑥ **글루 드라이 도포** : 빠른 시술이 필요할 때 도포하며, 가까이에서 분무할 때 고객이 뜨거움을 느낄 수 있다.
⑦ **랩 턱 갈기 ⇨ 표면 샌딩하기** : 자연네일이 손상되지 않도록 랩 턱과 표면을 갈고 매끄럽게 샌딩한다.
⑧ **글루 바르기 ⇨ 젤글루 바르기** : 글루 1회와 젤글루 1회 정도를 도포해야 견고성을 높일 수 있다.
⑨ **샌딩하기** : 샌딩블록으로 표면을 매끄럽게 다듬는다.
⑩ 오일을 바른 후 큐티클을 밀어 거스러미나 접착제 잔여물을 제거한다.

2. 팁 위드 랩

① 기본 재료

습식매니큐어 재료, 네일팁, 네일랩(실크), 글루, 젤글루, 필러파우더, 랩 가위, 팁 커터기, 글루 드라이

Part 8 팁 위드 랩

❷ 시술 과정

> 손 소독 ⇨ 폴리시 제거 ⇨ 큐티클 밀기 ⇨ 손톱모양 잡기 ⇨ 에칭하기 ⇨ 팁 붙이기 ⇨ 표면 정리(샌딩)하기 ⇨ 랩 붙이기 ⇨ 글루 드라이 도포 ⇨ 랩 턱 갈기, 표면 샌딩하기 ⇨ 글루 바르기 ⇨ 젤글루 바르기 ⇨ 샌딩하기 ⇨ 오일 바르기 ⇨ 거스러미나 접착제 잔여물 제거

① 손 소독 ⇨ 폴리시 제거 ⇨ 큐티클 밀기는 다른 시술과 동일하다.
② 손톱모양잡기 ⇨ 에칭하기 ⇨ 팁 붙이기 ⇨ 표면 정리(샌딩)하기는 팁 위드 파우더 시술 내용과 동일하다.
③ **랩 붙이기**
  ㉠ 랩 재단하기 : 왼쪽 위 코너를 둥글게 재단하면 붙이기 수월하다.
  ㉡ 랩 접착하기 : 큐티클 라인에서 1.5㎜ 정도 떨어진 곳에 양 사이드가 밀착되도록 접착한다.
  ㉢ 글루 바르기 : 네일 중앙에서부터 얇게 도포한다.
④ **글루 드라이 도포** : 빠른 시술이 필요할 때 도포하며, 가까이에서 분무 시 고객이 뜨거움을 느낄 수 있다.
⑤ **랩 턱 갈기** ⇨ **표면 샌딩하기** : 자연네일이 손상되지 않도록 랩 턱과 표면을 갈고 매끄럽게 샌딩한다.
⑥ **글루 바르기** ⇨ **젤글루 바르기** : 글루 1회와 젤글루 1회 정도를 도포해야 견고성을 높일 수 있다.
⑦ **샌딩하기** : 샌딩블록으로 표면을 매끄럽게 다듬는다.
⑧ 오일을 바른 후 큐티클을 밀어 거스러미나 접착제 잔여물을 제거한다.

Chapter 02 네일랩 재단, 접착, 연장

Section 1 네일랩 재료 및 작업

1. 손질과정

소독하고 손톱모양 및 길이와 큐티클을 정리한 후, 풀커버 팁을 이용하여 인조네일을 만드는 일련의 과정이다.

① 손질과정의 절차는 네추럴 팁 파우더의 ㉠~㉤ 과정을 참고한다.
  ㉥ 랩 재단 및 부착하기
    • 손톱에 붙이기 편하도록 실크의 모서리를 약간 둥글게 자른다.
    • 랩을 손톱의 모서리 부분에 잘 맞춰 부착한다. 랩이 늘어나면 모양이 변형되기 때문에 당기지 말고 큐티클 라인 아래 1.5mm 남기고 부착시킨다.
    • 네일 그루브 부분의 손톱 선에 맞게 재단하고 큐티클 아랫부분은 약간 둥글게 자른다.
  ㉦ 글루 바르기
    • 자연네일 부분에만 글루를 1차 도포하고 C 커브를 잡아준다.
    • 자연네일과 손톱의 연장할 부분만큼 글루를 2차 도포하고 C 커브를 잡아준다.
  ㉧ 글루 및 필러파우더 뿌리기
    • 글루를 도포한 부분에 필러파우더와 글루를 2~3회 뿌려 두께와 하이포인트를 만들어준다.
    • 글루드라이 도포 후 스트레스 포인트 부분을 시술자의 양 엄지로 눌러주어 C 커브를 만들어준다.
  ㉨ 길이 정리는 리퍼를 사용하여 1cm의 길이를 남겨두고 잘라준다.
  ㉩ 손톱모양만들기 스퀘어 모양이 되도록 만들어준다. 손톱길이와 사이드, 표면 등을 파일링한다.

㉢ 표면정리 및 이물질 제거
- 네일 표면을 매끄럽게 해주기 위해 양쪽 측면 부분과 손톱의 표면을 ∩자 모양으로 둥글게 겹쳐가면서 파일링한다.
- 샌딩블럭을 사용하여 표면을 매끄럽게 파일링하고, 더스트 브러시를 이용하여 손톱 표면과 뒷면의 먼지를 털어낸다.

㉣ 글루 및 젤글루 바르기
- 큐티클 라인은 제외하고 전체적으로 글루를 바른 후, 연장된 랩의 뒷부분에도 글루를 바른다.
- 젤글루를 네일에 도포한다.

㉤ 글루 드라이 분사 및 버핑하기
- 글루 드라이를 분사한다.
- 샌딩블럭을 사용하여 표면의 광택을 제거한다.
- 이물질이 있으면 디스크 패드를 사용하여 제거한다.

㉥ 오일 바르기
- 큐티클 라인 전체와 연장된 뒷부분에 오일을 바르고 오렌지우드스틱으로 큐티클을 조심스럽게 밀어 올린다

Chapter 03 젤 화장물

Section 1 젤 화장물 활용

1. 젤네일

① 정의

① 자연네일 혹은 인조네일 위에 젤을 이용하여 스컬프처하는 것을 말한다.
② 아크릴릭 네일과 화학적 성분이 매우 유사하며, 응고를 도와주는 별도의 촉매제가 필요하다.
③ 컬러가 다양하고 광택과 발색이 좋다.
④ 냄새가 없어 시술이 편리하고 작업 시간이 단축된다.

② 종류

① **라이트 큐어드 젤**: 자외선이나 할로겐 라이트 같은 특수한 빛으로 젤을 응고시키는 방법
② **노 라이트 큐어드 젤**: 젤 활성액을 사용하거나 물에 담가 젤을 응고시키는 방법

③ 특성

① 냄새가 없어 사용이 편리하다.
② 투명도와 지속력이 높고 광택이 오래 유지된다.
③ 컬러가 다양하여 원하는 작업이 가능하다.
④ 부작용이 적어 누구나 시술이 가능하다.
⑤ 자외선을 받기 전에는 굳지 않아 원하는 모양을 연출하기 쉽다.
⑥ 잘 뜨지 않아 시술하기 편리하다.

④ 보수와 제거

① 1~2주에 한 번은 보수를 받아야 오래 유지된다.
② 제거할 때는 100% 아세톤이나 파일, 드릴 머신을 사용한다.
③ 젤 전용 제거 리무버도 있으며, 보통은 100% 퓨어 아세톤으로 제거한다.

2. 팁 위드 젤

① 기본 재료

습식매니큐어 재료, 네일팁, 글루, 프라이머, 팁 커터기, 본더, 라이트 큐어드 젤, 큐어링 라이트기, 젤 브러시, 젤 클리너, 퍼프 등

8 팁 위드 랩

❷ 시술 과정

손 소독 ⇨ 폴리시 제거 ⇨ 큐티클 밀기 ⇨ 손톱모양 잡기 ⇨ 에칭하기 ⇨ 팁 붙이기 ⇨ 프라이머 또는 본더 바르기 ⇨ 베이스 젤 바르기 ⇨ 큐어링 ⇨ 클리어 젤 올리기 ⇨ 큐어링 ⇨ 클렌저로 닦기 ⇨ 파일링하기 ⇨ 샌딩하기 ⇨ 톱젤 바르고 큐어링 ⇨ 클렌저로 닦기 ⇨ 마무리하기

① 손 소독 ⇨ 폴리시 제거 ⇨ 큐티클 밀기 ⇨ 손톱모양 잡기 ⇨ 에칭하기 ⇨ 팁 붙이기는 다른 시술과 동일하다.
② **프라이머 또는 본더 바르기** : 피부에 닿지 않게 프라이머 또는 본더를 바른다.
③ **베이스 젤 바르기** : 베이스 젤을 전체적으로 얇게 도포한다.
④ **큐어링** : 보통 30초~1분 정도면 되지만, 램프나 제조사별로 큐어링 시간에 차이가 있으므로 확인 후 큐어링한다.
⑤ **클리어 젤 올리기** : 두께와 하이포인트, 자연스러운 능선을 고려해 젤을 올린다.
⑥ **큐어링** : 3분 정도 큐어링하여 모양을 잡고, 더 보충이 필요할 때는 1~2회 반복한다.
⑦ **클렌저로 닦기** : 퍼프에 클렌저를 묻혀 표면의 잔여물과 미경화 젤을 닦아낸다.
⑧ **파일링하기** ⇨ **샌딩하기**
⑨ **톱젤 바르고 큐어링** : 1~3분 동안 큐어링한다.
⑩ **클렌저로 닦기**
⑪ **마무리하기** : 앞뒤로 오일을 바르고, 샤이너나 3-Way 파일로 표면에 광택을 낸다.

3. 젤 스컬프처

❶ 기본 재료

습식매니큐어 재료, 폼, 프라이머, 본더, 라이트 큐어드 젤, 큐어링 라이트기, 젤 브러시, 젤 클리너, 퍼프 등

❷ 시술 과정

손 소독 ⇨ 폴리시 제거 ⇨ 큐티클 밀기 ⇨ 손톱모양 잡기 ⇨ 에칭하기 ⇨ 네일 폼 끼우기 ⇨ 프라이머 또는 본더 바르기 ⇨ 베이스 젤 올리기 ⇨ 큐어링 ⇨ 클리어 젤 올리기 ⇨ 큐어링 ⇨ 클렌저로 닦기 ⇨ 폼 제거하기 ⇨ 파일링하기 ⇨ 샌딩하기 ⇨ 톱젤 바르고 큐어링 ⇨ 클렌저로 닦기 ⇨ 마무리하기

① 손 소독 ⇨ 폴리시 제거 ⇨ 큐티클 밀기 ⇨ 손톱모양 잡기 ⇨ 에칭하기는 기존 시술과 동일하다.
② **네일 폼 끼우기**
  ㉠ 폼을 손톱에 맞게 재단한다.
  ㉡ 폼 뒷면의 접착 부분을 떼어낸 후 폼에 표시된 중앙선과 손톱의 중앙이 일직선으로 일치하도록 프리에이지 밑에 끼워 넣는다.
  ㉢ 폼은 스컬프처 연장에 전체적인 모양과 틀을 잡아주는 지지대 역할을 하기 때문에 처지거나 삐뚤어지지 않도록 바르게 끼운다.
③ **프라이머 또는 본더 바르기** : 피부에 닿지 않게 프라이머 또는 본더를 바른다.
④ **베이스 젤 바르기** : 베이스 젤을 전체적으로 얇게 도포한다.
⑤ **큐어링** : 보통 30초~1분 정도면 되지만 램프나 제조사 별로 큐어링 시간에 차이가 있으므로 확인 후 큐어링한다.
⑥ **클리어 젤 올리기** : 두께와 하이포인트, 자연스러운 능선을 고려해 젤을 올린다.
⑦ **큐어링** : 3분 정도 큐어링하여 모양을 잡고, 더 보충이 필요할 때는 1~2회 반복한다.
⑧ **클렌저로 닦기** : 퍼프에 클렌저를 묻혀 표면의 잔여물과 미경화 젤을 닦아낸다.
⑨ **파일링하기** ⇨ **샌딩하기**
⑩ **톱젤 바르고 큐어링** : 1~3분 동안 큐어링한다.
⑪ **클렌저로 닦기**
⑫ **마무리하기** : 앞뒤로 오일을 바르고, 샤이너나 3-Way 파일로 표면에 광택을 낸다.

4. 프렌치 젤 스컬프처

❶ 기본 재료

습식매니큐어 재료, 폼, 프라이머, 본더, 라이트 큐어드 젤(클리어, 핑크, 화이트), 큐어링 라이트기, 젤 브러시, 젤 클리너, 퍼프 등

❷ 시술 과정

손 소독 ⇨ 폴리시 제거 ⇨ 큐티클 밀기 ⇨ 손톱모양 잡기 ⇨ 에칭하기 ⇨ 네일 폼 끼우기 ⇨ 프라이머 또는 본더 바르기 ⇨ 베이스 젤 올리기 ⇨ 큐어링 ⇨ 화이트 젤 올리기 ⇨ 큐어링 ⇨ 클리어 젤 올리기 ⇨ 큐어링 ⇨ 클렌저로 닦기 ⇨ 폼 제거하기 ⇨ 파일링하기 ⇨ 샌딩하기 ⇨ 톱젤 바르고 큐어링 ⇨ 클렌저로 닦기 ⇨ 마무리하기

① 손 소독 ⇨ 폴리시 제거 ⇨ 큐티클 밀기 ⇨ 손톱모양 잡기 ⇨ 에칭하기 ⇨ 네일 폼 끼우기 ⇨ 프라이머 또는 본더 바르기 ⇨ 베이스 젤 올리기 ⇨ 큐어링은 기존 시술과 동일하다.

② 화이트 젤 올리기
 ㉠ 프리에이지 부분에 화이트 젤로 스마일라인을 만든다.
 ㉡ 스마일라인은 좌우 대칭이 맞고 깊이가 일정해야 한다.

③ 큐어링 ⇨ 클리어 젤 올리기 ⇨ 큐어링 ⇨ 클렌저로 닦기 ⇨ 폼 제거하기 ⇨ 파일링하기 ⇨ 샌딩하기 ⇨ 톱젤 바르고 큐어링 ⇨ 클렌저로 닦기 ⇨ 마무리하기는 젤 스컬프처와 동일하다.

 ## Chapter 04 아크릴 화장물

Section 1 아크릴 화장물 활용

 ### 1. 아크릴 네일의 개요

❶ 아크릴의 종류

종류	방법
내추럴 네일 오버레이	• 자연네일의 보수, 보강을 위해 오버레이를 해준다.
팁 위드 아크릴 오버레이	• 팁을 프리에이지에 부착한 후 그 위에 아크릴 볼을 사용하여 오버레이 한다.
아크릴 스컬프처	• 종이 폼을 프리에이지 밑(하조피)에 받쳐놓고 아크릴 볼을 손톱판에 얹어 인조네일을 만들어 준다.
방부	병원성 미생물의 발육과 작용 저지

❷ 아크릴의 방법

종류	방법
원톤	• 투명 또는 반투명의 단일(클리어, 핑크, 내추럴 중 선택 1) 색상 파우더와 리퀴드를 혼합 사용한다. 자연네일에 받침대로서 네일 폼을 받친 후 아크릴 볼을 이용하여 네일의 길이와 모양을 만들어준다.
투톤 (화이트 프렌치 스컬프처)	• 화이트 아크릴 볼은 프리에이지 부분을 연장하고, 조체는 핑크 아크릴 볼을 사용하여 인조네일을 만들어준다.

 ### 2. 아크릴릭 네일

❶ 정의

① 아크릴릭 네일 또는 스컬프처 네일이라고도 하며, 아크릴릭 리퀴드와 파우더를 혼합해 인조네일의 모양을 만드는 연장 기법이다.
② 자연네일과 인조네일 위에 씌울 수 있으며 네일을 보강·연장할 때, 물어뜯는 손톱을 보수할 때 많이 사용된다.
③ 강도와 내수성이 강하고 지속성이 좋다.

Part 8 팁 위드 랩

② 원료
① **아크릴 리퀴드(모노머)** : 메타아크릴아미드에 메탄올을 첨가한 최종 원료인 메틸메타아크릴레이트(MMA)라고 불리는 투명한 액체이다.
② MMA에 촉매를 첨가하면 고형화가 되는데, 이를 고체 분말로 성형해 가공한 것이 아크릴 파우더(폴리머)이다.

③ 화학 성분
① **모노머(단량제)** : 단분자의 리퀴드 형태이며 서로 연결되어 있지 않은 작은 구슬 형태의 구형 물질이다.
② **폴리머(종합제)** : 고분자의 파우더 형태이며 긴 체인 모양으로 구슬들이 연결되어 있다.
③ **카탈리스트(촉매제)** : 아크릴을 빨리 굳게 하는 작용을 한다.
④ 아크릴릭 리퀴드와 파우더는 16~27℃에서 보관한다.

④ 특징
① 무색이며 투명하다.
② 가벼우며 충격에 강하고 지속성이 높다.
③ 컬러가 다양하여 작업 표현력이 우수하다.
④ 가공성이 뛰어나고 다양한 디자인 연출이 가능하다.

⑤ 문제점과 원인
① **들뜸(리프팅) 현상**
  ㉠ 자연네일의 에칭이 미흡해서 손톱에 유·수분이 남아 있을 경우
  ㉡ 프라이머가 오염되어 산성이 약화된 경우
  ㉢ 파우더나 리퀴드가 오염된 경우(불순물 혼합)
  ㉣ 파우더와 리퀴드의 배합이 적절하지 못한 경우
  ㉤ 큐티클의 테리지움을 깨끗하게 정리하지 못한 경우
  ㉥ 아크릴을 큐티클에 너무 가까이 놓아서 적절한 파일링을 하지 못한 경우
② **깨짐 현상**
  ㉠ 얇게 연장한 경우
  ㉡ 시술 시 온도가 너무 낮은 경우
  ㉢ 관리 소홀
③ **곰팡이**
  ㉠ 들뜸 현상으로 인해 습기가 찬 경우
  ㉡ 보수 작업을 소홀히 한 경우
  ㉢ 아크릴을 제거하지 않고 계속 보수 작업을 하면서 자연네일에 수분이 자생한 경우

⑥ 보수와 제거
① 1~2주에 한 번씩은 보수를 받아야 오래 유지된다.
② 제거할 때는 솜에 아세톤을 묻혀 아크릴 위에 얹은 후, 호일로 감아 10~15분 뒤에 오렌지우드스틱으로 긁어서 제거한다.

3. 아크릴릭 스컬프처

① 기본 재료
습식매니큐어 재료, 프라이머, 아크릴 파우더(클리어 또는 핑크), 폼, 리퀴드, 아크릴릭 브러시, 디펜디시, 브러시 클리너 등

② 시술 과정

> 손 소독 ⇨ 폴리시 제거 ⇨ 큐티클 밀기 ⇨ 손톱모양 잡기 ⇨ 에칭하기 ⇨ 네일 폼 끼우기 ⇨ 프라이머 바르기 ⇨ 아크릴 볼 올리기 ⇨ 핀칭 주기 ⇨ 폼 제거하기 ⇨ 파일링하기 ⇨ 샌딩하기 ⇨ 마무리하기

① 손 소독 ⇨ 폴리시 제거 ⇨ 큐티클 밀기 ⇨ 손톱모양 잡기 ⇨ 에칭하기는 다른 시술과 동일하다.
② **네일 폼 끼우기**
  ㉠ 폼을 손톱에 맞게 재단한다.
  ㉡ 폼 뒷면의 접착 부분을 떼어낸 후 폼에 표시된 중앙선과 손톱의 중앙이 일직선으로 일치하도록 프리에이지 밑에 끼워 넣는다.
  ㉢ 폼은 스컬프처 연장에 전체적인 모양과 틀을 잡아 주는 지지대 역할을 하기 때문에 처지거나 삐뚤어지지 않도록 바르게 끼운다.

③ **프라이머 바르기** : 피부에 닿지 않게 주의하며 전체적으로 도포하고, 완전히 건조되면 1회 더 바른다.

④ **아크릴 볼 올리기**
  ㉠ 첫 번째 볼 올리기 : 큰 사이즈의 볼을 만들어 프리에이지 부분에 올린 다음, 브러시의 중간 부분을 이용해 살짝 누르듯 쓸어내린다.
  ㉡ 두 번째 볼 올리기 : 자연네일의 중앙 부분에 올려 하이포인트를 만든다.
  ㉢ 세 번째 볼 올리기 : 볼을 작게 떠서 턱이 생기지 않도록 큐티클 주변에 얇게 펴 바른다.

⑤ **핀칭 주기**
  ㉠ 아크릴이 완전히 굳기 전에 양쪽 사이드 부분을 엄지손가락으로 눌러 핀칭한다.
  ㉡ 핀칭은 C-커브를 형성하고 전체적인 모양을 잡아주는 역할을 한다.

⑥ **폼 제거하기**
  ㉠ 아크릴이 완전히 건조되면 폼을 조심스럽게 제거한다.
  ㉡ 폼을 밑으로 내리듯이 떼어내야 연장한 아크릴이 손상되지 않는다.

⑦ **파일링하기**
  ㉠ 아크릴이 완전히 건조되면 표면을 손톱모양으로 만들고 파일링한다.
  ㉡ 거친 파일(100~120G)과 부드러운 파일(180G)을 번갈아 사용해 표면을 매끄럽게 파일링한다.

⑧ **샌딩하기 ⇨ 마무리하기**는 다른 시술과 동일하다.

• **아크릴릭 시술을 오래 유지하는 방법** •
- 루즈 스킨을 깨끗하게 정리한다.
- 에칭을 잘 한다.
- 프라이머를 꼭 바른다.
- 큐티클과 사이드 웰 부분을 얇게 시술한다.
---

4. 프렌치 스컬프처

❶ 기본 재료

습식매니큐어 재료, 프라이머, 아크릴 파우더(클리어, 핑크, 화이트), 폼, 리퀴드, 아크릴릭 브러시, 디펜디시, 브러시 클리너 등

❷ 시술 과정

> 손 소독 ⇨ 폴리시 제거 ⇨ 큐티클 밀기 ⇨ 손톱모양 잡기 ⇨ 에칭하기 ⇨ 네일 폼 끼우기 ⇨ 프라이머 바르기 ⇨ 화이트 아크릴 볼 올리기 ⇨ 클리어(또는 핑크) 파우더로 볼 올리기 ⇨ 핀칭 주기 ⇨ 폼 제거하기 ⇨ 파일링하기 ⇨ 샌딩하기 ⇨ 마무리하기

① 손 소독 ⇨ 폴리시 제거 ⇨ 큐티클 밀기 ⇨ 손톱모양 잡기 ⇨ 에칭하기 ⇨ 네일 폼 끼우기 ⇨ 프라이머 바르기는 다른 시술과 동일하다.

② **화이트 아크릴 볼 올리기**
  ㉠ 프리에이지 부분에 화이트 볼을 올려 스마일라인을 만든다.
  ㉡ 스마일라인은 좌우 대칭이 맞고 깊이가 일정해야 한다.

③ **클리어(또는 핑크) 파우더로 볼 올리기** : 클리어 파우더로 네일 베드를 채우고 하이포인트를 만든 다음 전체적으로 쓸어내린다.

④ **핀칭 주기**
  ㉠ 아크릴이 완전히 굳기 전에 양쪽 사이드 부분을 엄지손가락으로 눌러 핀칭한다.
  ㉡ 핀칭은 C-커브를 형성하고 전체적인 모양을 잡아주는 역할을 한다.

⑤ **폼 제거하기**
  ㉠ 아크릴이 완전히 건조되면 폼을 조심스럽게 제거한다.
  ㉡ 폼을 밑으로 내리듯이 떼어내야 연장한 아크릴이 손상되지 않는다.

⑥ 파일링하기 ⇨ 샌딩하기 ⇨ 마무리하기는 아크릴릭 스컬프처 시술과 동일하다.

Part 9 인조네일 보수

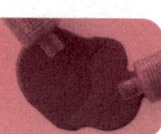

Chapter 01 인조네일 보수와 제거

인조네일은 대략 2~3주에 한 번씩 보수해야 한다. 보수 기간이 지나면 네일이 떨어져나가거나 깨지고, 습기나 이물질 등이 침투해 곰팡이가 생긴다.

Section 1 화장물 제거 및 보수작업

 1. 인조네일 보수

1 네일랩 보수
① 손톱에 남아 있는 폴리시를 제거한다.
② 리프팅 현상이 있을 때는 자연네일이 상하지 않도록 리프팅 부분을 파일링하거나 새 랩으로 교체한다.
③ 파일링이 끝나면 글루를 바르고 샌딩블록으로 손톱 표면을 매끄럽게 한 다음 모양을 잡아준다.
④ 리프팅 부분에 랩을 부착한 후 손톱 표면과 밑부분까지 글루를 바른다.
⑤ 필러파우더를 뿌린 후 글루를 바르고, 글루가 마르면 젤글루를 바르기도 한다.
⑥ 샌딩 후 큐티클을 정리하고 마무리한다.

2 아크릴릭 네일 보수
① 손톱에 남아 있는 폴리시를 제거한다.
② 손톱 표면을 에칭해서 유분기를 제거한다.
③ 리프팅 현상이 있을 때는 자연네일이 상하지 않도록 리프팅 부분을 파일링하거나 새로 시술한다.
④ 손톱 표면에 프라이머를 바른다.
⑤ 자연네일과 아크릴릭 부분을 아크릴릭 볼로 연결한다.
⑥ 브러시 대를 이용하여 아크릴이 얼마나 건조되었는지 확인하고 표면을 파일링한다.
⑦ 샌딩 후 큐티클을 정리하고 마무리한다.

3 젤네일 보수
① 손톱에 남아 있는 폴리시를 제거한다.
② 리프팅 현상이 있을 때는 자연네일이 상하지 않도록 리프팅 부분을 파일링하거나 새로 시술한다.
③ 손톱 표면을 에칭해서 유분기를 제거한다.
④ pH 밸런스를 맞추고 유분기를 제거하기 위해 프라이머나 본더를 바른다.
⑤ 자연네일과 젤 부분을 적당량의 젤로 연결한다.
⑥ 큐어링을 하고 보충이 필요할 때는 1~2번 더 실시한다.
⑦ 젤 클리너로 네일 표면을 닦는다.
⑧ 손톱 표면을 매끄럽게 파일링한다.
⑨ 샌딩으로 손톱 표면을 정리한다.
⑩ 톱젤을 바른 후 큐어링한다.
⑪ 젤 클리너로 닦는다.
⑫ 큐티클을 정리하고 마무리한다.

2. 인조네일 제거

1 호일을 이용한 제거
① 불필요한 인조팁을 클리퍼로 자른다.
② 솜에 100% 아세톤을 적셔 네일 위에 얹는다.
③ 아세톤이 충분히 흡수될 수 있게 호일로 완전히 감싼다.
④ 10~15분 정도 지난 후 호일을 제거한다.
⑤ 푸셔나 오렌지우드스틱으로 덜 녹은 인조네일을 밀어낸다.
⑥ 버퍼 등을 이용하여 잔여물을 닦아낸 후 영양제 등을 손톱 표면에 바른다.

2 팁 제거용 기계나 볼을 이용한 제거
① 불필요한 인조팁을 클리퍼로 자른다.

② 100% 아세톤을 팁 제거 기계나 볼에 붓는다.
③ 손끝을 100% 아세톤에 20~25분 정도 충분히 담근 후 제거한다.
④ 푸셔나 오렌지우드스틱으로 덜 녹은 인조네일을 밀어낸다.
⑤ 버퍼 등을 이용하여 잔여물을 닦아낸 후 영양제 등을 손톱 표면에 바른다.

Part 10. 네일 화장물 적용 마무리

Chapter 01. 네일 폴리시 마무리

Section 1 일반네일 폴리시 잔여물 정리 및 건조

1. 물리적 건조

용제의 휘발에 의해 자연 건조하는 일반네일 폴리시에 많은 양의 공기가 노출되도록 하는 방법이다. 공기에 노출되는 양을 늘리기 위해 기기에 내장된 팬을 돌려 바람을 일으킨다.

2. 화학적 건조

용제의 휘발을 높이는 제품을 직접 분사 또는 도포하는 방법으로 도포된 건조 촉진제가 일반네일 폴리시의 용제를 휘발시켜 건조한다. 일반네일 폴리시 건조 촉진제의 접촉 방법에 따라 스프레이형과 도포형으로 구분된다.

① 스프레이형

스프레이 타입의 제품으로 컬러링이 마무리된 후 일반네일 폴리시의 표현에 뿌리면 고려 건조를 촉진한다. 분사 시 컬러링 표면에서 10~15cm 정도 떨어져서 균일한 양이 분사되도록 사용한다.

② 도포형

스포이트 타입 또는 브러시 타입으로 드롭하거나 브러시로 네일 주변에 올리면 자연 확산하는 제품으로 일반네일 폴리시를 도포한 후 그 위에 적용한다. 오일과 유사한 제형으로 산업에서는 일반적으로 드라이 오일이라 지칭하며 컬러링된 일반네일 폴리시 표면에 한 방울 떨어뜨려 일반네일 폴리시의 건조를 촉진한다.

Section 2 젤네일 폴리시 잔여물 정리 및 경화

1. 젤 램프기기

- 젤네일 폴리시는 젤 성분에 반응하는 빛에 의해 경화된다.
- 젤 램프기기는 램프의 세기와 종류에 따라 다양한 형태의 제품이 있다.

2. 젤 클렌저

- 젤네일 폴리시 경화 후 미경화된 젤을 닦아 사용한다.

Section 3 인조네일 잔여물 정리 및 광택

1. 톱젤 적용

톱젤은 젤네일의 마지막 과정에 광택을 더해주고 풍만감을 주기 위해 도포하는 네일 화장물이다. 디자인 젤 스컬프처의 경우에는 디자인을 보호하는 역할을 더한다. 톱젤을 도포한 후 큐어링을 통하여 완벽하게 경화하도록 한다. 톱젤의 사용 후 젤 클렌저를 사용하여 도포된 미경화젤을 제거할 수 있다.

2. 광택 네일파일 적용

표면 광택을 위한 파일은 샌딩파일과 240그릿, 400그릿파일 등 그릿 수가 높은 네일파일이 사용된다. 연마제가 표면에 없는 400그릿 이상의 광택파일을 상하좌우를 문지르듯 적용한다

3. 분진 제거

네일베드와 측면, 프리에이지의 아랫부분까지 깨끗하게 정리한다. 더스트 브러시로 분진을 제거한다.

4. 오일 마무리

인조네일의 표면과 손톱 주변에 오일을 가볍게 도포하고 마무리한다.

Part 11 공중위생관리

Chapter 01 공중보건

Section 1 공중보건 기초

1. 건강과 질병

① 건강
- ① **정의(WHO,1948)** : 단순히 질병이 없고 허약하지 않은 상태가 아닌 육체적 · 정신적 · 사회적으로 건전한 상태
- ② **건강의 3요소(Clark · Leavell 1958)** : 건강, 환경, 개인의 행동 및 습관

② 질병
- ① **질병 발생의 역학적 주요 3대 인자** : 병인, 숙주, 환경
- ② **3대 인자별 영향 요인**
  - ㉠ 병인 : 병원체의 독성 정도, 침입된 병원체의 수
  - ㉡ 숙주 : 연령, 성별, 건강 및 영양상태, 유전적 요인, 생활습관, 개인위생, 면역
  - ㉢ 환경 : 숙주와 병인 간의 지렛대 역할
    - 물리적 환경 : 기상, 계절, 지진 등
    - 생물학적 환경 : 병원소, 활성 전파체인 매개곤충 등
    - 사회 · 경제적 환경 : 인구밀도, 직업, 생활수준, 교육, 사회풍습 등
- ③ **질병의 자연사와 예방수준**

질병의 자연사		예방수준
1차적 예방	환경개선, 건강증진	적극적 예방
	특수예방, 예방접종	소극적 예방
2차적 예방	조기진단과 치료, 집단 검진	중증화의 예방 (질병악화 지연)
	악화 방지, 장해의 제한을 위한 치료	진단과 치료
3차적 예방	재활, 사회생활 적응	무능력의 예방

2. 공중보건학의 정의와 범위

① 윈슬러(Winslow)의 공중보건학 정의
조직적인 지역사회의 노력을 통하여 질병을 예방하고 생명을 연장하며, 신체적 · 정신적 효율을 증진시키는 기술이며 과학이다.
- ① **공중보건학의 대상** : 개인이 아닌 지역주민
- ② **공중보건학의 목적** : 질병예방, 수명연장, 신체적 · 정신적 효율 증진 등
- ③ **접근 방법** : 조직화된 지역사회의 노력

② 공중보건학의 범위
- ① **환경보건 분야** : 환경위생, 식품위생, 환경오염 및 보전 문제, 산업환경 등
- ② **질병관리 분야** : 역학관리, 기생충 질병관리, 성인병 관리, 감염병 및 비감염병 관리 등
- ③ **보건관리 분야** : 보건행정, 보건영양, 인구보건, 가족보건, 모자보건, 의료보건제도, 보건교육, 학교보건, 정신보건, 보건통계, 영유아보건, 사고관리 등

> **공중보건의 3대 사업**
> 보건교육, 보건행정, 보건관계법

3. 인구와 보건지표

① 인구
- ① **정의** : 일정한 시간과 지역에 생존하는 인간의 양적 집단
- ② **인구의 구성**
  - ㉠ 성별 구성 : 여자 100명에 대한 남자 인구비
    - 1차 성비 : 태아의 성비
    - 2차 성비 : 출생 시의 성비
    - 3차 성비 : 현재 인구의 성비

ⓒ 연령별 인구 구성 : 연령에 맞게 인구 수를 산출 및 분류
- 1세 미만 : 영아 인구
- 1~14세 : 소년 인구
- 15세~64세 : 생산연령 인구
- 65세 이상 : 노년 인구

ⓒ 인구 피라미드
- 피라미드형(인구 증가형) : 출생률 증가, 사망률 감소(후진국형)
- 종형(인구 정지형) : 출생률과 사망률이 모두 낮음(가장 이상적인 형태)
- 항아리형(인구 감퇴형) : 출생률이 사망률보다 낮음(선진국형)
- 별형(유입형) : 생산연령 인구가 전체 인구의 1/2 이상(도시 유입형)
- 기타형(유출형) : 생산연령 인구가 전체 인구의 1/2 미만(농촌형)

③ 인구문제
ⓒ 인구문제 인식
- 3P(인구, 오염, 빈곤)와 3M(영양실조, 질병, 죽음)
- 인구 증가로 인한 경제발전 저해, 자원부족, 환경오염, 기아, 위생시설 부족 등으로 공중보건이 불충분하다는 문제점 대두

ⓒ 인구정책
- 인구조정정책 : 개발도상국
- 인구대응정책
  - 양적 조정 : 사망률과 출생률 저하 → 가족계획을 통한 출생률 달성
  - 질적 조정 : 성별과 연령별 구조의 불균형 → 결혼과 출산을 통해 해소

ⓒ 저출산 고령화 사회에 대비한 대책이 절실함

❷ 보건지표

① **보건지표의 정의** : 인구 집단의 건강 상태뿐 아니라 보건정책, 의료제도, 의료자원 등의 수준이나 구조 또는 특성을 설명할 수 있는 수량적 개념

② 보건지표 체제
ⓒ 건강지표 : 비례사망지수, 평균수명, 조사망률
ⓒ 보건의료서비스 지표 : 의료 인력과 시설, 보건정책지표
ⓒ 사회·경제지표 : 인구증가율, 국민소득, 주거 상태 등

Section 2 질병관리

1. 감염병 관리

❶ 감염병 발생의 3대 요인

① **감염원** : 인간에게 직접 가져오는 원인(병원체, 병원소)
② **감염경로** : 병원체의 전파 수단(환경)
③ **숙주** : 병원체가 기생하며 영양물질을 탈취하고 조직을 손상시키는 생물

❷ 감염병 지수

① 감수성
ⓒ 병원체에 대한 발병을 저지할 수 없는 상태
ⓒ 저항력과 면역력이 있을 때는 발병하지 않고 감수성이 높을 때 발병

② **감염병 발생 과정** : 병원체 → 병원소 → 병원소로부터 병원체 탈출 → 전파 → 새로운 숙주로 침입 → 새로운 숙주의 감수성 및 면역성

③ 감염병 발생 요인
ⓒ 병원체
- 세균(Bacteria) : 콜레라, 장티푸스, 디프테리아, 이질, 결핵, 한센병, 백일해, 파라티푸스 등
- 바이러스(Virus) : 폴리오, 홍역, 유행성 이하선염, 유행성 일본뇌염, 공수병, AIDS, 유행성 간염, 인플루엔자, 트라코마 등
- 리케차(Rickettsia) : 발진티푸스, 발진열, 양충병, 쯔쯔가무시증 등

Part 11 공중위생관리

- 스피로헤타 : 매독, 서교증, 와일씨병(렙토스피라증), 재귀열, 황달 등
- 원생동물(원충) : 이질아메바, 말라리아, 질트리코모나스, 사상충 등

● 호기성 세균과 혐기성 세균
- 호기성 세균 : 공기 중에서 생육·번식하는 세균
- 혐기성 세균 : 공기가 없는 곳에서 생육·번식하는 세균

ⓒ 병원소

인간		환자 또는 보균자(감염병 관리상 중요 대상)
동물	소	결핵, 탄저, 파상열, 살모넬라증, 보툴리즘
	돼지	일본뇌염, 탄저, 렙토스피라증, 살모넬라증
	양	Q열, 탄저, 보툴리즘
	개	광견병, 톡소플라즈마증
	말	탄저, 유행성 뇌염, 살모넬라증
	쥐	페스트, 발진열, 살모넬라증, 렙토스피라증, 쯔쯔가무시병(양충병)
	고양이	살모넬라증, 톡소플라즈마증
	조류	살모넬라증, 결핵

ⓒ 보균자
- 병후 보균자 : 세균성 이질 등
- 잠복기 보균자 : 디프테리아, 홍역, 백일해 등
- 건강 보균자 : 폴리오, 일본뇌염 등

● 병원소로부터 병원체 탈출
- 호흡기계 탈출
- 장관 및 비뇨기관 탈출
- 개방병소 탈출(상처 부위 등)
- 기계적 탈출(곤충의 흡혈, 주사기 등)

❸ 감염병의 종류
① **소화기계 감염병** : 장티푸스, 콜레라, 세균성 이질, 폴리오, 유행성 간염, 파라티푸스 등
② **호흡기계 감염병** : 디프테리아, 홍역, 백일해, 두창, 풍진, 성홍열, 결핵, 수두, 유행성 이하선염 등
③ **동물 매개 감염병** : 공수병, 탄저병, 페스트, 파상열(브루셀라), 발진티푸스, 말라리아, 유행성 일본뇌염 등
④ **만성 감염병**
  ㉠ 발생률은 낮지만 유병률이 높음
  ㉡ 결핵, 한센병, 매독, AIDS(후천성 면역결핍증), B형 간염, 임질 등

❹ 질병의 전파
① **직접전파** : 접촉 전파, 비말 전파
② **간접전파** : 중간 매개체에 의한 전파
  ㉠ 모기 : 말라리아, 사상충증, 일본뇌염, 황열, 뎅기열, 로아사상충증(등에모기)
  ㉡ 파리 : 장티푸스, 이질, 폴리오, 리슈마니아증(나방), 수면병(체체파리)
  ㉢ 진드기 : 재귀열(스피로헤타), 로키산홍반열(리케차병), 야토병, 쯔쯔가무시증(양충병)
  ㉣ 이 : 발진티푸스, 재귀열, 참호열
  ㉤ 벼룩 : 발진열, 재귀열
③ **활성 전파체**
  ㉠ 병원체를 전파하는 생물
  ㉡ 모기, 진드기, 게, 새우 등 절지동물이 대표적
④ **비활성 전파체**
  ㉠ 병원체를 전파하는 무생물
  ㉡ 물, 우유, 식품, 공기, 토양 등과 개달물인 의복, 책, 완구 등에 의해 전파
⑤ **새로운 숙주에 침입**
  ㉠ 소화기계 감염병(경구침입) : 폴리오, 콜레라, 이질, 장티푸스, 파라티푸스, 유행성 간염, 파상열 등
  ㉡ 호흡기계 감염병 : 결핵, 한센병, 두창, 디프테리아, 성홍열, 수막구균성 수막염, 인플루엔자, 백일해, 홍역, 유행성 이하선염, 폐렴 등
  ㉢ 경피침입 : 트라코마, 파상풍, 와일씨병, 야토병, 페스트, 발진티푸스, 일본뇌염 등
  ㉣ 성기피부점막 : 매독, 임질, 연성하감 등

2. 면역

1 면역의 분류

대분류	소분류
선천성 면역	• 인종, 풍토, 개인 등에 따라 차이

후천성 면역	• 능동면역
	  - 자연능동면역 : 감염병에 감염된 후 생성
	  - 인공능동면역 : 예방접종 후 생성
	• 수동면역
	  - 자연수동면역 : 모체면역, 태반면역
	  - 인공수동면역 : 혈청제재 접종 후 생성

2 면역과 질병

① **영구 면역이 잘 형성되는 감염병** : 두창, 홍역, 수두, 유행성이하선염, 백일해, 성홍열, 발진티푸스, 페스트, 황열, 콜레라 등

② **불현성 감염에 의해 영구 면역이 잘 형성되는 감염병** : 발진열, 결핵, 일본뇌염, 폴리오 등

③ **한 번 이환된 후 면역이 아주 약한 감염병** : 이질, 콜레라, 폐렴, 디프테리아, 인플루엔자, 수막구균성 수막염, 세균성이질 등

④ **질병에 이환된 적이 있더라도 면역이 안 되는 감염병** : 임질, 트리코모나스, 매독 등의 성병과 말라리아 등

3 질병의 원인별 분류

① **선천적 원인 혹은 접촉 감염**
  ㉠ 감염 : 매독, 두창, 풍진 등
  ㉡ 비감염 : 혈우병, 통풍, 고혈압, 알레르기, 당뇨병, 정신발육지연, 시력장애, 청력장애 등

② **병원 미생물 감염** : 각종 감염병

③ **식습관** : 과식에 의한 비만증, 관상동맥, 심장질환, 고혈압, 당뇨, 관절염 등

④ **공해**
  ㉠ 미나마타병 : 수은 중독
  ㉡ 이타이이타이병 : 카드뮴 중독
  ㉢ 만성 기관지염, 천식, 폐기종 : 아황산가스 등 대기오염
  ㉣ 만성 폐섬유화 및 폐기종 : 질소산화물의 장기간 흡입

4 법정 감염병과 예방접종

감염병과 전염병이란

• 감염은 바이러스나 세균 등이 몸속에서 증식하는 것이며 전염은 숙주를 매개로 전파하는 것을 의미한다.
  - 감염병은 세균, 진균, 바이러스, 리케차, 스피로헤타, 기생충 등과 같은 여러 병원체에 의해 감염되어 발병하는 질환을 나타냄
  - 전염병은 병원체가 숙주에 감염되어 발병하며 다른 숙주로 전파되면서 확산되는 특징을 갖고 있으며 감염성 질환의 하위 분류에 속함

• 법정 감염병은 1급~4급으로 분류한다.
  - 제1급은 생물테러 감염병으로서 치명률이 높으며 집단 발생 우려가 있으므로 유행 즉시 신고해야 함(음압 격리와 같은 높은 수준의 격리요구)
  - 제2급은 전파가능성을 고려해서 발생하거나 유행 시 24시간 이내에 신고, 격리가 필요함
  - 제3급은 발생추이를 감시할 필요가 있는 질환으로서 24시간 이내에 신고해야 함
  - 제4급은 유행여부를 조사하기 위해 표본감시 활동이 필요한 감염병으로서 7일 이내 신고해야 함

① 법정 감염병

*시행 2024.1.1 감염병의 예방 및 관리에 관한 법률

종류	내용
제1급 감염병	1. 에볼라바이러스병, 2. 마버그열, 3. 라싸열, 4. 크리미안콩고출혈열, 5. 남아메리카출혈열, 6. 리프트밸리열, 7. 두창, 8. 페스트, 9. 탄저, 10. 보툴리눔독소증, 11. 야토병, 12. 신종감염병증후군1), 13. 중증급성호흡기증후군(SARS), 14. 중동호흡기증후군(MERS), 15. 동물인플루엔자 인체감염증, 16. 신종인플루엔자, 17. 디프테리아 (17종)
제2급 감염병	1. 결핵 2. 수두 3. 홍역 4. 콜레라 5. 장티푸스 6. 파라티푸스 7. 세균성이질 8. 장출혈성대장균감염증 9. A형간염 10. 백일해 11. 유행성이하선염 12. 풍진 13. 폴리오 14. 수막구균 감염증 15. b형헤모필루스인플루엔자 16. 폐렴구균 감염증 17. 한센병 18. 성홍열 19. 반코마이신내성황색포도알균(VRSA) 감염증 20. 카바페넴내성장내세균속균종(CRE) 감염증 21. E형간염 (21종)

Part 11 공중위생관리

종류	내용
제3급 감염병	1. 파상풍 2. B형간염 3. 일본뇌염 4. C형간염 5. 말라리아 6. 레지오넬라증 7. 비브리오패혈증 8. 발진티푸스 9. 발진열 10. 쯔쯔가무시증 11. 렙토스피라증 12. 브루셀라증 13. 공수병 14. 신증후군출혈열 15. 후천성면역결핍증(AIDS) 16. 크로이츠펠트-야콥병(CJD) 및 변종크로이츠펠트-야콥병(vCJD) 17. 황열 18. 뎅기열 19. 큐열 20. 웨스트나일열 21. 라임병 22. 진드기매개뇌염 23. 유비저 24. 치쿤구니야열 25. 중증열성혈소판감소증후군(SFTS) 26. 지카바이러스 감염증 27. 엠폭스 28. 매독(1기/2기/3기/선천성/잠복)(총 28종)
제4급 감염병	1. 코로나바이러스감염증-19 2. 회충증 3. 편충증 4. 요충증 5. 간흡충증 6. 폐흡충증 7. 장흡충증 8. 수족구병 9. 임질 10. 클라미디아감염증 11. 연성하감 12. 성기단순포진 13. 첨규콘딜롬 14. 사람유두종바이러스감염증 15. 반코마이신내성장알균(VRE)감염증 16. 메티실린내성황색포도알균(MRSA)감염증 17. 다제내성녹농균(MRPA) 감염증 18. 다제내성아시네토박터바우마니균(MRAB) 감염증 19. 장관감염증2) 20. 급성호흡기감염증3) 21. 인플루엔자 22. 해외유입기생충감염증4) 23. 엔테로바이러스감염증(총 23종)
기생충 감염병	"기생충 감염병"이란 기생충에 감염되어 발생하는 감염병 중 질병관리청장이 고시하는 감염병
세계보건 기구 감시대상 감염병	"세계보건기구 감시대상 감염병"이란 세계보건기구가 국제공중보건의 비상사태에 대비하기 위하여 감시대상으로 정한 질환으로서 질병관리청장이 고시하는 감염병
생물테러 감염병	"생물테러 감염병"이란 고의 또는 테러 등을 목적으로 이용된 병원체에 의하여 발생된 감염병 중 질병관리청장이 고시하는 감염병
성매개 감염병	"성매개 감염병"이란 성 접촉을 통하여 전파되는 감염병 중 질병관리청장이 고시하는 감염병
인수공통 감염병	"인수공통 감염병"이란 동물과 사람 간에 서로 전파되는 병원체에 의하여 발생되는 감염병 중 질병관리청장이 고시하는 감염병

② 예방접종

종류	내용
필수예방 접종	디프테리아, 폴리오, 백일해, 홍역, 파상풍, 결핵, B형간염, 유행성이하선염, 풍진, 수두, 일본뇌염, b형헤모필루스인플루엔자, 폐렴구균, 인플루엔자, A형간염, 사람유두종바이러스 감염증, 그 밖에 질병관리청장이 감염병의 예방을 위하여 필요하다고 인정하여 지정하는 감염병

㉠ BCG(결핵) : 생후 4주 이내에 접종
㉡ D.P.T(디프테리아, 백일해, 파상풍), OPV(폴리오) : 기본 접종(2·4·6개월) 후 18개월에 추가 접종
㉢ 홍역, 볼거리, 풍진 : 생후 15개월에 접종
㉣ 일본뇌염 : 3~15세에 접종

③ 잠복기
㉠ 1주일 이내 : 콜레라, 이질, 성홍열, 일본뇌염, 파라티푸스, 황열, 디프테리아, 인플루엔자
㉡ 1~2주일 : 발진티푸스, 백일해, 홍역, 두창, 풍진, 유행성이하선염, 장티푸스, 수두, 폴리오 등
㉢ 잠복기가 가장 긴 감염병은 결핵, 가장 짧은 감염병은 콜레라

3. 기생충 질환관리

1 기생충 관리
① 기생충의 종류
㉠ 선충류 : 회충, 요충, 편충, 구충, 동양모양선충, 사상충, 아니사키스충 등
㉡ 흡충류 : 간흡충, 폐흡충, 요코가와흡충(횡천흡충), 이형흡충 등
㉢ 조충류 : 유구조충, 무구조충, 광절열두조충, 만소니열두조충 등
㉣ 원충류 : 이질아메바 원충, 말라리아 원충 등
② 기생충 질환 예방대책 : 위생 상태와 식생활 개선, 소독 실시

2 숙주와 기생충
① 원충류
㉠ 이질아메바 : 분변을 사용한 식품을 통해 경구 감염
㉡ 질트리코모나스 : 성관계, 목욕탕, 변기 등을 통해 감염
② 선충류
㉠ 회충류 : 오염된 채소, 불결한 손, 파리를 매개로 오염된 음식물을 통해 경구감염
㉡ 구충증(십이지장충증) : 손발 등 피부를 통해 경구·경피감염되며 소장에 기생
㉢ 요충증 : 불결한 손이나 음식물을 통해 경구감염되며 소장과 직장에 기생
㉣ 말레이사상충증 : 모기의 흡혈로 감염
㉤ 아나사키스 : 고등어, 대구, 오징어, 고래 등 해산어류에 의해 감염

ⓑ 선모충증 : 쥐, 돼지, 개, 여우 등과 사람의 인수공통감염병

③ **조충류**
ⓐ 유구조충증 : 중간숙주는 돼지, 소장에서 기생
ⓑ 무구조충증 : 중간숙주는 소, 소장에서 기생
ⓒ 광절열두조충증
- 제1중간숙주 : 물벼룩
- 제2중간숙주 : 송어, 연어 등
- 소장에서 기생

④ **흡충류**
ⓐ 간흡충증(간디스토마증)
- 제1중간숙주 : 왜우렁이, 쇠우렁이
- 제2중간숙주 : 잉어, 참붕어, 피라미, 모래무지 등
- 간에서 기생
ⓑ 폐흡충증
- 제1중간숙주 : 다슬기
- 제2중간숙주 : 가재, 게
- 폐장에서 기생
ⓒ 요코가와흡충증
- 제1중간숙주 : 어패류, 다슬기
- 제2중간숙주 : 민물고기(은어, 숭어 등)
- 소장에서 기생

4. 성인병관리

1 동맥경화

① 혈관에 지방, 콜레스테롤, 중성지방 등이 침착되어 혈관 내경이 좁아져 혈액이 원활하게 운반되지 못하는 질환
② **원인** : 관상동맥경화증, 고혈압성 심장병, 류마티스성 심장병 등
③ **위험인자** : 고지혈증, 고혈압, 흡연
④ **진단** : 혈압 측정, 요 검사, 혈청 지질과 콜레스테롤·중성지방 측정 등
⑤ **예방**
ⓐ 과도한 스트레스와 과로를 피하고 규칙적인 생활 유지
ⓑ 채소와 과일을 충분히 섭취하고 동물성 지방 제한
ⓒ 운동을 통해 적절한 체중 유지

2 고혈압

① **정상혈압** : 90~140mmHg
② **저혈압** : 최고혈압 100mmHg 이하, 최저혈압 60mmHg 이하
③ **고혈압** : 최고혈압 150~160mmHg 이상, 최저혈압 90~95mmHg 이상

3 뇌졸중

① 머릿속 뇌동맥 이상으로 혈관 파괴
② **원인**
- 고혈압, 동맥경화, 협심증
- 술, 짠 음식, 과로와 스트레스, 흡연 등
③ **예방** : 뇌졸중의 원인이 되는 고혈압, 당뇨병, 심장병 등의 예방

4 당뇨병

① 췌장에서 분비되는 인슐린 부족에 의한 대사장애
② **종류** : 인슐린 의존형, 인슐린 비의존형, 임신성 당뇨 등
③ **증상** : 다뇨, 다갈, 다식

5 암

① 비정상적인 세포가 성장·증식하여 원발 부위를 비롯해 다른 부위의 조직까지 파괴하는 질환
② **원인** : 흡연, 음주, 자외선, 잘못된 식습관, 대기오염 등
③ **예방**
ⓐ 비타민 C, 비타민 E를 비롯한 항산화제 섭취
ⓑ 채소와 과일을 충분히 섭취하고 동물성 지방 제한
ⓒ 과음, 과식, 흡연, 과도한 자외선 노출, 스트레스 제한
ⓓ 적절한 운동과 규칙적인 생활 유지

공중위생관리

Section 3 가족 및 노인보건

1. 모자·모성보건

❶ 모자보건
① **목적** : 모성의 생명과 건강을 보호하고 건전한 자녀의 출산과 양육을 도모함으로써 국민보건 향상에 기여(1986, 모자보건법 제1조)
② **대상** : 임산부(분만 후 6개월 미만), 가임기 여성, 영유아(출생 후 6년 미만)

❷ 모성보건
① 산전관리, 분만관리, 산후관리, 수유관리 등
② **모성사망**
  ㉠ 임신과 분만, 산욕과 관련된 질병 또는 임신합병증 때문에 야기되는 모성사망에 국한
  ㉡ 임신 중의 각종 감염병, 중독사, 익사 등의 사고에 의한 사망은 포함되지 않음

Section 4 환경보건

1. 환경보건

❶ 환경보건의 개념
① **환경의 정의** : 자연환경과 인간의 일상생활과 밀접한 관계가 있는 재산의 보호 및 동식물의 생육에 필요한 생활환경으로 정의
② **환경위생의 정의(WHO)** : 인간의 신체 발육, 건강 및 생존에 유해한 영향을 미치거나 미칠 가능성이 있는 인간의 물리적 생활환경에 있어서의 모든 요소를 통제하는 것
③ **환경위생의 분류**
  ㉠ 자연적 환경 : 공기, 토지, 광선, 물, 음향 등
  ㉡ 생리적 환경(생물학적 환경) : 설치류, 모기, 파리 등의 위생해충 등

2. 기후의 3대 요소

① **기온**
  ㉠ 지상 1.5m에서의 건구온도
  ㉡ 쾌적온도 : 18±2℃
② **기습**
  ㉠ 일정 온도에서 공기 중에 포함된 수증기의 양
  ㉡ 쾌적습도 : 40~70%
③ **기류** : 온도나 지형의 차이로 인해 일어나는 공기의 흐름

3. 수질환경

❶ 상수환경의 개요
① **인체와 물**
  ㉠ 체중의 60~70%가 물로 구성
  ㉡ 10%를 상실하면 생리적 이상 발생
  ㉢ 20% 이상 상실하면 생명이 위험
  ㉣ 성인 1일 수분 섭취 필요량 : 2.0~2.5L
② **물의 경도**
  ㉠ 경수(센물) : 칼슘, 마그네슘 등이 다량 함유된 물로 비누 거품이 잘 일어나지 않음
  ㉡ 연수(단물) : 칼슘, 마그네슘 등의 함량이 적은 물로 비누 거품이 잘 일어남

❷ 물의 보건적 문제
① **수인성 감염병**
  ㉠ 물을 통해 감염되는 질병
  ㉡ 장티푸스, 파라티푸스, 세균성 이질, 아메바성 이질, 콜레라, 유행성 간염 등
② **수인성 기생충 질환**
  ㉠ 물을 통해 전파되는 기생충
  ㉡ 간디스토마, 페디스토마, 회충, 편충, 구충 등
③ **오염 방지** : 오염원으로부터 20m 이상 떨어져 있어야 함

3 상수의 수원

① **천수(비, 눈)** : 매진, 분진, 세균량이 많음
② **지표수** : 하천수와 호수를 말하며 오염물이 많을 수 있음
  ㉠ 하천수의 구성성분 : 계절 및 배수 지역의 지형에 따라 다름
  ㉡ 홍수 시에는 하천유량의 대부분이 표면수(지표수)가 됨
  ㉢ 건기에는 지하수가 많으며 경도가 높아짐
  ㉣ 최대유량과 최소유량 사이의 기간에는 수질변화가 심함
  ㉤ 하천의 유량이 적을수록 수질오염이 높아짐
③ **지하수** : 유기물과 미생물이 적고 탄도는 낮으나 경도가 높음
④ **복류수** : 하천 저부에서 취수하는 방법으로 지표수보다는 깨끗함
⑤ **해수** : 음용수로 사용하려면 화학작용을 거쳐야 함

4 정수법

침사 ⇨ 침전 ⇨ 여과 ⇨ 소독 ⇨ 배수 ⇨ 급수

① **침사(집수, 취수)**
  ㉠ 상수를 처리하기 전에 펌프 등의 손상을 방지하기 위하여 물속에 포함된 모래와 흙을 침전법으로 제거
  ㉡ 규모가 큰 것을 침사지, 규모가 작은 것을 침사조라고 함
② **침전**
  ㉠ 보통침전(완속침전) : 액체 속의 작은 고체가 바닥에 가라앉아 쌓이는 현상
  ㉡ 약품침전(급속침전)
    • 미세먼지나 비중이 낮은 용해질을 침전시키기 위해 약물 사용
    • 사용 약물 : 황산알루미늄, 암모늄명반, 황산제이철, 염화제이철 등 알루미늄이나 철 등의 화합물

③ **여과**
  ㉠ 완속여과
    • 수원지의 물을 여과지 속으로 보내 모래와 자갈로 된 여과층을 통과하게 함으로써 물을 정화
    • 사면대치법으로 세척
  ㉡ 급속여과
    • 여과지 내의 사층에서 물을 여과한다는 점에서는 완속여과와 비슷
    • 약품 침전지와의 조합에서는 1일 100~150m 속도로 여과하므로 완속여과에 비해 효율이 30배 이상임
    • 역류세척법으로 세척 : 사층이 빨리 쌓이므로 사층 밑에서 위로 물과 압축공기를 분사하여 세척

④ **소독**
  ㉠ 배수 또는 급수 전에 반드시 실시해야 하는 과정
  ㉡ 종류 : 열처리법, 자외선 소독법, 표백분 소독법, 오존 소독법
  ㉢ 상수는 주로 염소로 소독
  ㉣ 잔류염소
    • 물을 염소로 소독했을 때 하이포아염소산과 하이포아염소산 이온의 형태로 존재하는 염소로 유리잔류염소라고도 함
    • 보통 수인성 감염병균은 잔류염소 0.2ppm에서 30분 후 완전 소멸

밀스라인케현상
상수도 관리로 인한 수인성 감염병 환자의 발생률뿐 아니라 일반사망률 감소현상(상수여과의 효과)

---

5 하수환경

① **하수처리의 필요성**
  ㉠ 분뇨를 위생적으로 처리하고 지역의 배수 개선
  ㉡ 소화기계 감염병 및 기생충 질환예방
  ㉢ 모기와 파리, 쥐의 서식 방지
  ㉣ 상수원 오염을 예방하고 생활환경 개선
  ㉤ 환경오염 방지

11 공중위생관리

② **하수처리의 종류**
- ㉠ 합류식
  - 가정하수, 산업폐수, 자연수, 천수 등 모든 하수를 운반
  - 시설비가 저렴하고 천수에 의해 하수관이 자연 청소됨
  - 하수관이 커서 수리, 검사, 청소 등이 편리
  - 악취 발생과 범람의 위험이 있음
- ㉡ 분류식 : 천수를 별도로 운반
- ㉢ 혼합식 : 천수와 사용수의 일부를 함께 운반

③ **하수처리 과정**
- ㉠ 예비처리
  - 수유 입구에 스크린을 설치하여 큰 부유물 제거
  - 종류 : 보통침전법, 약품침전법
- ㉡ 본처리
  - 혐기성 처리 : 무산소 상태에서 유기물 분해
  - 호기성 처리
    - 산소를 공급해서 호기성균으로 유기물 분해
    - 종류 : 산화지법, 관개법, 살수여과법, 활성오니법
- ㉢ 오니처리
  - 하수처리의 최종 단계
  - 종류 : 소각법, 소화법, 사상건조법 등

6 하수오염 측정

① **생화학적 산소요구량(BOD)**
- ㉠ BOD가 높으면 하수의 오염도가 높음
- ㉡ 측정방법 : 통상 5일의 기간을 정해 20℃에서 시료 측정
- ㉢ 위생하수 기준 : 20ppm 이하

② **용존산소량(DO)**
- ㉠ DO가 낮으면 하수의 오염도가 높음
- ㉡ 위생하수 기준 : 5ppm 이상

③ **대장균**
- ㉠ 수질오염의 대표적인 생물학적 지표
- ㉡ 일반적인 음용수 오염지표

4. 주거 및 의복환경

1 주거환경

① **기본 조건**
- ㉠ 재해 방지가 가능할 것
- ㉡ 생리적 욕구와 생활적 욕구를 만족시킬 것
- ㉢ 질병의 발생과 감염의 위험을 방지할 수 있을 것
- ㉣ 정서적 만족감을 줄 것
- ㉤ 경제적 조건을 만족시킬 수 있을 것

② **대지의 조건**
- ㉠ 환경 : 조용하고 공기가 쾌적하며 교통이 편리할 것
- ㉡ 지형 : 남향 또는 동남향일 것
- ㉢ 지질 : 지반이 견고하고 하수처리가 용이할 것

2 일광(자연조명)

① **자외선(냉선, 건강선, 화학선)**
- ㉠ 일광의 세 부분 중 파장(320~280㎛)이 가장 짧음
- ㉡ 살균력이 강함(특히 2,600~2,800Å)
- ㉢ 2,900~3,200Å 범위에서는 프로비타민 D를 비타민 D로 전환하므로 건강선(Dornoray)이라고도 함

② **가시광선**
- ㉠ 눈으로 자각되는 파장범위를 가진 빛(태양광선)
- ㉡ 파장 범위 : 3,900~7,700Å (380~780㎛)
- ㉢ 5,500Å에서 빛이 가장 강하게 느껴짐
- ㉣ 눈이 물체를 식별할 수 있는 조도의 범위 : 0.5~10,000Lux
- ㉤ 적당한 조도 : 100~1,000Lux

③ **적외선(열선)** : 가시광선보다 파장이 가장 긺(7,800Å, 780㎛ 이상)

3 조명(인공조명)

① **광원의 종류**
- ㉠ 연소물 : 가스등, 햇불, 등잔불, 촛불 등
- ㉡ 전기 : 형광등, 백열전구 등

② **인공조명 시 고려할 사항**
  ㉠ 주광색에 가까울 것
  ㉡ 강한 음영이나 현휘(눈부심)가 없을 것
  ㉢ 유해물질을 발산하지 않을 것
  ㉣ 취급이 간편하고 저렴할 것
  ㉤ 작업에 따라 충분한 조도를 유지할 것
  ㉥ 발화, 폭발 등의 위험이 없을 것
  ㉦ 조도가 균등할 것
  ㉧ 광원의 위치는 좌전상방일 것

③ **조명 방법**
  ㉠ 직접조명
    • 광원을 직접 비추는 방식
    • 장점 : 조명 효율이 높고 경제적임
    • 단점 : 눈부심이 있으며 강한 음영으로 불쾌감을 줄 수 있음
  ㉡ 간접조명
    • 광원을 다른 곳으로 반사시키는 방식
    • 조명 효율이 낮고 설비 유지비가 많이 듦
    • 반간접조명 : 직접조명과 간접조명의 절충식

④ **환기**
① **자연환기**
  ㉠ 실내·외의 온도차, 기체의 확산력, 외기의 풍력에 의해 자연환기가 이루어짐
  ㉡ 중성대
    • 실내로 들어오는 공기와 나가는 공기 사이에 발생하는 압력이 0인 지대
    • 중성대가 천정 가까이에 형성되어야 환기효과가 큼
  ㉢ 환기에 필요한 면적 : 거실 바닥 면적의 1/20 이상

Section 5 식품위생과 영양

1. 식품위생의 개념

① **식품위생의 정의**
  ① 식품의 생육·생산·제조에서 최종적으로 사람에게 섭취될 때까지의 모든 단계에서 식품의 안정성·건전성 및 완전 무결성을 확보하기 위하여 필요한 모든 수단(WTO 환경위생전문원회, 1955)
  ② 식품, 첨가물, 기구 및 용기와 포장을 대상으로 하는 음식에 관한 위생(식품위생법)

② **식품위생과 위생관리**
  ① 식품 제조시설의 위생관리
  ② 철저하고 계속적인 식품위생 검사
  ③ 강제적 법 집행과 자발적 실행 장려
  ④ 식품 취급자의 위생적 관리 및 건강 보호
  ⑤ 부정식품의 근절
  ⑥ 식품 유통의 위생적 관리

③ **식품과 감염병**
  ① 식품을 통한 감염병은 경구감염병이 대부분으로, 겨울보다 여름에 자주 발생
  ② **세균성 감염병** : 장티푸스, 이질, 파라티푸스, 콜레라 등
  ③ **바이러스성 감염병** : 폴리오, 유행성 간염 등
  ④ **식품을 통한 인수공통감염병** : 결핵, 탄저, 브루셀라, 야토병, 돼지단독 등

④ **식품과 기생충 질환**
  ① **채소** : 회충, 십이지장충, 편충, 요충 등
  ② **육류**
    ㉠ 돈육(돼지고기) : 유구조충, 선모충
    ㉡ 우육(소고기) : 무구조충
  ③ **담수어**
    ㉠ 왜우렁이, 담수어 : 간디스토마(제2중간숙주 - 참붕어), 간흡충

11 공중위생관리

ⓒ 다슬기, 가재, 게 : 폐디스토마(제2중간숙주 - 은어), 요코가와흡충, 이형흡충 등
④ **해산어류** : 갑각류, 고등어, 갈치, 전갱이, 청어, 대구, 조기(아니사키스증)

2. 식중독

1 식중독의 정의
식품 섭취와 연관된 인체 유해한 미생물 또는 유독물질에 의해 발생했거나 발생한 것으로 판단되는 감염성 또는 독소형 질환(식품위생법)

2 식중독의 일반적인 특징
① 다량의 세균이나 독소에 의해 집단적으로 발병
② 발생지역이 국한되어 있음
③ 주로 여름철에 많이 발생
④ 잠복기가 짧고 2차 감염이 거의 없음
⑤ 질환을 앓고 나서도 면역력이 생기지 않음

3 세균성 식중독
① **살모넬라 식중독**
  ㉠ 원인균 : 장염균, 장티푸스균, 돼지콜레라균 등
  ㉡ 잠복기 : 섭취 후 12~24시간(평균 20시간)
  ㉢ 증상 : 복통, 설사, 두통, 급격한 발열(38~40℃), 오한 등
  ㉣ 감염 경로 : 환자, 보균자, 가축, 쥐의 분뇨 등
  ㉤ 예방
    • 도축장의 철저한 위생검사
    • 환자의 식품 취급 금지
    • 식육류를 저온에 안전하게 보관
    • 익힌 음식 섭취
    • 보균자 색출
② **장염비브리오 식중독**
  ㉠ 원인균 : 해수 세균의 일종인 장염비브리오균으로 2~5% 식염에 잘 자람(호염성 세균)
  ㉡ 잠복기 : 8~20시간(평균 12시간)
  ㉢ 원인식품 : 어패류(70%)와 그 가공품
  ㉣ 예방
    • 장염비브리오균은 열에 약하고 담수에 사멸하므로 깨끗한 수돗물로 세척하고 익혀서 섭취
    • 어패류와 조개류의 생식 금지
③ **병원성 대장균 식중독**
  ㉠ 원인균 : 병원성 대장균, 장관침습성 대장균, 독소원성 대장균, 장관출혈성 대장균 등
  ㉡ 잠복기 : 성인은 10~30시간(평균 12시간), 유아는 그보다 짧음
  ㉢ 감염경로 : 영유아에게 자주 발병하며, 사람에서 사람으로 전파
  ㉣ 증상 : 급성 위장염, 두통, 발열, 구토, 설사, 복통

4 독소형 식중독
① **포도상구균 식중독**
  ㉠ 원인균 : 화농성 질환의 원인인 황색포도상구균이 생성하는 장독소
  ㉡ 잠복기 : 1~6시간(평균 3시간)
  ㉢ 감염경로 : 화농성 질환, 유방염이 있는 젖소, 원인균이 있는 식품
  ㉣ 예방 : 식품의 오염을 방지하고 청결하게 조리
② **보툴리누스 식중독**
  ㉠ 특징
    • 보툴리누스균의 균체 외독소인 신경독소에 의해 발생
    • 세균성 식중독 중 가장 치사율이 높음
  ㉡ 잠복기 : 12~36시간(평균 24시간)
  ㉢ 증상 : 신경계 증상, 연하곤란(삼킴 장애), 호흡곤란, 언어장애, 말초 및 중추마비, 구토, 복통, 설사
  ㉣ 감염경로 : 혐기성 상태의 통조림, 소시지
  ㉤ 예방
    • 위생적인 조리
    • 가열 조리 후 섭취
    • 통조림, 소시지의 위생적 보관 및 가공처리

5 자연독 식중독

① **발생 요건**
  ㉠ 원래 유독물질을 함유하고 있는 식재료를 섭취했을 때 : 독버섯, 독꼬치 등
  ㉡ 어떤 특수한 조건하에서 독성을 띠는 것을 모르고 섭취했을 때 : 바지락, 감, 청매 등
  ㉢ 특정 부위나 기관에 한정되어 있는 독성물질을 완전히 제거하지 않고 섭취했을 때 : 복어, 감자 등

3. 동물성 식중독

1 복어 중독
① **감염원** : 테트로(도)톡신
② **증상** : 근육 마비, 호흡곤란, 사망
③ **예방** : 내장, 난소, 간 등을 제거하고 고기만 섭취

2 패류(조개류) 중독
① **감염원**
  ㉠ 섭조개, 대합 : 삭시토신
  ㉡ 모시조개, 굴, 바지락 : 베네루핀
② **증상**
  ㉠ 섭조개, 대합 : 신체 마비, 호흡곤란
  ㉡ 모시조개, 굴, 바지락 : 출혈 반점, 혈변, 혼수 상태
③ **예방** : 적조 해역에서 잡은 조개류 섭취 금지

4. 유독 금속류에 의한 중독

1 납(Pb)
① **감염경로** : 용기, 기구, 조리기구 등
② **증상**
  ㉠ 급성중독 : 구토, 위통, 사지마비, 혼수 등
  ㉡ 만성중독 : 빈혈, 체중감소, 지각소실, 사지마비 등

2 비소(As)
① **감염경로** : 농약, 불량한 기구와 용기, 살충제의 오용
② **증상** : 설사, 위통, 구토, 신경장애 등

3 구리(Cu)
① **감염경로** : 식기, 착색제의 과다 사용
② **증상** : 구토, 복통, 발한, 경련, 호흡곤란 등

4 카드뮴(Cd)
① **감염경로** : 식기 · 용기 · 기구 등의 도금
② **증상**
  ㉠ 급성중독 : 구토, 복통, 설사 등
  ㉡ 만성중독 : 신장장애, 골연화증, 요통 등(이타이이타이병)

5 수은(Hg)
① **감염경로** : 어류
② **증상** : 구토, 복통, 설사, 신경장애 등(미나마타병)

5. 식품의 변질과 보존

1 식품의 변질
① **부패** : 식육, 고기, 달걀, 어패류 등의 단백질이 미생물의 작용에 의해 퇴화 · 분해되는 과정에서 악취가 나는 가스 발생(암모니아, 메탄, 황화수소)
② **변패** : 탄수화물(당질)과 지방질이 미생물에 의해 변질된 상태

2 식품의 보존방법(물리적 처리법)
① **가열법**
  ㉠ 식품 속의 미생물을 죽이거나 효소를 파괴하여 식품의 변질방지
  ㉡ 가열로 인해 고유의 향미, 영양가, 비타민 등이 손상될 수 있음
② **냉장법**
  ㉠ 저온으로 미생물의 활동을 억제시킴

Part 11 공중위생관리

- ⓒ 식품은 0~6℃에 보관
- ⓒ 육류, 조리된 식품, 채소류, 어패류는 4~6℃에 보관
- ③ **냉동법**
  - ㉠ 장기간 보존이 가능하며 광범위한 식품에 이용
  - ㉡ 미생물의 증식은 억제시킬 수 있지만 사멸은 기대하기 어려움
  - ㉢ 어류는 -6~-4℃에 보관
- ④ **건조법(탈수법)**
  - ㉠ 건조과정 : 표면증발 → 내부확산 → 내심부에서 수분증발
  - ㉡ 종류
    - 일광건조법
    - 인공건조법 : 고온건조법, 열풍건조법, 배건법, 분무건조법, 감압건조법 등
- ⑤ **자외선 이용법** : 식품 표면은 살균할 수 있지만 내부에 있는 세균의 살균효과는 없음

3 화학적 처리법
- ① **염장법** : 육류, 해산물, 채소 등에 이용
- ② **당장법** : 과일, 콩, 채소 등을 장기 보존할 목적으로 설탕에 절인 것

6. 영양소

1 열량소의 작용
- ① **단백질**
  - ㉠ 신체를 구성하는 주요성분으로 약 20종의 아미노산이 결합되어 있는 고분자화합물
  - ㉡ 1g당 4kcal의 열량 생성
  - ㉢ 결핍증상 : 발육부진, 빈혈, 면역력 저하 등
- ② **탄수화물**
  - ㉠ C, H, O의 3원소로 구성되어 있는 중요한 열량 공급원
  - ㉡ 1g당 4kcal의 열량 생성
  - ㉢ 결핍증상 : 체중감소 등
- ③ **지방**
  - ㉠ 1g당 9kcal의 열량 생성
  - ㉡ 결핍증상 : 빈혈, 허약, 거친피부, 면역력 저하

2 무기질
- ① **식염(NaCl)** : 성인 하루 필요량은 15g 정도지만, 발한과 탈수 시에는 그 이상으로 보충해야 함
- ② **철분(Fe)**
  - ㉠ 혈액의 구성성분으로 체내 저장이 안 되므로 반드시 음식물을 통해 보충
  - ㉡ 함유식품 : 간, 고기, 계란노른자
  - ㉢ 결핍증상 : 빈혈
- ③ **인(P)**
  - ㉠ 뼈, 치아, 뇌신경의 주성분
  - ㉡ 지방과 탄수화물의 에너지 대사에 관여
- ④ **요오드(I)** : 갑상선기능 유지

3 비타민
- ① **지용성 비타민**
  - ㉠ 비타민 A
    - 정신·신체의 성장과 발달에 기여
    - 피부점막조직과 망막의 건강 유지
    - 결핍 : 야맹증, 안구건조증 등
  - ㉡ 비타민 D
    - 뼈의 생성에 관여
    - 결핍 : 구루병
  - ㉢ 비타민 E
    - 호르몬 생성에 관여
    - 결핍 : 불임, 유산
  - ㉣ 비타민 F
    - 항피부염 비타민
    - 콜레스테롤 농도를 낮춰주는 필수불포화지방산
    - 결핍 : 피부 건조, 지방 괴사
  - ㉤ 비타민 K
    - 혈액응고에 관여하는 응혈성 비타민
    - 결핍 : 혈액응고 시간 지연, 출혈

② **수용성 비타민**
  ㉠ 비타민 B_1(티아민)
    • 항신경성 비타민
    • 결핍 : 각기병, 식욕부진, 피로
  ㉡ 비타민 B_2(리보플라빈)
    • 항피부염 비타민
    • 결핍 : 구순구각염
  ㉢ 비타민 B_3(나이아신)
    • 에너지 생산과 지질대사에 관여
    • 결핍 : 펠라그라병, 설사, 치매
  ㉣ 비타민 B_6(피리독신)
    • 단백질 대사에 관여
    • 결핍 : 피부염
  ㉤ 비타민 B_{12}(코발라민)
    • 조혈작용을 하는 항빈혈성 비타민
    • 결핍 : 악성빈혈
  ㉥ 비타민 C(아스코빈산)
    • 항산화작용
    • 멜라닌 형성 저지
    • 결핍 : 괴혈병
  ㉦ 비타민 P(플로보노이드)
    • 모세혈관 강화
    • 결핍 : 피부병

7. 영양상태 판정

1 주관적 판정
① 의사의 많은 경험에 의해 판정하는 방법
② 빈혈, 구각염, 각화증, 부종, 건반사 소실, 갑상선의 변화 등 임상증상으로 판정

2 객관적 판정
① **신체 계측**
  ㉠ Kaup 지수 : 영유아기부터 학령기 전반
  ㉡ Rohrer 지수 : 학령기 이후의 소아
  ㉢ Broca 지수 : 성인의 비만증 판정에 이용
  ㉣ 피하지방층의 두께 측정

--- 신체계측에 의한 판정법 ---

• Kaup 지수 = $(\dfrac{체중}{신장^2}) \times 10^4$

• Rohrer 지수 = $(\dfrac{체중}{신장^3}) \times 10^7$

• Broca 지수 = $(\dfrac{체중}{신장-100}) \times 10^2$

• 비만도(Obesity, Index, %) = $(\dfrac{실측체중 - 표준체중}{표준체중}) \times 10^2$

② **이·화학적 검사**
  ㉠ 혈액 비중 측정, 헤모글로빈 미량 정량
  ㉡ 혈액검사, 소변검사 등 집단검사에 응용

Section 6 보건행정

1. 보건행정

1 보건행정의 정의
① 공적 또는 사적 기관이 사회복지를 위해 공중보건의 원리와 기법을 응용하는 것
② 국민보건향상과 증진에 관한 모든 사항을 통괄하는 행정적 수단

2 보건행정의 특성
① **공공성 및 사회성** : 집단 건강과 공공복지 증진
② **봉사성** : 적극적인 서비스로 국민건강증진
③ **조장성 및 교육성** : 지역사회 주민의 교육 및 참여로 목표 달성
④ **과학성 및 기술성** : 발전된 기술과 과학을 바탕으로 수립된 과학기술행정

3 보건행정의 범위(WTO)
① 보건기록보존
② 보건교육
③ 환경위생
④ 감염병 관리
⑤ 모자보건
⑥ 의료
⑦ 보건간호

Part 11 공중위생관리

Chapter 02 소독

Section 1 소독의 정의 및 분류

1. 소독의 정의 및 소독방법

① 소독의 정의

병원 미생물의 생활력의 파괴하고 미생물 제거

종류	정의
멸균	미생물을 완전히 제거
살균	세균 제거
소독	병원성 미생물의 생활력 및 감염력 제거
방부	병원성 미생물의 발육과 작용 저지

② 소독방법

① 자연소독법

종류	정의
희석	살균효과는 없으나 세균 수는 감소
태양광선	자외선(2,900~3,200Å)의 파장으로 강력한 살균
한랭	저온으로 세균 발육을 저지할 수 있지만 사멸시킬 수는 없음

② 물리적 소독법

㉠ 열처리법

종류		특성
건열멸균법	화염멸균법	• 20초 이상 불꽃에 직접 접촉 • 표면의 미생물 멸균 • 대상 : 금속류, 유리봉, 도자기류, 이·미용 기구 소독
	소각법	• 오물 소각 • 화염멸균법 중 가장 효과가 강력함 • 대상 : 수건, 휴지, 쓰레기 등
	건열멸균법	• 160~180℃ 건열멸균기에서 1~2시간 처리 • 대상 : 유리기구, 주사침, 유지, 글리세린, 분말, 금속류, 자기류 등

습열멸균법	자비소독법	• 끓는 물 100℃ 이상에서 15~20분간 처리
		• 완전 멸균 불가능(아포균 완전 소독 불가능)
		• 소독효과 향상
		  - 석탄산 5% 혹은 크레졸 2~3% 첨가
		  - 금속제품 소독 시 탄산나트륨 1~2% 첨가
		• 대상 : 식기류, 도자기류, 주사기, 이·미용실 수건 등

	고압증기멸균법	• 포자균 멸균에 가장 좋은 방법
		• 미생물, 아포 등 사멸
		• 시간 및 온도
		  - 10Lbs : 115.5℃ → 30분간
		  - 15Lbs : 121.5℃ → 20분간
		  - 20Lbs : 126.5℃ → 15분간
		• 대상 : 초자기구, 거즈, 자기류 등

	유통증기(간헐)멸균법	• 코흐(Koch) 멸균기를 사용하여 100℃ 유통 증기로 30~60분 가열 • 1일 1회씩 3회 실시(100℃, 30분간) • 대상 : 식기류, 도자기류, 주사기, 의류 등

	저온소독법	• 고온 처리 불가능한 제품 소독(대장균 사멸 불가능)
		• 종류
		  - 우유 : 65℃에서 30분간
		  - 건조과실 : 75℃에서 30분간
		  - 아이스크림 원료 : 80℃에서 30분간
		  - 포도주 : 55℃에서 10분간

	초고온순간멸균법	• 135℃에서 2초간 처리(우유)

㉡ 비열처리법

종류	특징
자외선멸균법	• 자외선 중 2,650Å의 파장을 사용하여 균을 사멸 또는 활동을 억제시킴 • 대상 : 무균실, 제약실, 식품, 기구, 용기 등
초음파멸균법	• 매초 8,800cycle의 음파와 200,000Hz 이상의 진동으로 살균 • 대상 : 식품, 액체 약품, 시약 등
방사선멸균법	• 코발트, 세슘 등 방사선원을 이용하여 살균 • 포장 상품을 개봉하지 않고 투과력을 이용하여 멸균 • 대상 : 각종 용기, 목재, 플라스틱 제품 등
냉동법	• 균의 번식 및 활동 억제 • 살균효과 없음 • 대상 : 식품
세균여과법	• 화학물질이나 열을 이용할 수 없는 액체물질의 멸균에 이용
무균조작법	• 멸균된 물체의 오염 방지 • 대상 : 무균 작업대, 무균실 등
희석	• 일정 농도 이상의 균주 소독 • 대상 : 환자의 배설물 등

③ **화학적 소독법**
  ㉠ 석탄산
    - 3% 수용액 사용
    - 살균력과 소독력이 강함
    - 산성도가 높고 고온일수록 소독효과가 높음
    - 피부점막 자극성, 금속부식성, 냄새, 독성이 강함
    - 소독약의 살균력 평가지표

    $$석탄산계수 = \frac{소독약의 \ 희석배수}{석탄산의 \ 희석배수}$$

    - 대상 : 환자의 오염된 의류, 고무용기, 오물, 실험대, 배설물, 토사물 등
  ㉡ 크레졸
    - 3% 수용액 사용
    - 바이러스 소독효과는 적으나 세균 소독에는 효과적임
    - 손, 피부 소독에는 1% 수용액 사용
    - 피부 자극성은 없으나 냄새가 강함
    - 대상 : 손, 오물, 객담 등
  ㉢ 알코올
    - 70~80% 수용액 사용
    - 주로 에틸알코올 사용
    - 무포자 형성균에는 소독효과가 있으나 아포에는 효과 없음
    - 대상 : 피부, 기구(눈, 구강, 비강 등 점막에 사용하지 않도록 주의)
  ㉣ 승홍
    - 0.1% 수용액 사용
    - 맹독성에 금속부식력이 강함
    - 승홍 1 : 식염 1 : 물 1,000의 비율로 제조
    - 대상 : 배설물 등
  ㉤ 생석회
    - 생석회 분말 2 : 물 8의 비율로 사용
    - 무아포균 소독
    - 대상 : 분변, 해수, 오수, 오물, 토사물 등
  ㉥ 과산화수소
    - 3% 수용액으로 상처소독
    - 자극성이 적고 무포자균 살균에 효과적
    - 대상 : 구내염·인두염 소독, 구강세척제 등
  ㉦ 머큐로크롬
    - 2% 수용액 사용
    - 자극성이 없고 살균력이 약함
    - 대상 : 환자의 배설물 등
  ㉧ 염소제(표백분, 차아염소산나트륨)
    - 독성이 약하고 가격이 저렴
    - 표백, 방부, 방취에 효과가 있음
    - 금속부식성이 강하고 피부 자극 유발(의료용으로 사용 불가능)
    - 대상 : 수영장, 목욕탕, 하수 등
  ㉨ 붕산
    - 무색 광택의 결정형 분말
    - 자극성이 없고 살균력이 약함
    - 상처소독에는 3% 수용액 사용
    - 대상 : 인체 및 피부 소독
  ㉩ 역성비누
    - 0.001~0.1% 수용액 사용
    - 살균력과 침투력은 강하지만 세정력이 약함
    - 냄새와 독성이 없음
    - 포도상구균, 결핵균 등에 유효
    - 대상 : 소지, 조리기구, 식기류 등
  ㉪ 약용비누
    - 살균 및 세정효과가 뛰어남
    - 대상 : 손과 피부, 창상의 소독
  ㉫ 포르말린
    - 0.02~0.1% 수용액 사용
    - 세균 포자 사멸
    - 대상 : 의류, 도자기, 목제품, 셀룰로이드, 고무제품 등
  ㉬ 포름알데하이드
    - 1~2% 수용액 사용
    - 살균효과가 크지만 냄새와 독성이 강함
    - 대상 : 금속제품, 고무제품, 플라스틱 재질

소독약 결정 시 고려사항
- 감염방법 : 직접전파, 간접전파
- 전파 : 호흡기계 전파, 소화기계 전파, 곤충매개 전파 등
- 병원체 : 바이러스, 세균, 포자형성균 등
- 소독 대상물, 소독 대상물의 성질

2. 소독약의 구비조건과 살균기전

1 소독약의 구비조건
① 강한 살균력(높은 석탄산 계수)이 있을 것
② 안정성이 있을 것(인체에 무해·무독)
③ 물품을 부식·표백시키지 않을 것
④ 잘 용해될 것
⑤ 가격이 저렴하고 사용방법이 편리할 것
⑥ 향이 없고 탈취력이 있을 것
⑦ 환경오염이 발생하지 않을 것

2 소독약의 살균기전

기전의 종류	멸균 및 소독약
산화작용	과산화수소, 오존, 염소, 과망간산칼륨 등
균체 단백응고작용	석탄산, 알코올, 크레졸, 포르말린, 승홍
균체의 효소 불활화 작용	역성비누, 알코올, 석탄산, 중금속염
가수분해작용	강산, 강알칼리, 열탕수
탈수작용	식염, 설탕, 포르말린, 알코올
중금속염의 형성작용	승홍, 머큐로크롬, 질산은
세포막의 삼투성 변화작용	석탄산, 중금속염, 역성비누 등

Section 2 미생물 총론

1. 미생물의 정의

1 미생물의 정의
① 육안으로 식별이 불가능하여 광학현미경으로 관찰이 가능한 미세한 생물로서 주로 단일세포 또는 균사로 구성
② 생물로서 최소 생활단위를 영위하는 생물체

③ 종류 : 조류, 균류, 원생동물류, 사상균류, 효모류, 바이러스 등

2. 미생물의 역사

1 생물 발생에 관한 논쟁
① **자연발생설**
  ㉠ 시기 : 고대 로마~르네상스 시대
  ㉡ 생물은 우연히 무기물로부터 발생한 것이라는 설로서, 그리스의 철학자 아리스토텔레스가 주장
② **생물속생설**
  ㉠ 생물이 발생하려면 반드시 어버이가 있어야 한다는 이론으로서, 이탈리아의 생물학자 레디가 처음으로 주장
  ㉡ 후에 파스퇴르의 실험을 통해 확립

2 파스퇴르와 코흐의 업적
① **루이 파스퇴르(Louis Pasteur)**
  ㉠ 면섬유 여과로 수집한 먼지 속에서 많은 세균이 있음을 증명
  ㉡ 자연발생설을 반증하고 저온멸균법, 간헐멸균법, 고압증기멸균법, 건열멸균법 등을 발견
  ㉢ 포도주와 맥주의 발효, 견사병의 병원체, 면양의 탄저병 예방법, 공수병 백신 등을 개발
② **로버트 코흐(Robert Koch)**
  ㉠ 최초로 특정한 세균이 질병을 일으킨다는 점을 증명하고, 하나의 미생물이 하나의 특정한 질병을 일으킨다는 병원균설 확립
  ㉡ 세균염색법, 동물실험법, 세균의 순수배양법 발견
  ㉢ 병원균을 규정하는 4대 원칙 규정(1982)
    - 그 병을 앓는 환자에게서 반드시 발견되어야 함
    - 분리배양법에 의하여 순수 분리되어야 함
    - 감수성 동물인 토끼, 기니피그 등에 접종하면 동일한 병을 일으켜야 함

- 실험적으로 감염시킨 동물체에서 발견되고 다시 분리 배양되어야 함

3. 미생물의 분류

① 곰팡이
① 병원성 미생물로 발효식품이나 항생물질에 이용
② **생육 최적온도** : 0~25℃
③ **종류** : 누룩곰팡이, 푸른곰팡이, 털곰팡이, 거미줄곰팡이 등

② 효모
① 원형, 난원형, 균사형의 형태로 존재하는 단세포 생물
② 포도주, 메주 등의 발효식품과 제빵 등에 이용
③ **발육 최적온도** : 25~30℃

③ 리케차
① 세균과 바이러스의 중간에 속하는 미생물
② 원형 또는 타원형이며 이분법으로 증식
③ 발진티푸스, 발진열 등 감염병의 원인

④ 바이러스
① 미생물 중 가장 작아 세균여과기로도 분리할 수 없으며, 살아있는 세포에만 증식
② 핵산(RNA, DNA)과 단백질로 구성

⑤ 균류
① **종류** : 구균, 간균, 나선균, 대장균 등
② 대장균은 식품의 위생지표, 분변오염의 지표로 사용

⑥ 원생동물
① 가장 구조가 단순한 단세포 동물로 1개의 세포로 구성
② **종류** : 이질, 아메바, 말라리아의 병원충 등
③ 분열 또는 출아에 의한 무성생식, 접합(接合)이나 배우자에 의한 유성생식을 통해 증식한다.

4. 미생물의 증식

① 미생물의 증식에 영향을 끼치는 요소

종류	특징
수분	• 미생물의 몸체를 구성하고 생리기능조절 • 보통 40% 이상 필요 • 미생물 증식에 필요한 수분량(수분활성도) - 세균(Aw 0.91) > 효모(Aw 0.88) > 곰팡이(Aw 0.80) - 보통 Aw 0.6 이하에서는 미생물 증식이 억제됨
온도	• 저온성 균 : 저온에서 부패를 일으키는 세균(최적온도 15~20℃) • 중온성 균 : 병원성 균(최적온도 25~37℃) • 고온성 균 : 온천수에서 서식하는 세균(최적온도 50~60℃)
수소 이온 농도	• 보통 pH 6~8에서 최고의 발육을 보임 • 일반세균 : 약알칼리성(pH 7~8) • 젖산균, 진균류, 결핵균 : 산성(pH 4~5) • 콜레라균 : 알칼리성(pH 8.0~8.6) • 곰팡이, 효모 : 약산성(pH 4~6)

생화학적
산소
요구량
	• 호기성 균 : 산소를 필요로 하는 균
	 예 곰팡이, 결핵균, 디프테리아, 백일해균
	• 혐기성 균 : 산소를 필요로 하지 않는 균
	 - 통성혐기성 균 : 산소가 있더라도 이용하지 않음
	  예 대장균, 포도상구균, 젖산균
	 - 편성혐기성 균 : 산소가 있으면 생육에 지장을 받음
	  예 보툴리누스균, 파상풍균

삼투압	• 높은 농도에서 삼투압으로 인해 원형질이 분리되어 미생물 사멸 • 일반세균은 3% 식염에서 증식 억제
광선 및 방사선	• 가시광선 : 광선을 조사했을 때 사멸 • 자외선 : 260nm 파장에서 살균력이 가장 강함 • 방사선 - 자외선보다 파장이 짧아 투과력이 높고 살균작용을 함 - 식품 살균에는 주로 코발트 60의 감마선(γ) 사용

Section 3 | 병원성 미생물

1. 바이러스

① 개요
① 살아있는 생명체 중 가장 작은 크기로, 세균여과기로도 분리할 수 없음

Part 11 공중위생관리

② 핵산과 소수의 단백질만을 갖고 있어 숙주에 의존해서 생존
③ 페놀, 염소, 포르말린 등의 소독제를 이용해 56℃ 이상에서 30분 이상 가열하면 감염력 상실
④ 간장염, 수두, 인플루엔자, 홍역, 유행성 이하선염, 감기 등의 질병 유발
⑤ 기침이나 재채기 등을 통해 쉽게 감염

2 종류와 특징

① **동물성 바이러스**
  ㉠ 동물의 세포를 감염시키는 바이러스
  ㉡ 종류 : 폴리오 바이러스, 폭스 바이러스, 레트로 바이러스(에이즈나 백혈병 유발) 등

② **식물성 바이러스**
  ㉠ 식물의 세포를 감염시키는 바이러스
  ㉡ 종류 : 담배잎에 모자이크병을 일으키는 토바코 모자이크 바이러스 등

③ **세균성 바이러스**
  ㉠ 세균에 침입한 바이러스로 '박테리오파지'라고도 함
  ㉡ 세균 연구 실험에 주로 사용

2. 세균

1 개요

① 병원체 박테리아로, 감염과 질병의 가장 큰 원인
② 살아있는 생물이나 동물의 조직에 침입하여 서식
③ 번식 속도가 빠르며 조직 속에서 유해물질을 생성시킴으로써 질병을 확산
④ 둥근모양, 막대모양이 있음

나선균		특성
구균	포도상구균	• 균열 방향이 불규칙하여 포도송이처럼 보임 • 건강한 피부나 비강에도 기생 • 부스럼과 습진 같은 화농증 유발
	연쇄상구균	• 사슬모양의 구균 • 단독으로 화농증 유발
간균		• 원통형 또는 막대기처럼 길쭉한 형태 • 쌍을 이루거나 연쇄상으로 배열되어 연쇄상간균이라도 함
나선균		• 가늘고 긴 것이 꼬여있는 모양 • 호선과 나선균으로 분류

3. 리케차

1 개요

① 세균보다는 작고 바이러스보다는 큰 막대모양
② 한 개씩 또는 쌍으로 서식
③ 인수공통의 미생물 병원체
④ 절지동물에 기생하는 급성열성질환으로 발열, 피부발진, 맥관염(혈관염) 등을 유발

2 종류와 특징

분류	매개체	질병
발진티푸스 리케차	이	유행성 발진티푸스
발진열 리케차	쥐벼룩	발진열
반점열 리케차	진드기	로키산홍반열
지중해열 리케차	진드기(트롬비큘라)	부톤네즈열
콕시엘라 부르네티	공기 또는 접촉	Q열
쯔쯔가무시병 리케차	털진드기	쯔쯔가무시병

4. 균류

1 개요

① 박테리아보다 큰 진핵세포로 구성되어 다양한 방식으로 증식
② 균사라는 가는 실 모양의 세포로 구성
③ 격벽(균사를 방처럼 나눠주는 것) 유·무로 분류

2 종류와 특징

종류	질병
표재성 진균증	무좀, 칸디다증
피하성 진균증	스포로트리쿰증
심재성 진균증	히스토플라스마증, 분아균증

Section 4 분야별 위생·소독

1 실내공간

① **시술공간**
  ㉠ 천장과 바닥 : 청소가 용이한 재질 사용
  ㉡ 벽, 작업장, 서랍, 캐비닛 등 : 물청소나 먼지 제거가 가능한 재질 사용
  ㉢ 작업장 조도가 좋아야 함
  ㉣ 온·냉방시설, 냉·온수 공급시설 구비
  ㉤ 수시로 환기하고 환기구를 자주 청소
  ㉥ 전기 배선과 배관 시설을 올바르게 설치
  ㉦ 뚜껑이 있는 쓰레기통 비치

② **화장실**
  ㉠ 정기적으로 소독하고 청소 실시
  ㉡ 뚜껑이 있는 쓰레기통 비치
  ㉢ 온·냉수시설, 액상비누, 종이타월 등을 구비

2 네일기구 및 도구 위생

① **도구 및 기구 소독**

네일기구	소독 관리
작업대 및 제품 용기	• 시술 전에 70% 알코올이나 소독제로 소독
파일, 샌딩블록, 면도칼, 콘커터	• 1회용 사용
니퍼, 메탈푸셔, 랩 가위 등 금속제품	• 사용 후에는 70% 알코올에 20분 동안 담갔다가 자외선 소독기에 넣어 사용
핑거볼 등 플라스틱 제품	• 세척 후 자외선 소독기에 넣어 사용
린넨, 타월	• 증기나 자비소독 • 사용 후에는 뚜껑이 달린 세탁물 통에 보관
발 관리 베드	• 겉면 등은 70% 알코올로 소독 • 팔걸이와 다리 등은 세척하고 70% 알코올로 소독
족탕기, 각탕기, 스파 및 세면대	• 항상 새로운 물 공급 • 사용 후에는 세제로 닦아 말리거나 70% 알코올로 소독

② **네일재료 관리(아크릴 등의 화학물질)**

분류	내용
주로 사용하는 화학물질	• 솔벤트류의 네일 폴리시와 리무버 • 아크릴릭 네일 시 사용하는 프라이머 • 라이트 큐어링 젤과 노라이트 큐어링 젤 • 글루 드라이어 • 글루, 젤글루 등 접착제
과다 노출 시 증상	• 가벼운 두통, 콧물, 눈물 • 목의 건조·통증 • 피부와 눈의 충혈 • 호흡장애, 불면증 • 우울증, 판단력 장애
대처 방법	• 환기시설이 갖춰진 공간에서 작업 • 화학물질이 피부나 눈에 들어가지 않도록 주의 • 파일링을 할 때는 먼지 흡입을 방지하기 위해 마스크 착용 • 필요 시 보호안경(고글) 착용 • 인화 위험물질에 의한 화재 주의 • 모든 재료를 밀폐하여 건조하고 서늘한 곳에 보관 • 화학물질 사용 후 쓰레기 분리수거 • 응급실 전화번호를 공유하여 응급상황에 즉시 대처

Chapter 03 공중위생관리법규

Section 1 법, 시행령, 시행규칙

1. 공중위생관리법의 목적 및 정의

1 공중위생관리법의 목적

공중이 이용하는 영업의 위생관리 등에 관한 사항을 규정함으로써 위생수준을 향상시켜 국민의 건강증진에 기여함을 목적으로 한다(법 제1조).

2 용어의 정의

① **공중위생영업** : 다수인을 대상으로 위생관리서비스를 제공하는 영업으로서 숙박업·목욕장업·이용업·미용업·세탁업·건물위생관리업 등을 말함
② **이용업** : 손님의 머리카락 또는 수염을 깎거나 다듬는 등의 방법으로 손님의 용모를 단정하게 하는 영업

Part 11 공중위생관리

③ **미용업**: 손님의 얼굴, 머리, 피부 및 손톱·발톱 등을 손질하여 손님의 외모를 아름답게 꾸미는 영업

④ **건물위생관리업**: 공중이 이용하는 건축물·시설물 등의 청결 유지와 실내공기 정화를 위한 청소 등을 대행하는 영업

2. 공중위생영업의 신고

1 영업신고
공중위생영업의 신고를 하려는 자는 공중위생영업의 종류별 시설 및 설비기준에 적합한 시설을 갖춘 후 신고서에 서류를 첨부하여 시장·군수·구청장에게 제출해야 한다.

2 영업신고의 첨부서류
① 영업시설 및 설비개요서
② 영업시설 및 설비의 사용에 관한 권리를 확보하였음을 증명하는 서류
③ 교육필증(미리 교육을 받은 경우에만 해당)

3 미용업의 시설 및 설비기준
① **미용업**
  ㉠ 미용업(일반), 미용업(손톱·발톱) 및 미용업(화장·분장)
  - 미용기구는 소독을 한 기구와 소독을 하지 아니한 기구를 구분하여 보관할 수 있는 용기를 비치하여야 한다.
  - 소독기·자외선 살균기 등 미용기구를 소독하는 장비를 갖추어야 한다.
  ㉡ 미용업(피부) 및 미용업(종합)
  - 미용기구는 소독을 한 기구와 소독을 하지 아니한 기구를 구분하여 보관할 수 있는 용기를 비치하여야 한다.
  - 소독기·자외선 살균기 등 미용기구를 소독하는 장비를 갖추어야 한다.
② **이용업**
  ㉠ 이용기구는 소독을 한 기구와 소독을 하지 아니한 기구를 구분하여 보관할 수 있는 용기를 비치하여야 한다.
  ㉡ 소독기·자외선 살균기 등 이용기구를 소독하는 장비를 갖추어야 한다.
  ㉢ 영업소 안에는 별실 그 밖에 이와 유사한 시설을 설치하여서는 아니 된다.

3. 변경신고

1 변경신고 사항
보건복지부령이 정하는 중요사항을 변경하고자 하는 자는 시장·군수·구청장에게 신고하여야 한다.
① 영업소의 명칭 또는 상호
② 영업소의 주소
③ 신고한 영업장 면적의 3분의 1 이상의 증감
④ 대표자의 성명 또는 생년월일
⑤ 업종 간 변경

2 변경신고 시 첨부서류
① 영업신고증
② 변경사항을 증명하는 서류

4. 폐업신고 및 영업의 승계

1 폐업신고
① 공중위생영업의 신고를 한 자는 공중위생영업을 폐업한 날부터 20일 이내에 시장·군수·구청장에게 신고하여야 한다. 다만, 영업신고를 하지 아니하거나 시설과 설비기준을 위반한 경우, 변경신고나 지위승계신고를 하지 아니한 경우에 따른 영업정지 등의 기간 중에는 폐업신고를 할 수 없다.
② 폐업신고 시 신고서를 첨부한다.

2 영업의 승계
① 공중위생영업자가 그 공중위생영업을 양도하거나 사망한 때 또는 법인의 합병이 있는 때에는 그 양수인·상속인 또는 합병 후 존속하는 법인이나 합병

에 의하여 설립되는 법인은 그 공중위생영업자의 지위를 승계한다.
② 민사집행법에 의한 경매,「채무자 회생 및 파산에 관한 법률」에 의한 환가나 국제징수법·관세법 또는 「지방세 징수법」에 의한 압류재산의 매각 그 밖에 이에 준하는 절차에 따라 공중위생영업 관련시설 및 설비의 전부를 인수한 자는 이 법에 의한 그 공중위생영업자의 지위를 승계한다.
③ 이용업 또는 미용업의 경우에는 면허를 소지한 자에 한하여 공중위생영업자의 지위를 승계할 수 있다.
④ 공중위생영업자의 지위를 승계한 자는 1월 이내에 보건복지부령이 정하는 바에 따라 시장·군수 또는 구청장에게 신고하여야 한다.

5. 공중위생영업자의 위생관리의무

공중위생영업자는 그 이용자에게 건강상 위해 요인이 발생하지 아니하도록 영업 관련 시설 및 설비를 위생적이고 안전하게 관리하여야 한다.

① **미용업자**
  ㉠ 의료기구와 의약품을 사용하지 아니하는 순수한 화장 또는 피부미용을 할 것
  ㉡ 미용기구는 소독을 한 기구와 소독을 하지 아니한 기구로 분리하여 보관하고, 면도기는 1회용 면도날만을 손님 1인에 한하여 사용할 것. 이 경우 미용기구의 소독 기준 및 방법은 보건복지부령으로 정한다.
  ㉢ 미용사 면허증을 영업소 안에 게시할 것

② **이용업자**
  ㉠ 이용기구는 소독을 한 기구와 소독을 하지 아니한 기구로 분리하여 보관하고, 면도기는 1회용 면도날만을 손님 1인에 한하여 사용할 것. 이 경우 이용기구의 소독 기준 및 방법은 보건복지부령으로 정한다.
  ㉡ 이용사 면허증을 영업소 안에 게시할 것
  ㉢ 이용업소 표시 등을 영업소 외부에 설치할 것

6. 공중이용시설의 위생관리 기준

① **미용업자**
  ㉠ 점 빼기, 귓볼 뚫기, 쌍꺼풀 수술, 문신, 박피술 그 밖에 이와 유사한 의료행위를 하여서는 아니 된다.
  ㉡ 피부미용을 위하여 「약사법」에 따른 의약품 또는 「의료기기법」에 따른 의료기기를 사용하여서는 아니 된다.
  ㉢ 미용기구 중 소독을 한 기구와 소독을 하지 아니한 기구는 각각 다른 용기에 넣어 보관하여야 한다.
  ㉣ 1회용 면도날은 손님 1인에 한하여 사용하여야 한다.
  ㉤ 영업장 안의 조명도는 75룩스 이상이 되도록 유지하여야 한다.
  ㉥ 영업소 내부에 미용업 신고증 및 개설자의 면허증 원본을 게시하여야 한다.
  ㉦ 영업소 내부에 최종지불요금표를 게시 또는 부착하여야 한다.
  ㉧ 신고한 영업장 면적이 66제곱미터 이상인 영업소의 경우 영업소 외부에도 손님이 보기 쉬운 곳에 「옥외광고물 등 관리법」에 적합하게 최종지불요금표를 게시 또는 부착하여야 한다. 이 경우 최종지불요금표에는 일부 항목(5개 이상)만을 표시할 수 있다.
  ㉨ 3가지 이상의 미용서비스를 제공하는 경우에는 개별 미용서비스의 최종지불가격 및 전체 미용서비스의 총액에 관한 내역서를 이용자에게 미리 제공하여야 한다. 이 경우 미용업자는 해당 내역서 사본을 1개월간 보관하여야 한다.

② **이용업자**
  ㉠ 이용기구 중 소독을 한 기구와 소독을 하지 아니한 기구는 각각 다른 용기에 넣어 보관하여야 한다.
  ㉡ 1회용 면도날은 손님 1인에 한하여 사용하여야 한다.

㉢ 영업장 안의 조명도는 75룩스 이상이 되도록 유지하여야 한다.
㉣ 영업소 내부에 이용업 신고증 및 개설자의 면허증 원본을 게시하여야 한다.
㉤ 영업소 내부에 부가가치세, 재료비 및 봉사료 등이 포함된 요금표(이하 "최종지불요금표"라 한다)를 게시 또는 부착하여야 한다.
㉥ 신고한 영업장 면적이 66제곱미터 이상인 영업소의 경우 영업소 외부(출입문, 창문, 외벽면 등을 포함한다)에도 손님이 보기 쉬운 곳에 「옥외광고물 등 관리법」에 적합하게 최종지불요금표를 게시 또는 부착하여야 한다. 이 경우 최종지불요금표에는 일부 항목(3개 이상)만을 표시할 수 있다.
㉦ 3가지 이상의 이용서비스를 제공하는 경우에는 개별 이용서비스의 최종지불가격 및 전체 미용서비스의 총액에 관한 내역서를 이용자에게 미리 제공하여야 한다. 이 경우 이용업자는 해당 내역서 사본을 1개월간 보관하여야 한다.

7. 이용사 및 미용사의 면허

1 면허발급 자격기준

이용사 또는 미용사가 되고자 하는 자는 보건복지부령이 정하는 바에 의하여 시장·군수·구청장의 면허를 받아야 한다.
① 전문대학 또는 이와 같은 수준 이상의 학력이 있다고 교육부장관이 인정하는 학교에서 이용 또는 미용에 관한 학과를 졸업한 자
② 「학점인정 등에 관한 법률」에 따라 대학 또는 전문대학을 졸업한 자와 같은 수준 이상의 학력이 있는 것으로 인정되어 이용 또는 미용에 관한 학위를 취득한 자
③ 고등학교 또는 이와 같은 수준의 학력이 있다고 교육부장관이 인정하는 학교에서 이용 또는 미용에 관한 학과를 졸업한 자
④ 초·중등교육법령에 따른 특성화고등학교, 고등기술학교나 고등학교 또는 고등기술학교에 준하는 각종학교에서 1년 이상 이용 또는 미용에 관한 소정의 과정을 이수한 자
⑤ 국가기술자격법에 의한 이용사 또는 미용사 자격을 취득한 자

2 면허 결격자

① 피성년후견인
② 「정신건강증진 및 정신질환자 복지서비스 지원에 관한 법률」에 따른 정신질환자. 다만, 전문의가 이용사 또는 미용사로서 적합하다고 인정하는 경우 예외
③ 공중의 위생에 영향을 미칠 수 있는 감염병 환자로서 보건복지부령이 정하는 자
④ 마약 기타 대통령령으로 정하는 약물 중독자
⑤ 면허가 취소된 후 1년이 경과되지 아니한 자

3 면허의 취소

시장·군수·구청장은 미용사가 다음 중 어느 하나에 해당하는 때에는 그 면허를 취소하거나 6월 이내의 기간을 정하여 그 면허의 정지를 명할 수 있다. 다만, ①, ③, ⑤, ⑥에 해당하는 경우에는 그 면허를 취소하여야 한다.
① 피성년후견인, 정신질환자 또는 마약 기타 대통령령으로 정하는 약물 중독자에 해당할 때
② 면허증을 다른 사람에게 대여한 때
③ 「국가기술자격법」에 따라 자격이 취소된 때
④ 「국가기술자격법」에 따라 자격정지처분을 받은 때(「국가기술자격법」에 따른 자격정지처분 기간에 한정한다)
⑤ 이중으로 면허를 취득한 때(나중에 발급받은 면허를 말한다)
⑥ 면허정지처분을 받고도 그 정지기간 중에 업무를 한 때
⑦ 「성매매 알선 등 행위의 처벌에 관한 법률」이나 「풍속영업의 규제에 관한 법률」을 위반하여 관계행정기관의 장으로부터 그 사실을 통보받은 때

4 면허신청 제출서류
① 졸업증명서 또는 학위증명서 1부
② 이수증명서 1부
③ 정신질환자가 아님을 증명하는 최근 6개월 이내의 의사의 진단서 또는 이용사 또는 미용사로서 적합하다고 인정하는 경우에는 이를 증명할 수 있는 전문의의 진단서 1부
④ 감염병 환자, 마약 기타 대통령령으로 정하는 약물중독자가 아님을 증명하는 최근 6개월 이내의 의사의 진단서 1부
⑤ 최근 6개월 이내에 찍은 가로 3.5cm, 세로 4.5cm의 탈모 정면 상반신 사진 1매

5 면허증의 재교부
① 이용사 또는 미용사 면허증의 기재사항에 변경이 있을 때
② 면허증을 잃어버린 때
③ 면허증이 헐어 못쓰게 된 때

6 면허의 반납
① 면허가 취소되거나 면허정지명령을 받은 자는 지체 없이 시장·군수·구청장에게 면허증을 반납한다.
② 면허정지에 의해 반납된 면허증은 그 면허정지 기간 동안 관할 시장·군수·구청장이 보관한다.

8. 미용사의 업무범위

1 미용사의 업무범위
미용사의 면허를 받은 자가 아니면 미용업을 개설하거나 그 업무에 종사할 수 없다. 다만, 미용사의 감독을 받아 미용업무의 보조를 행하는 경우에는 그러하지 아니한다.
① **미용사의 업무**
  ㉠ 미용업(일반) : 펌, 머리카락 자르기, 머리카락 모양내기, 머리피부 손질, 머리카락 염색, 머리감기, 의료기기나 의약품을 사용하지 아니하는 눈썹 손질을 하는 영업
  ㉡ 미용업(피부) : 의료기기나 의약품을 사용하지 아니하는 피부상태분석·피부관리·제모(除毛)·눈썹손질을 하는 영업
  ㉢ 미용업(네일) : 손톱과 발톱을 손질·화장하는 영업
  ㉣ 미용업(메이크업) : 얼굴 등 신체의 화장·분장 및 의료기기나 의약품을 사용하지 아니하는 눈썹손질을 하는 영업
  ㉤ 미용업(종합) : 미용업(일반), 미용업(피부), 미용업(네일)까지의 업무를 모두 하는 영업
② 이용 및 미용사의 업무범위에 관하여 필요한 사항은 보건복지부령으로 정한다.

영업소 외에서의 미용업무
① 질병·고령·장애나 그 밖의 사유로 영업소에 나올 수 없는 자에 대하여 이용 또는 미용을 하는 경우
② 혼례나 그 밖의 의식에 참여하는 자에 대하여 그 의식 직전에 이용 또는 미용을 하는 경우
③ 사회복지시설에서 봉사활동으로 이용을 하는 경우
④ 방송 등의 촬영에 참여하는 사람에 대하여 그 촬영 직전에 이용 또는 미용을 하는 경우
⑤ 특별한 사정이 있다고 시장·군수·구청장이 인정하는 경우

9. 행정 지도 감독

1 보고 및 출입·검사
① 시·도지사 또는 시장·군수·구청장은 공중위생관리상 필요하다고 인정하는 때에는 공중위생영업자에 대하여 필요한 보고를 하게 하거나 소속 공무원으로 하여금 영업소, 사무소 등에 출입하여 공중위생영업자의 위생관리의무 이행 등에 대하여 검사하게 하거나 필요에 따라 공중위생영업 장부나 서류를 열람하게 할 수 있다.
② 관계공무원은 그 권한을 표시하는 증표를 지녀야 하며, 관계인에게 이를 내보여야 한다.

② 영업 제한

시·도지사는 공익상 또는 선량한 풍속을 유지하기 위하여 필요하다고 인정하는 때에는 공중위생영업자 및 종사원에 대하여 영업시간 및 영업행위에 관한 필요한 제한을 할 수 있다.

③ 위생지도 및 개선명령

시·도지사 또는 시장·군수·구청장은 다음에 해당하는 자에 대하여 보건복지부령으로 정하는 바에 따라 기간을 정하여 그 개선을 명할 수 있다.
① 공중위생영업의 종류별 시설 및 설비기준을 위반한 공중위생영업자
② 위생관리의무 등을 위반한 공중위생영업자

10. 공중위생영업소의 폐쇄

① 영업소 폐쇄

① 시장·군수·구청장은 공중위생영업자가 다음의 어느 하나에 해당하면 6월 이내의 기간을 정하여 영업의 정지 또는 일부 시설의 사용중지를 명하거나 영업소 폐쇄 등을 명할 수 있다.
  ㉠ 영업신고를 하지 아니하거나 시설과 설비기준을 위반한 경우
  ㉡ 변경신고를 하지 아니한 경우
  ㉢ 지위승계 신고를 하지 아니한 경우
  ㉣ 공중위생영업자의 위생관리의무 등을 지키지 아니한 경우
  ㉤ 영업소 외의 장소에서 이용 또는 미용업무를 한 경우
  ㉥ 보고를 하지 아니하거나 거짓으로 보고한 경우 또는 관계공무원의 출입·검사 또는 공중위생영업 장부 또는 서류의 열람을 거부·방해하거나 기피한 경우
  ㉦ 개선명령을 이행하지 아니한 경우
  ㉧ 「성매매 알선 등 행위의 처벌에 관한 법률」, 「풍속영업의 규제에 관한 법률」, 「청소년 보호법」, 「아동·청소년의 성보호에 관한 법률」 또는 「의료법」을 위반하여 관계행정기관의 장으로부터 그 사실을 통보받은 경우
② 시장·군수·구청장은 영업정지처분을 받고도 그 영업정지기간에 영업을 한 경우에는 영업소 폐쇄를 명할 수 있다.
③ 시장·군수·구청장은 다음의 어느 하나에 해당하는 경우에는 영업소 폐쇄를 명할 수 있다.
  ㉠ 공중위생영업자가 정당한 사유없이 6개월 이상 계속 휴업하는 경우
  ㉡ 공중위생영업자가 「부가가치세법」에 따라 관할 세무서장에게 폐업신고를 하거나 관할세무서장이 사업자등록을 말소한 경우
④ 행정처분의 세부기준은 그 위반행위의 유형과 위반 정도 등을 고려하여 보건복지부령으로 정한다.
⑤ 시장·군수·구청장은 공중위생영업자가 영업소 폐쇄명령을 받고도 계속하여 영업을 하는 때에는 관계공무원으로 하여금 해당 영업소를 폐쇄하기 위하여 다음의 조치를 하게 할 수 있다. 신고를 하지 아니하고 공중위생영업을 하는 경우에도 또한 같다.
  ㉠ 해당 영업소의 간판 기타 영업표지물의 제거
  ㉡ 해당 영업소가 위법한 영업소임을 알리는 게시물 등의 부착
  ㉢ 영업을 위하여 필수불가결한 기구 또는 시설물을 사용할 수 없게 하는 봉인
⑥ 시장·군수·구청장은 봉인을 한 후 다음의 사유가 있을 때 다시 봉인을 해제할 수 있다.
  ㉠ 봉인을 계속할 필요가 없다고 인정되는 때
  ㉡ 영업자 등이나 그 대리인이 당해 영업소를 폐쇄할 것을 약속하는 때
  ㉢ 정당한 사유를 들어 봉인 해제를 요청하는 때
  ㉣ 해당 영업소가 위법한 영업소임을 알리는 게시물 등의 부착 규정에 의한 게시물 등의 제거를 요청하는 경우

② 과징금 처분

① 영업정지가 이용자에게 심한 불편을 주거나 공익을 해할 우려가 있는 경우 영업정지 처분에 갈음하

여 1억 원 이하의 과징금을 부과한다.
② 과징금을 부과하는 위반행위의 종별, 정도 등에 따른 과징금의 금액 등에 관하여 필요한 사항은 대통령령으로 정한다.
③ 과징금을 납부할 자가 납부기간까지 납부하지 아니한 경우 ① 항목에 따른 과징금 부과처분을 취소하고, 영업정지 처분을 하거나 지방행정제재·부과금의 징수 등에 관한 법률에 따라 징수한다.
④ 부과·징수한 과징금은 당해 시·군·구에 귀속된다.
⑤ 시장 군수 구청장은 과징금의 징수를 위하여 필요한 경우에는 다음 각 호의 사항을 기재한 문서로 관할세무관서의 장에게 과세정보의 제공을 요청할 수 있다.
  ㉠ 납세자의 인적사항
  ㉡ 사용목적
  ㉢ 과징금 부과기준이 되는 매출금액

11. 공중위생영업의 위생관리

① 위생서비스 수준평가
① 시·도지사는 공중위생영업소의 위생관리수준을 향상시키기 위하여 위생서비스 평가계획을 수립하여 시장·군수·구청장에게 통보하여야 한다.
② 시장·군수·구청장은 평가계획에 따라 관할지역별 세부평가계획을 수립한 후 공중위생영업소의 위생서비스 수준을 평가하여야 한다.
③ 시장·군수·구청장은 위생서비스 평가의 전문성을 높이기 위하여 필요하다고 인정하는 경우에는 관련 전문기관 및 단체로 하여금 위생서비스 평가를 실시하게 할 수 있다.
④ 위생서비스 평가의 주기, 방법, 위생관리등급의 기준, 기타 평가에 관하여 필요한 사항은 보건복지부령으로 정한다.
⑤ 위생서비스 수준평가는 2년마다 실시하고 필요 시 보건복지부장관이 고시하는 바에 의하여 공중위생영업의 종류 또는 위생관리등급 별로 평가주기를 달리할 수 있다.

② 위생관리등급 및 공표
① **위생관리등급의 평가**
  ㉠ 최우수업소: 녹색등급
  ㉡ 우수업소: 황색등급
  ㉢ 일반관리 대상업소: 백색등급
② **위생관리등급의 공표 등**
  ㉠ 시장·군수·구청장은 보건복지부령이 정하는 바에 의하여 위생서비스 평가의 결과에 따른 위생관리등급을 해당 공중위생영업자에게 통보하고 이를 공표하여야 한다.
  ㉡ 공중위생업자는 시장·군수·구청장으로부터 통보받은 위생관리등급의 표시를 영업소의 명칭과 함께 영업소의 출입구에 부착할 수 있다.
  ㉢ 시·도지사 또는 시장·군수·구청장은 위생서비스 평가의 결과 위생서비스의 수준이 우수하다고 인정되는 영업소에 대하여 포상을 실시할 수 있다.
  ㉣ 시·도지사 또는 시장·군수·구청장은 위생서비스 평가의 결과에 따른 위생관리등급별로 영업소에 대한 위생 감시를 실시하여야 한다. 이 경우 영업소에 대한 출입·검사와 위생 감시의 실시 주기 및 횟수 등 위생관리등급별 위생 감시기준은 보건복지부령으로 정한다.

12. 위생교육

① 영업자 위생교육
① **위생교육 횟수 및 시간**: 매년 3시간
② 공중위생영업 신고를 하고자 하는 자는 미리 위생교육을 받아야 한다. 다만, 부득이한 사유로 미리 교육을 받을 수 없는 경우에는 영업개시 후 6개월 안에 위생교육을 받을 수 있다.
③ 규정에 따른 위생교육을 받아야 하는 자 중 영업에 직접 종사하지 아니하거나 2인 이상의 장소에서 영업을 하는 자는 종업원 중 영업장 별로 공중위생에 관한 책임자를 지정하고 그 책임자로 하여금 위생교육을 받게 하여야 한다.

④ 규정에 따른 위생교육은 보건복지부장관이 허가한 단체가 실시할 수 있다.
⑤ 규정에 따른 위생교육의 방법·절차 등에 관하여 필요한 사항은 보건복지부령으로 정한다.
⑥ 위생교육의 내용은 「공중위생관리법」 및 관련법규, 소양교육, 기술교육, 그 밖에 공중위생에 관하여 필요한 내용으로 한다.
⑦ 동일한 공중위생영업자가 둘 이상의 미용업을 같은 장소에서 하는 경우에는 그 중 하나의 미용업에 대한 위생교육을 받으면 나머지 미용업에 대한 위생교육도 받은 것으로 본다.
⑧ 위생교육 대상자 중 보건복지부장관이 고시하는 도서·벽지 지역에서 영업을 하고 있거나 하려는 자에 대하여는 교육교재를 배부하여 이를 익히고 활용하도록 함으로써 교육에 갈음할 수 있다.
⑨ 위생교육 대상자 중 「부가가치세법」에 따른 휴업신고를 한 자에 대해서는 휴업신고를 한 다음 해부터 영업을 재개하기 전까지 위생교육을 유예할 수 있다.
⑩ 영업신고 전에 위생교육을 받아야 하는 자 중 다음의 어느 하나에 해당하는 자는 영업신고를 한 후 6개월 이내에 위생교육을 받을 수 있다.
　㉠ 천재지변, 본인의 질병·사고, 업무상 국외출장 등의 사유로 교육을 받을 수 없는 경우
　㉡ 교육을 실시하는 단체의 사정 등으로 미리 교육을 받기 불가능한 경우
⑪ 위생교육을 받은 자가 위생교육을 받은 날부터 2년 이내에 위생교육을 받은 업종과 같은 업종의 영업을 하려는 경우에는 해당 영업에 대한 위생교육을 받은 것으로 본다.
⑫ 위생교육을 실시하는 단체는 보건복지부장관이 고시한다.

13. 공중위생감시원의 자격 및 임명

1 공중위생감시원

① 공중위생영업의 신고 및 폐업신고·승계, 공중위생영업자의 위생관리의무, 이용사 및 미용사의 업무범위, 공중위생영업소의 폐쇄 등 규정에 의한 관계 공무원의 업무를 행하게 하기 위하여 특별시·광역시·도 및 시·군·구(자치구에 한함)에 공중위생감시원을 둔다.
② 공중위생감시원의 자격·임명·업무범위 기타 필요한 사항은 대통령령으로 정한다.

2 공중위생감시원의 자격 및 임명

① 공중위생감시원의 규정에 의하여 시·도지사, 시장·군수·구청장은 다음에 해당하는 소속공무원 중에서 공중위생감시원을 임명한다.
　㉠ 위생사 또는 환경기사 2급 이상의 자격증이 있는 사람
　㉡ 고등교육법에 따른 대학에서 화학·화공학·환경공학 또는 위생학 분야를 전공하고 졸업한 사람 또는 법령에 따라 이와 같은 수준 이상의 학력이 있다고 인정되는 사람
　㉢ 외국에서 위생사 또는 환경기사의 면허를 받은 사람
　㉣ 1년 이상 공중위생 행정에 종사한 경력이 있는 사람
② 공중위생감시원의 인력확보가 곤란하다고 인정되는 때에는 공중위생행정에 종사하는 사람 중 공중위생 감시에 관한 교육훈련을 2주 이상 받은 사람을 공중위생행정에 종사하는 기간 동안 공중위생감시원으로 임명할 수 있다.

3 공중위생감시원의 업무범위

① 시설 및 설비의 확인
② 공중위생영업 관련 시설 및 설비의 위생상태 확인·검사, 공중위생영업자의 위생관리 의무 및 영업자 준수사항 이행 여부 확인
③ 위생지도 및 개선명령 이행 여부 확인
④ 공중위생업소의 영업의 정지, 일부 시설의 사용중지 또는 영업소 폐쇄명령 이행 여부의 확인
⑤ 위생교육 이행 여부의 확인

> **청문을 실시해야 하는 경우**
> - 신고사항의 직권 말소
> - 미용사의 면허취소 또는 면허정지
> - 영업정지명령, 일부 시설의 사용중지명령 또는 영업소 폐쇄명령

④ 명예공중위생감시원의 자격 등
① 시·도지사는 공중위생의 관리를 위한 지도, 계몽 등을 행하게 하기 위하여 명예공중위생감시원을 둘 수 있다.
② 명예공중위생감시원의 자격 및 위촉방법, 업무 범위 등에 관하여 필요한 사항은 대통령령으로 정한다.
③ 명예감시원의 자격
  ㉠ 공중위생에 대한 지식과 관심이 있는 자
  ㉡ 소비자 단체, 공중위생관련 협회 또는 단체의 소속직원 중에서 당해 단체 등의 장이 추천하는 자
④ 명예감시원의 업무
  ㉠ 공중위생감시원이 행하는 검사 대상물의 수거 지원
  ㉡ 법령 위반행위에 대한 신고 및 자료 제공
  ㉢ 그 밖에 공중위생에 관한 홍보·계몽 등 공중위생관리업무와 관련하여 시·도지사가 따로 정하여 부여하는 업무
⑤ 시·도지사는 명예감시원의 활동 지원을 위하여 예산의 범위 안에서 시·도지사가 정하는 바에 따라 수당을 지급할 수 있다.
⑥ 명예감시원의 운영에 관하여 필요한 사항은 시·도지사가 정한다.

14. 벌칙 및 과태료

① 벌칙
① **1년 이하의 징역 또는 1천만 원 이하의 벌금**
  ㉠ 공중위생영업의 신고를 하지 아니한 자
  ㉡ 영업정지명령 또는 일부 시설의 사용중지명령을 받고도 그 기간 중에 영업을 하거나 그 시설을 사용한 자
  ㉢ 영업소 폐쇄명령을 받고도 계속하여 영업을 하는 자
② **6월 이하의 징역 또는 500만 원 이하의 벌금**
  ㉠ 공중위생영업의 변경신고를 하지 아니한 자
  ㉡ 공중위생영업자의 지위를 승계한 자로서 규정에 의한 신고를 하지 아니한 자
  ㉢ 건전한 영업질서를 위하여 영업자가 준수하여야 할 사항을 준수하지 아니한 자
③ **300만 원 이하의 벌금**
  ㉠ 면허증을 빌려주거나 빌린 사람
  ㉡ 면허증을 빌려주거나 빌리는 것을 알선한 사람
  ㉢ 면허의 취소 또는 정지 중에 이용업 또는 미용업을 한 사람
  ㉣ 면허를 받지 아니하고 이용업 또는 미용업을 개설하거나 그 업무에 종사한 사람

② 과태료
① **300만 원 이하의 과태료**
  ㉠ 규정에 의한 보고를 하지 아니하거나 관계공무원의 출입·검사, 기타 조치를 거부·방해 또는 기피한 자
  ㉡ 개선명령에 위반한 자
  ㉢ 이용업소 표시등을 설치한 자
② **200만 원 이하의 과태료**
  ㉠ 미용업소의 위생관리 의무를 지키지 아니한 자
  ㉡ 영업소 외의 장소에서 이용 또는 미용업무를 행한 자
  ㉢ 위생교육을 받지 아니한 자
③ **100만 원 이하의 과태료**
  위생사의 명칭을 사용한 자
④ **과태료 부과 및 징수**
  과태료는 대통령령으로 정하는 바에 따라 보건복지부장관 또는 시장·군수·구청장이 부과·징수한다.

Part 11 공중위생관리

15. 행정처분 기준

1 기타 법규사항

위반사항	행정처분기준				관련법규
	1차 위반	2차 위반	3차 위반	4차 위반	
가. 영업신고를 하지 않거나 시설과 설비기준을 위반한 경우					법 제11조 제1항 제1호
(1) 영업신고를 하지 않은 경우	영업장 폐쇄명령				
(2) 시설 및 설비기준을 위반한 경우	개선명령	영업정지 15일	영업정지 1월	영업장 폐쇄명령	
나. 변경신고를 하지 않은 경우					법 제11조 제1항 제2호
(1) 신고를 하지 않고 영업소의 명칭 및 상호 또는 영업장 면적의 3분의 1 이상을 변경한 경우	경고 또는 개선명령	영업정지 15일	영업정지 1월	영업장 폐쇄명령	
(2) 신고를 하지 아니하고 영업소의 소재지를 변경한 경우	영업정지 1월	영업정지 2월	영업장 폐쇄명령		
다. 지위승계신고를 하지 않은 경우	경고	영업정지 10일	영업정지 1월	영업장 폐쇄명령	법 제11조 제1항 제3호
라. 공중위생영업자의 위생관리의무 등을 지키지 않은 경우					법 제11조 제1항 제4호
(1) 소독을 한 기구와 소독을 하지 않은 기구를 각각 다른 용기에 넣어 보관하지 않거나 1회용 면도날을 2인 이상의 손님에게 사용한 경우	경고	영업정지 5일	영업정지 10일	영업장 폐쇄명령	
(2) 피부미용을 위하여 「약사법」에 따른 의약품 또는 「의료기기법」에 따른 의료기기를 사용한 경우	영업정지 2월	영업정지 3월	영업장 폐쇄명령		
(3) 점 빼기·귓볼 뚫기·쌍꺼풀 수술·문신·박피술 그 밖에 이와 유사한 의료행위를 한 경우	영업정지 2월	영업정지 3월	영업장 폐쇄명령		
(4) 미용업 신고증 및 면허증 원본을 게시하지 않거나 업소 내 조명도를 준수하지 않은 경우	경고 또는 개선명령	영업정지 5일	영업정지 10일	영업장 폐쇄명령	
(5) 개별 미용서비스의 최종 지불가격 및 전체 미용서비스의 총액에 관한 내역서를 이용자에게 미리 제공하지 않은 경우	경고	영업정지 5일	영업정지 10일	영업정지 1월	
마. 면허정지 및 면허취소 사유에 해당하는 경우					법 제7조 제1항
(1) 피성년후견인, 정신질환자, 감염병환자, 약물중독자	면허취소				
(2) 면허증을 다른 사람에게 대여한 경우	면허정지 3월	면허정지 6월	면허취소		
(3) 「국가기술자격법」에 따라 자격이 취소된 경우	면허취소				
(4) 「국가기술자격법」에 따라 자격정지처분을 받은 경우(「국가기술자격법」에 따른 자격정지처분 기간에 한정한다)	면허정지				
(5) 이중으로 면허를 취득한 경우(나중에 발급받은 면허를 말한다)	면허취소				
(6) 면허정지처분을 받고도 그 정지기간 중 업무를 한 경우	면허취소				

위반사항	행정처분기준				관련법규
	1차 위반	2차 위반	3차 위반	4차 위반	
바. 업소 외의 장소에서 미용업무를 한 경우	영업정지 1월	영업정지 2월	영업장 폐쇄명령		법 제11조 제1항 제5호
사. 보고를 하지 않거나 거짓으로 보고한 경우 또는 관계공무원의 출입, 검사 또는 공중위생영업 장부 또는 서류의 열람을 거부·방해하거나 기피한 경우	영업정지 10일	영업정지 20일	영업정지 1월	영업장 폐쇄명령	법 제11조 제1항 제6호
아. 개선명령을 이행하지 않은 경우	경고	영업정지 10일	영업정지 1월	영업장 폐쇄명령	법 제11조 제1항 제7호
자. 「성매매 알선 등 행위의 처벌에 관한 법률」, 「풍속영업의 규제에 관한 법률」, 「청소년 보호법」, 「아동·청소년의 성보호에 관한 법률」 또는 「의료법」을 위반하여 관계행정기관의 장으로부터 그 사실을 통보받은 경우					법 제11조 제1항 제8호
(1) 손님에게 성매매 알선 등 행위 또는 음란행위를 하게 하거나 이를 알선 또는 제공한 경우					
① 영업소	영업정지 3월	영업장 폐쇄명령			
② 미용사	면허정지 3월	면허취소			
(2) 손님에게 도박 그 밖에 사행행위를 하게 한 경우	영업정지 1월	영업정지 2월	영업장 폐쇄명령		
(3) 음란한 물건을 관람·열람하게 하거나 진열 또는 보관한 경우	경고	영업정지 15일	영업정지 1월	영업장 폐쇄명령	
(4) 무자격 안마사로 하여금 안마사의 업무에 관한 행위를 하게 한 경우	영업정지 1월	영업정지 2월	영업장 폐쇄명령		
차. 영업정지 처분을 받고도 그 영업정지기간에 영업을 한 경우	영업장 폐쇄명령				법 제11조 제2항
카. 공중위생영업자가 정당한 사유없이 6개월 이상 계속 휴업하는 경우	영업장 폐쇄명령				법 제11조 제3항 제1호
타. 공중위생영업자가 「부가가치세법」 제8조에 따라 관할세무서장에게 폐업신고를 하거나 관할세무서장이 사업자등록을 말소한 경우	영업장 폐쇄명령				법 제11조 제3항 제2호

실전모의고사

제1회 실전모의고사

01 네일의 역사에 관한 설명으로 거리가 먼 것은?

① 그리스 · 로마시대에는 남성들의 전유물로서 손톱관리를 시작하였다.
② 1957년 근대적 페디큐어가 등장하였다.
③ B.C. 3000년경에 신분과 상관없이 손톱 염색이 허용되었다.
④ 1800년대 이후 네일이 대중화되기 시작하였다.

 해설
B.C. 3000년경에 신분이 높은 상류층부터 손톱 염색이 허용되었다.

02 네일아티스트의 자세로 틀린 것은?

① 고객과 신뢰감이 생기도록 노력한다.
② 필요한 제품은 준비가 되어 있는지 확인한다.
③ 고객관리는 원장이 도맡아서 한다.
④ 고객응대를 잘하는 사람이 프로라고 할 수 있다.

 해설
고객관리에 있어 원장 혼자가 아닌 직원도 하나의 공동체가 되어 상호관리가 이루어져야 한다.

03 고대 이집트에서 네일의 색상을 표현하기 위해 사용된 추출물은?

① 관목에서 추출한 헤나
② 달걀의 흰자위
③ 고무나무 추출액
④ 황토빛 흙

 해설
고대 이집트에서는 관목에서 추출한 헤나(Henna)라는 붉은 오렌지색 추출물로 손톱을 염색하였다.

04 네일을 최초로 시작한 나라는?

① 일본   ② 중국
③ 그리스   ④ 고대 이집트

 해설
고대 이집트는 B.C. 3000년경에 관목에서 추출한 헤나로 손톱을 염색하였다.

05 다음 중 푸셔에 대한 설명으로 옳지 않은 것은?

① 큐티클을 밀어 올릴 때 15°로 사용한다.
② 너무 세게 밀어 손톱표면이 상하지 않도록 주의한다.
③ 금속으로 된 메탈푸셔를 주로 사용한다.
④ 스톤푸셔는 고운 돌로 되어 있는 푸셔로 주로 정리되지 않은 거스러미 제거에 사용된다.

 해설
큐티클은 45°로 밀어 올린다.

06 모든 네일시술에서 제일 첫 번째로 하는 과정은?

① 폴리시 제거
② 손톱모양잡기
③ 손 소독하기
④ 표면 샌딩하기

 해설
모든 시술 전에는 항상 손 소독부터 한다.

07 갈라지고 찢어지는 약한손톱을 튼튼하게 해주는 것은?

① 안티셉틱   ② 네일 띠너
③ 네일 보강제   ④ 톱 코트

네일 보강제
네일 보강제는 갈라지거나 찢어지는 약한손톱에 발라 네일을 튼튼하게 해주는 강화제이다.

08 다음 중 실크 랩의 장점이 아닌 것은?
① 일시적이다.　　② 강하다.
③ 투명하다.　　　④ 부드럽다.

실크 랩
실크와 글루, 필러파우더를 이용해 손톱길이를 연장해 주는 시술을 말한다. 가볍고 투명도가 높으며 자연스러운 인조네일을 연출할 수 있다.

09 습식매니큐어 시술에 대한 설명 중 옳은 것은?
① 파일링은 힘주어 지그재그로 한다.
② 파일링은 양 옆에서 중앙으로 한다.
③ 큐티클은 최대한 세게 밀어 올린다.
④ 유분기는 소량만 제거해도 별 무리가 없다.

라운드형로 파일링할 때는 파일을 비비지 않고 양 사이드에서 중앙으로 한다.

10 베이스 코트에 대한 설명으로 옳은 것은?
① 유색 폴리시 위에 바른다.
② 폴리시 위에 광택을 준다.
③ 폴리시의 밀착력을 높인다.
④ 색이 진하고 불투명하다.

해설
베이스 코트는 폴리시를 바르기 전에 발라 손톱을 보호하고 컬러의 밀착력을 높인다.

11 자연네일에 팁을 접착할 때 적당한 각도는?
① 30°　　　　　② 35°
③ 45°　　　　　④ 90°

해설
팁은 웰 부분에 글루를 바른 후 45°로 내려서 부착한다.

12 팁을 접착할 때 글루를 바르는 부분은?
① 네일 베드　　② 큐티클
③ 네일 매트릭스　④ 네일 웰

네일 웰(Well)
자연네일과 팁이 접착되는 부분을 말한다. 종류로는 하프 웰(Half Well)과 풀웰(Full Well)이 있다.

13 젤네일 시술에서 스프레이 형태의 응고제를 분사하여 굳게 하는 방법은 무엇인가?
① 라이트 큐어드 젤
② 노 라이트 큐어드 젤
③ 클리어 젤
④ 톱젤

노 라이트 큐어드 젤은 스프레이 형태의 응고제를 분사하여 굳게 하는 방법이다.

14 핫 오일 매니큐어를 시술할 때 히터에서 데우는 시간으로 옳은 것은?
① 5~10분　　　② 10~15분
③ 15~20분　　　④ 20~25분

플라스틱 용기에 로션을 1/2 정도 넣어 10~15분 정도 미리 데운다.

정답

01	02	03	04	05	06	07	08
③	③	①	④	①	③	③	①
09	10	11	12	13	14		
②	③	③	④	②	②		

15 드릴머신의 용도와 거리가 먼 것은?

① 인조네일 보수
② 큐티클 손질
③ 굳은살 밀어 올리기
④ 네일 상태 진단

 해설
드릴머신은 인조네일을 보수·제거하고 굳은살을 밀어 올리며 큐티클을 손질하는 데 사용한다.

16 아크릴릭 네일의 화학적 성분으로 틀린 것은?

① 폴리머
② 모노머
③ 아세톤
④ 카탈리스트

 해설
아세톤은 리무버의 화학적 성분이다.

17 아크릴릭 네일시술 시 적당한 자연네일의 pH는?

① pH 4.5~5.5
② pH 5.5~6.5
③ pH 7.5~8.5
④ pH 8.5~9.5

 해설
아크릴릭 네일시술 시 자연네일을 약산성(pH 4.5~5.5)으로 만들기 위해 프라이머를 바른다.

18 매니큐어 시술에 관한 설명으로 옳은 것은?

① 손톱모양을 만들때 양쪽 방향으로 파일링한다.
② 큐티클은 상조피 바로 밑 부분까지 깨끗하게 제거한다.
③ 네일 폴리시를 바르기 전에 유분기는 깨끗하게 제거한다.
④ 자연네일이 약한 고객은 네일컬러링 후 톱 코트(Top Coat)를 2회 바른다.

 해설
① 한쪽 방향으로 파일링해야 한다.
② 큐티클을 너무 많이 제거하면 감염이 발생할 수 있다.
④ 자연네일이 약한 고객은 네일 보강제를 발라준다.

19 다음 중 젤의 특성으로 옳은 것은?

① 상온에서 굳지 않는다.
② 모노머와 폴리머의 혼합으로 만들어진다.
③ 별도의 카탈리스트가 필요하다.
④ 리프팅이 심하다.

 해설
젤은 자외선을 받기 전에는 굳지 않아 원하는 모양을 연출할 수 있다.

20 프라이머에 대한 설명 중 틀린 것은?

① 프라이머는 반드시 한 번만 발라야 한다.
② 산성제품이다.
③ 피부에 묻으면 가렵다.
④ 방부제의 역할을 한다.

 해설
프라이머는 네일 폼을 끼우는 과정 전과 후에 바른다.

21 네일루트(조근)의 일부로 케라틴과 세포를 생성하는 곳은?

① 네일바디
② 네일 매트릭스
③ 오니콕시스
④ 오니코파지

 해설
네일 매트릭스는 조근 밑에 위치하여 손톱 각질세포의 생성과 성장에 관여하며 혈관, 신경, 림프관이 있다.

22 건강한 손톱의 조건이 아닌 것은?

① 네일 베드에 유연하게 부착되어 있어야 한다.
② 12~18%의 수분을 함유해야 한다.
③ 색상은 연한 핑크색이어야 한다.
④ 탄력성을 지니고 있어야 한다.

 해설
네일 베드에 단단히 부착되어 있어야 한다.

23 니버스(nevus)에 대한 설명 중 틀린 것은?

① 멜라닌 착색에 의해 발생한다.
② 손톱 주위의 조직이 박테리아에 감염된 증상이다.
③ 모반, 점이라고도 한다.
④ 검은색의 멜라닌 침착현상이 생긴다.

해설
손톱 주위의 조직이 박테리아에 감염된 증상은 파로니키아이다.

24 꾸준한 네일아트 시술을 통해 완화시킬 수 있는 증상은?

① 오니코프토시스   ② 오니코그리포시스
③ 파로니키아   ④ 테리지움

해설
테리지움
큐티클이 과다하게 자라는 증상으로 꾸준한 네일관리를 통해 완화시킬 수 있다.

25 황록색 반점으로 시작하여 네일이 점점 검게 변하고 결국 떨어져 나가는 증상은 어떤 균에 의해 발생하는가?

① 임균   ② 사상균
③ 포도상구균 ④ 구균

해설
사상균증(몰드)
자연네일과 인조네일 사이로 습기가 스며들고 사상균이 서식하면서 발생하는 진균 염증 상태의 곰팡이다. 색이 점점 검게 변하고 나쁜 냄새가 나며 네일이 떨어져나갈 수 있다.

26 손톱의 특성으로 틀린 것은?

① 아미노산과 시스테인이 많이 포함되어 있다.
② 촉각에 해당하는 지각신경이 집중되어 있다.
③ 35%의 수분을 함유하고 있다.
④ 피부의 부속물이고 털은 없다.

해설
손톱은 아미노산과 시스테인이 많이 포함되어 있으며, 수분은 12~18%를 함유하고 있다.

27 네일 베드의 설명으로 틀린 것은?

① 네일 위에 위치하고 있다.
② 혈관과 신경세포가 분포되어 있다.
③ 수분을 공급하는 역할을 한다.
④ 네일의 신진대사에 관여한다.

해설
네일 베드는 네일 밑에 위치하여 네일바디를 받치고 있으며 밑부분에 혈관과 신경세포가 분포되어 네일의 신진대사에 관여하고 수분을 공급한다.

28 수근골에 해당하는 뼈가 아닌 것은?

① 손목뼈   ② 콩알뼈
③ 손허리뼈   ④ 알머리뼈

해설
수근골(Carpal Bones, 손목뼈)
손목뼈, 반달뼈, 세모뼈, 콩알뼈, 큰마름뼈, 작은마름뼈, 알머리뼈, 갈고리뼈의 8개의 작고 불규칙한 뼈들이 인대로 결합되어 있다.

29 네일길이 연장을 위한 아크릴릭 시술 시 받침대 역할을 하는 것은?

① 팁   ② 실크
③ 폼   ④ 프라이머

해설
폼
아크릴릭 시술 시 손톱 밑에 끼우는 틀로, 손톱모양을 잡아주는 받침대 역할을 한다.

정답

| 15 | ④ | 16 | ③ | 17 | ① | 18 | ③ | 19 | ① | 20 | ① | 21 | ② | 22 | ① |
| 23 | ② | 24 | ④ | 25 | ② | 26 | ③ | 27 | ① | 28 | ③ | 29 | ③ | | |

제1회 실전모의고사

30 일반적으로 남성들이 가장 선호하는 손톱모양은?

① 스퀘어모양 ② 라운드모양
③ 오벌모양 ④ 포인트모양

 해설
라운드모양
약하고 짧은손톱에 적합하며, 주로 남성들이 가장 선호한다.

31 아크릴릭의 보수 기간으로 적당한 것은?

① 1~2주 ② 3~4주
③ 4~5주 ④ 5~6주

 해설
아크릴릭은 1~2주에 한 번은 보수해야 오래 유지된다. 적절한 시기에 보수하지 않으면 몰드와 곰팡이 같은 질환이 발생할 수 있다.

32 자연네일이 건조하거나 피부가 건성일 때 적당한 매니큐어 시술 방법은?

① 습식매니큐어
② 프렌치 매니큐어
③ 파라핀 매니큐어
④ 아크릴 매니큐어

 해설
파라핀 매니큐어는 모공을 열어 피부에 영양과 유·수분을 공급하므로 자연네일이나 피부가 건조할 때 시술하기 적합하다.

33 필러파우더에 대한 설명으로 옳은 것은?

① 갈라지거나 들뜬손톱을 보강하는 데 사용한다.
② 큐티클을 녹인다.
③ 네일컬러의 변색을 막는다.
④ 인조네일을 연결한다.

34 젤 클리너의 기능으로 옳지 않은 것은?

① 젤의 끈적임을 제거한다.
② 파일링 후 이물질을 제거한다.
③ 투명도를 높인다.
④ 젤의 접착력을 높인다.

 해설
젤 클리너는 젤의 끈적임과 파일링 후의 이물질을 제거하고, 젤의 투명도를 높인다.

35 바이러스에 대한 설명과 거리가 먼 것은?

① 병원체의 균으로 박테리아보다 1/100 정도가 작다.
② 습기가 많은 곳에서 번식한다.
③ 가장 치명적인 바이러스는 후천성 면역결핍증이다.
④ 리케차는 바이러스성 감염이다.

 해설
리케차는 박테리아보다 작고 바이러스보다 큰 조직으로 이, 벼룩, 진드기에 의해 감염된다.

36 135℃에서 2초간 접촉시키는 멸균법은?

① 초고온순간멸균법
② 유통증기멸균법
③ 고압증기멸균법
④ 저온멸균법

 해설
초고온순간멸균법은 135℃에서 2초간 멸균하는 방법이다.

37 미생물 중에서 가장 작아 세균여과기로 분리할 수 없으며, 생체세포에서만 증식하는 것은?

① 곰팡이 ② 효모
③ 바이러스 ④ 리케차

바이러스
미생물 중에서 가장 작은 세포로 전자현미경을 통해서만 확인할 수 있다.

38 미생물 증식에 영향을 주는 요인과 관계가 없는 것은?

① 온도
② 수소이온농도
③ 수분
④ 호흡

미생물의 증식에 영향을 주는 요인은 온도, pH, 건조, 압력, 수분, 방사선, 광선 및 침투압 등이 있다.

39 건강한 피부나 비강에 기생하며 국부감염을 일으키는 균은?

① 연쇄상구균　② 포도상구균
③ 바이러스구균　④ 호균

포도상구균은 세포가 불규칙하게 모여서 포도송이 형태를 띤 세균으로, 식중독의 원인이 되기도 한다.

40 피부의 구조에 해당하지 않는 것은?

① 표피층　② 진피층
③ 피하조직층　④ 승모근층

승모근은 어깨 근육이다.

41 멜라닌색소를 함유하고 있는 층은?

① 유극층　② 각질층
③ 투명층　④ 기저층

해설
기저층
피부 표면의 상태를 결정짓는 중요한 층으로 세포분열을 통해 새로운 세포를 생성하며, 멜라닌형성세포가 있어 피부색과 모발색을 결정한다.

42 각화주기(Turn Over Process)로 옳은 것은?

① 10일　② 18일
③ 28일　④ 40일

기저층에서 각질형성세포가 생성된 후 떨어져나갈 때까지 걸리는 시간은 약 28일이며, 이것을 각화주기라고 한다.

43 다음 중 표피내 무핵층이 아닌 것은?

① 각질층　② 투명층
③ 과립층　④ 망상층

유극층, 기저층, 유두층, 망상층은 유핵층에 속하나 특히 망상층은 진피세포에 속한다.

44 표피세포 중 빛을 차단하는 역할을 하는 층은?

① 각질층　② 투명층
③ 유두층　④ 망상층

빛을 차단하는 투명층은 편평한 형태의 생명력이 없는 세포가 2, 3층으로 구성되어 있고, 손바닥과 발바닥 피부와 같이 두터운 부분에 존재한다.

정답

30	31	32	33	34	35	36	37
②	①	③	①	④	④	①	③
38	39	40	41	42	43	44	
④	②	④	④	③	④	②	

제 1 회 실전모의고사

45 공중보건의 3대 사업이 아닌 것은?
① 보건교육 ② 보건행정
③ 보건관계법 ④ 산업환경

 해설
산업환경은 환경보건 분야에 속한다.

46 상수도 수질오염의 생물학적 지표로 사용되는 것은?
① 대장균 ② 세균성 이질균
③ 웰치균 ④ 장티푸스균

47 다음 중 소독력이 약한 것부터 강한 순서대로 나열한 것은?
① 멸균 ⇨ 방부 ⇨ 소독
② 방부 ⇨ 소독 ⇨ 멸균
③ 소독 ⇨ 멸균 ⇨ 방부
④ 소독 ⇨ 방부 ⇨ 멸균

 해설
소독력은 방부 → 소독 → 멸균 순으로 강하다.

48 다음 중 물리적 소독법이 아닌 것은?
① 화염멸균법 ② 건열멸균법
③ 자비소독법 ④ 자연소독법

 해설
물리적 소독법
건열멸균법, 화염멸균법, 자비소독법, 고압증기멸균법, 저온소독법, 초고온 순간멸균법 등이 있다.

49 인후염이나 입안 세척 등 광범위한 소독이 가능한 소독제는?
① 승홍 ② 알코올
③ 과산화수소 ④ 크레졸

 해설
과산화수소는 자극성이 적어서 구내염, 인후염, 입안 세척, 상처소독 등에 사용한다.

50 소독약의 구비조건으로 옳지 않은 것은?
① 강한 살균력 ② 높은 용해성
③ 강한 부식력 ④ 높은 안정성

해설
소독약의 구비조건
• 강한 살균력(높은 석탄산 계수)이 있을 것
• 안정성이 있을 것(인체에 무해·무독)
• 물품의 부식성과 표백성이 없을 것
• 잘 용해될 것
• 가격이 저렴하고 사용방법이 편리할 것
• 향이 없고 탈취력이 있을 것
• 환경오염이 발생하지 않을 것

51 역성비누에 대한 설명으로 옳은 것은?
① 자극성이 크다.
② 살균력이 약하다.
③ 침투력이 강하다.
④ 결핵균에 효과가 없다.

 해설
역성비누는 자극성 및 독성이 없고 침투력과 살균력이 강하다.

52 세균을 멸균하는 데 가장 강력한 소독법은?
① 고압증기멸균 소독 ② 일광 소독
③ 염소 소독 ④ 알코올 소독

 해설
고압증기멸균법은 포자형성균의 멸균에 가장 좋은 방법이다.

53 이·미용기구 소독에 적합한 소독법은?

① 소각법 ② 건열멸균법
③ 화염멸균법 ④ 습열멸균법

 해설
화염멸균법은 표면의 미생물 멸균 방법으로 이·미용기구의 소독에 적합하다.

54 위생교육 실시단체의 장이 위생교육을 수료한 자에게 수료증을 교부하고 수료증 교부대장 등, 교육에 관한 기록을 보관·관리해야 하는 기간은?

① 1개월 이상 ② 3개월 이상
③ 2년 이상 ④ 4년 이상

 해설
위생교육실시 단체의 장은 위생교육을 수료한 자에게 수료증을 교부하고 수료증 교부대장 등 교육에 관한 기록은 2년 이상 보관·관리해야 한다.

55 과징금의 징수절차는 무엇을 따라야 하는가?

① 보건복지부령
② 시장·군수·구청장령
③ 대통령
④ 시·도지사령

 해설
과징금 징수절차는 보건복지부령을 따른다.

56 공중위생영업자의 지위를 승계한 자가 시장·군수·구청장에게 신고해야 하는 기간은?

① 1개월 이내 ② 3개월 이내
③ 6개월 이내 ④ 9개월 이내

 해설
공중위생영업자의 지위를 승계한 자는 시장·군수·구청장에게 1개월 이내에 신고해야 한다.

57 다음 중 이·미용영업자에게 과태료를 부과·징수할 수 있는 자는?

① 보건소장 ② 시장·군수·구청장
③ 대통령 ④ 시·도지사

 해설
보건복지부장관 또는 시장·군수·구청장은 이·미용영업자에게 과태료를 부과·징수할 수 있다.

58 영업소에서 무자격 안마사로 하여금 안마 업무 행위를 하게 하였을 때 2차 위반 시 행정처분은?

① 경고 ② 영업정지 1개월
③ 영업정지 2개월 ④ 영업장 폐쇄명령

 해설
1차 위반 시 - 영업정지 1개월, 2차 위반 시 - 영업정지 2개월, 3차 위반 시 - 영업장 폐쇄명령

59 공중위생영업자가 위생교육을 받아야 하는 시간은?

① 6개월마다 3시간 ② 6개월마다 6시간
③ 1년마다 3시간 ④ 1년마다 6시간

 해설
공중위생영업자는 매년 3시간의 위생교육을 받아야 한다.

60 다음 중 청문을 실시해야 하는 경우가 아닌 것은?

① 미용사의 면허정지 ② 미용사의 면허취소
③ 영업장 폐쇄명령 ④ 경고

해설
청문을 실시해야 하는 경우는 신고사항의 직권 말소, 미용사의 면허취소 또는 면허정지, 영업정지명령, 일부 시설의 사용중지명령 또는 영업소 폐쇄명령를 하고자 할 때이다.

정답

| 45 | ④ | 46 | ① | 47 | ② | 48 | ④ | 49 | ③ | 50 | ③ | 51 | ③ | 52 | ① |
| 53 | ③ | 54 | ③ | 55 | ① | 56 | ① | 57 | ② | 58 | ③ | 59 | ③ | 60 | ④ |

제2회 실전모의고사

01 1930년대에 사용하기 시작한 제품과 거리가 먼 것은?

① 폴리시 리무버　② 워머 로션
③ 큐티클 오일　　④ 금속파일

 해설
1900년대부터 금속파일과 가위 등을 손톱손질에 사용하였다.

02 헬렌 걸리(Helen Gourley)가 최초로 미용학교에서 네일케어를 가르친 시기는?

① 1957년　② 1960년
③ 1956년　④ 1961년

 해설
1956년에 헬렌 걸리(Helen Gourley)가 최초로 미용학교에서 네일케어를 가르쳤다.

03 뉴욕주에 네일 테크니션(Nail Technician) 면허제도가 도입된 시기는?

① 1992년　② 1994년
③ 1996년　④ 1997년

 해설
1994년 뉴욕주에 네일 전문가 면허제도가 도입되었다.

04 팁 시술 전 손톱의 광택을 제거하는 이유는?

① 손톱길이를 알맞게 조절하기 위해
② 팁의 접착력을 높이기 위해
③ 폴리시의 밀착력을 높이기 위해
④ 손톱을 유연하게 하기 위해

 해설
에칭은 샌딩블록으로 자연네일 표면의 광택을 제거해서 팁의 접착력을 높이는 과정이다.

05 자연네일에 팁을 접착할 때 주의할 사항으로 알맞은 것은?

① 90°로 팁을 잡아 접착한다.
② 팁 전체에 글루를 발라 접착한다.
③ 팁이 자연네일에 1/2 이상 붙도록 한다.
④ 공기가 들어가지 않도록 접착한다.

 해설
팁과 자연네일 사이에 공기나 기포가 생기면 들뜸의 원인이 된다.

06 패브릭 랩(Fabric Wrap)의 종류가 아닌 것은?

① 실크　　② 파이버 글라스
③ 무슬린　④ 린넨

 해설
무슬린은 제모 시 왁스를 발라 뜯어내는 천이다.

07 네일랩(Nail Wrap)의 시술 과정에 속하지 않는 것은?

① 필러파우더 뿌리기　② 핑거볼에 손담그기
③ 손톱의 광택없애기　④ 큐티클 밀어 올리기

 해설
네일랩은 건식 상태로 시술하며, 손을 물에 불릴 경우 곰팡이나 세균이 번식할 수 있다.

08 다음의 실크 익스텐션 순서 중 (　) 안에 들어갈 말은?

> 손 소독 ⇨ 폴리시 제거 ⇨ 큐티클 밀기 ⇨ 에칭하기 ⇨ (　) ⇨ 실크 접착 ⇨ (　)

① 글루 바르기, 필러 뿌리기
② 실크 재단하기, 글루 바르기
③ 실크 재단하기, 프라이머 바르기
④ 프라이머 바르기, 필러 뿌리기

해설
자연네일에 에칭을 한 후 실크를 재단하고, 실크를 접착한 다음 전체적으로 글루를 도포한다.

09 다음의 젤네일 시술 순서 중 ( ) 안에 들어갈 말은?

> 손 소독 ⇨ 폴리시 제거 ⇨ 큐티클 밀기 ⇨ 에칭하기 ⇨ 폼 끼우기 ⇨ ( ) ⇨ 클리어 젤 올리기 ⇨ ( ) ⇨ 클렌저로 닦기

① 베이스 코트 바르기, 큐어링
② 네일 보강제 바르기, 파일링
③ 본더 바르기, 큐어링
④ 프라이머 바르기, 파일링

 해설
• 본더는 젤의 접착력을 높인다.
• 라이트 큐어드 젤을 시술할 때는 젤을 올린 후 큐어링을 해야 젤이 잘 굳는다.

10 다음 중 랩 접착제로 사용할 수 없는 것은?

① 글루 ② 글루 드라이
③ 큐어링 젤 ④ 필러파우더

해설
큐어링 젤은 젤 시술 시에 사용한다.

11 랩 익스텐션 시술 시 필요하지 않은 재료는?

① 랩 ② 글루
③ 폼 ④ 필러파우더

해설
랩으로 익스텐션 시술 시에는 폼이 아니라 랩 자체적으로 인조네일의 모양을 만든다.

12 아크릴릭 네일을 시술하기에 적당한 온도는?

① 10~15℃ ② 15~20℃
③ 20~30℃ ④ 21~26℃

해설
아크릴은 낮은 온도에서 잘 깨지므로 21~26℃가 적당하다.

13 에어브러시를 할 때 수성페인트가 지워지는 것을 방지하기 위한 절차는?

① 베이스 코트를 바른다.
② 톱 코트를 바른다.
③ 폴리시를 바른다.
④ 글루 드라이를 뿌린다.

 해설
톱 코트가 코팅 역할을 해서 에어브러시를 할 때 수성페인트가 지워지는 것을 방지한다.

14 다음 네일 제품 중 과산화수소와 레몬산이 주성분인 것은?

① 프라이머 ② 아크릴릭 리퀴드
③ 띠너 ④ 네일 표백제

 해설
• 프라이머 : 아크릴릭 네일시술 시 자연네일의 유·수분을 제거하고 pH를 조절한다.
• 아크릴릭 리퀴드 : 액체 상태로 아크릴 파우더를 혼합할 때 사용한다.
• 띠너 : 유색 폴리시의 농도가 짙어졌을 때 희석제로 사용한다.

15 네일랩의 종류에 속하지 않은 것은?

① 합성수지 ② 파이버 글라스
③ 실크 ④ 린넨

 해설
네일랩의 소재로는 파이버 글라스, 실크, 린넨 등이 있다.

정답

| 01 | ④ | 02 | ③ | 03 | ② | 04 | ② | 05 | ④ | 06 | ③ | 07 | ② | 08 | ② |
| 09 | ③ | 10 | ③ | 11 | ③ | 12 | ④ | 13 | ② | 14 | ④ | 15 | ① | | |

16 가장 기본적인 아트기법으로 브러시를 이용해 손으로 직접 디자인하는 기법은?

① 핸드페인팅　② 워터 데칼
③ 에어브러시　④ 스테인드 글라스

핸드페인팅
가장 기본적인 아트기법이며 폴리시 타입의 아트 물감으로 브러시를 이용해 직접 디자인하는 기법이다.

17 큐티클 니퍼에 대한 설명으로 맞는 것은?

① 손톱 표면을 깨끗하게 갈아주는 도구이다.
② 손톱 찌꺼기를 털어내는 도구이다.
③ 큐티클을 자르는 도구이다.
④ 네일 보강 도구이다.

큐티클 니퍼는 상조피를 자르는 도구이다.

18 베이스 코트에 대한 설명으로 맞는 것은?

① 손톱을 보호하고 착색을 방지한다.
② 손 소독 전에 바른다.
③ 부러진 손톱에 바른다.
④ 손과 네일을 보호한다.

베이스 코트는 손톱을 보호하고 착색을 방지한다.

19 네일시술로는 관리가 불가능하여 병원에서 치료해야 하는 네일질환은?

① 오니코리시스　② 행네일
③ 니버스　④ 루코니키아

오니코리시스는 손톱과 조체 사이에 틈이 생겨 점점 벌어지는 증상으로 반드시 의사의 진료를 받아야 한다.

20 네일 그루브의 다른 명칭은?

① 조소피　② 조주름
③ 조벽　④ 조구

네일 그루브(Nail Grooves, 조구)
네일 베드(조상)의 양쪽 측면에 패인 곳을 말한다.

21 조소피의 다른 명칭은?

① 큐티클　② 네일 폴드
③ 네일 월　④ 에포니키움

큐티클(Cuticle, 조소피)
네일 주위를 덮고 있는 피부로서 각질세포의 생산과 성장 조절에 관여하며 혈관, 신경, 림프관이 있다.

22 손톱 밑의 구조로 묶인 것은?

① 조상, 반월, 조구　② 조상, 조모, 반월
③ 조근, 조상, 조체　④ 조체, 자유연, 조근

• **조상** : 네일 밑에 위치하여 네일바디를 받치고 있다.
• **조모** : 네일루트(조근) 밑에 위치하여 네일 각질세포의 생산과 성장을 조절하며 혈관, 신경, 림프관이 있다.
• **반월** : 완전히 케라틴화되지 않은 네일바디의 베이스에 있는 백색의 반달 모양을 말한다.

23 다음 명칭이 다르게 짝지어진 것은?

① 조소피 – 네일 폴드
② 조구 – 네일 그루브
③ 상조피 – 에포니키움
④ 하조피 – 하이포니키움

네일 폴드(Nail Fold, 조주름) : 네일의 베이스에 깊게 접혀 있는 피부로 조근이 묻혀 있다.

24 건강한 손톱의 조건으로 틀린 것은?

① 매끄럽고 단단하다.
② 두께가 균일하고 광택이 난다.
③ 수분을 35% 정도 함유하고 있다.
④ 둥근 아치를 형성한다.

> **해설**
> 건강한 손톱은 아미노산과 시스테인이 많이 포함되어 있으며, 수분은 12~18%를 함유하고 있다.

25 손톱 밑에 있는 구조로 틀린 것은?

① 네일 베드 ② 루눌라
③ 프리에이지 ④ 매트릭스

> **해설**
> 프리에이지(Free Edge, 자유연)
> 네일의 끝부분으로 네일 베드 없이 네일만 자라나는 곳이다.

26 다음 중 부러지거나 찢어지기 쉬운 손톱 구조는?

① 조근(네일루트) ② 조모(매트릭스)
③ 조상(네일 베드) ④ 스트레스 포인트

> **해설**
> • 조근(네일루트) : 네일 베이스의 피부 밑에 묻혀 있으며, 새로운 세포가 만들어져 네일의 성장이 시작되는 곳이다.
> • 조모(매트릭스) : 네일루트 밑에 위치하여 각질세포의 생산과 성장을 조절하며 혈관, 신경, 림프관이 분포되어 있다.
> • 조상(네일 베드) : 네일 밑에 위치하며 네일바디를 받치고 있다.

27 발에 맞지 않는 신발을 신었을 때 생길 수 있는 질환은?

① 오니코리시스 ② 오니크립토시스
③ 오니콕시스 ④ 행네일

> **해설**
> 오니크립토시스 : 발톱이 발톱 양쪽 살을 파고드는 증상이다.

28 손등의 외측과 요골에 분포되어 있는 신경은?

① 근육신경 ② 정중신경
③ 요골신경 ④ 척골신경

> **해설**
> • 근육신경 : 팔의 굴근에 대한 운동 지배
> • 정중신경 : 팔과 외측의 손바닥에 전체적으로 분포
> • 요골신경 : 손등의 외측과 요골에 분포
> • 척골신경 : 내측의 손바닥과 척골에 분포

29 손톱은 평균적으로 하루에 몇 ㎜ 정도 자라는가?

① 0.1㎜ ② 0.2㎜ ③ 0.3㎜ ④ 0.4㎜

> **해설**
> 손톱은 하루 0.1㎜ 정도, 한 달에 3㎜ 정도 자란다.

30 루이 파스퇴르의 업적이 아닌 것은?

① 면섬유 여과로 수집한 먼지 속에서 많은 세균을 증명했다.
② 간헐멸균법을 발견했다.
③ 고압증기멸균법을 발견했다.
④ 병원균을 규정하는 4대 원칙을 설정했다.

31 최초로 특정 세균이 질병을 일으킨다는 것을 증명하고 병원균설을 확립한 학자는?

① 루이 파스퇴르 ② 로버트 코흐
③ 안톤 반 레벤훅 ④ 레디

> **해설**
> 최초로 특정한 세균이 질병을 일으킴을 증명하고 병원균설을 확립한 학자는 로버트 코흐이다.

정답

16	①	17	③	18	①	19	①	20	④	21	①	22	②	23	①
24	③	25	③	26	④	27	②	28	③	29	①	30	④	31	②

32 다음 중 표피층에 속하지 않는 것은?

① 각질층　　② 유극층
③ 유두층　　④ 투명층

유두층은 진피층에 해당한다.

33 진피층에 대한 설명으로 틀린 것은?

① 망상층과 유두층으로 구성되어 있다.
② 많은 감각수용기가 존재한다.
③ 한선, 피지선, 모낭이 존재한다.
④ 무핵층으로 구성되어 있다.

무핵층은 표피층에 해당한다.

34 다음 중 주로 이·미용실에서 사용되고 있는 타월에 의해 감염되는 질환은?

① 장티푸스　　② 간염
③ 트라코마　　④ 이질

트라코마는 수건을 통해 경피침입하여 눈병을 일으킨다.

35 골격계에 대한 설명으로 옳은 것은?

① 몸 전체에 혈액을 공급한다.
② 성인은 206개의 뼈로 구성되어 있다.
③ 인체의 각 구조가 서로 협력하는 것을 조정한다.
④ 몸의 형태를 만들고 협력한다.

①은 순환계, ③은 신경계, ④는 근육계에 대한 설명이다.

36 다음 중 세균과 거리가 먼 질환은?

① 결핵　　② 파상풍
③ 폴리오　　④ 콜레라

폴리오는 소아마비로서 바이러스에 의해 감염된다.

37 한쪽 방향으로만 분열하여 사슬모양으로 길게 연결된 구균은 무엇인가?

① 연쇄상구균　　② 포도상구균
③ 바이러스구균　　④ 호균

연쇄상구균
지름 1마이크로미터(μm) 내외의 수많은 구균이 사슬모양으로 연결되어 있다.

38 비병원체 박테리아의 역할이 아닌 것은?

① 비료의 합성물　　② 음식물과 산소 생산
③ 토양 증진　　④ 감염과 질병의 원인

감염과 질병의 원인이 되는 것은 병원체 박테리아이다.

39 다음 중 표피세포이며 가장 두꺼운 층은?

① 유극층　　② 기저층
③ 유두층　　④ 망상층

유극층
• 표피의 대부분을 차지하며 표피 중 가장 두꺼운 층이다.
• 5~10층의 유핵 세포층으로 세포 재생이 가능하다.
• 표면에 가시모양의 돌기가 연결되어 있어 가시층(교소체, 데스모좀)이라고도 한다.

40 피부의 기능에 속하지 않는 것은?

① 피부보호　② 땀 배출
③ 힘 조절　④ 체온조절

 해설
힘 조절은 근육에서 일어난다.

41 다음 중 소화기계 감염병이 아닌 것은?

① 유행성 간염　② 폴리오
③ 파라티푸스　④ 트라코마

해설
소화기계 감염병
- 경구침입에 의한 감염이다.
- 장티푸스, 콜레라, 세균성 이질, 폴리오, 유행성 간염, 파라티푸스 등이 있다.

42 자외선 소독기로 소독하는 데 소요되는 시간은?

① 2~3시간　② 3~4시간
③ 4~5시간　④ 5시간 이상

 해설
자외선 멸균법은 자외선 소독기에 2~3시간 소독하는 것을 말한다.

43 피부탄력에 관여하는 층은?

① 각질층　② 망상층
③ 유두층　④ 투명층

 해설
망상층
- 세포성분과 세포간물질로 구성된 두꺼운 그물모양의 결합조직이다.
- 피부가 과도하게 늘어나거나 파열되지 않도록 보호한다.

44 식중독 세균이 가장 잘 증식할 수 있는 온도의 범위는?

① 18~22℃　② 28~38℃
③ 38~45℃　④ 45℃ 이상

 해설
병원균은 대부분 28~38℃에서 가장 잘 증식한다.

45 다음 중 제1급 감염병에 해당하지 않는 것은?

① 에볼라바이러스병　② 두창
③ 페스트　④ E형 간염

 해설
에볼라바이러스병, 두창, 페스트는 제 1급 감염병이며, E형 간염은 제2급 감염병이다.

46 다음 중 감염형 식중독에 해당하는 것은?

① 살모넬라 식중독　② 보툴리누스균 식중독
③ 웰치균 식중독　④ 포도상구균 식중독

 해설
살모넬라 식중독은 장염균, 쥐티프스균, 돼지콜레라균을 통해 발생된다.

47 승홍에 관한 설명으로 옳지 않은 것은?

① 상처를 소독하는 데 적합하다.
② 금속부식성이 있다.
③ 무색·무취이다.
④ 온도가 높을수록 살균력이 강하다.

 해설
승홍은 상처소독에 적합하지 않다.

정답

32	③	33	④	34	③	35	②	36	③	37	①	38	④	39	①
40	③	41	④	42	①	43	②	44	②	45	④	46	①	47	①

제2회 실전모의고사

48 붕산의 소독농도로 옳지 않은 것은?

① 상처소독 1%
② 방광세척 1~3%
③ 습진에 5~10% 연고로 사용
④ 피부염에 5~10% 연고로 사용

 해설
상처소독 시에는 3% 붕산을 사용한다.

49 폐결핵 환자의 객담을 소독하는 데 가장 적합한 소독법은?

① 일광소독법   ② 소각법
③ 알코올소독법   ④ 저온살균법

 해설
휴지, 객담, 환자의 토사물에 적합한 소독방법은 소각법이다.

50 역성비누에 대한 설명으로 틀린 것은?

① 맛과 냄새가 거의 없다.
② 소독력과 세정력이 강하다.
③ 식품소독에 적당하다.
④ 자극성이나 독성이 없다.

 해설
침투력과 살균력이 강하나 세정력은 거의 없다.

51 소독약의 구비조건으로 옳지 않은 것은?

① 환경오염을 시키지 않을 것
② 가격이 저렴할 것
③ 사용법이 간편할 것
④ 햇볕이 잘 드는 장소에 보관할 것

 해설
소독약의 구비조건
• 강한 살균력(높은 석탄산 계수)이 있을 것
• 안정성이 있을 것(인체에 무해·무독)
• 물품의 부식성과 표백성이 없을 것
• 잘 용해될 것
• 가격이 저렴하고 사용방법이 편리할 것
• 향이 없고 탈취력이 있을 것
• 환경오염이 발생하지 않을 것

52 다음 중 미용사 면허를 받을 수 있는 사람은?

① 감염병자
② 정신질환자
③ 마약 등 기타 대통령령으로 정하는 약물 중독자
④ 면허가 취소된 후 2년이 경과한 자

 해설
미용사 면허를 받을 수 없는 자는 면허가 취소된 후 1년이 경과하지 아니한 자이다.

53 다음 중 건열멸균에 관한 내용이 아닌 것은?

① 화학적 소독법이다.
② 건열멸균기를 사용한다.
③ 유리기구, 주사침, 분말, 금속류, 자기류 등의 소독에 이용된다.
④ 170℃에서 1~2시간 정도 처리한다.

 해설
건열멸균법은 물리적 소독법이다.

54 이·미용업소에 면허증 원본을 게시하지 않았을 때의 행정처분 기준이 아닌 것은?

① 1차 위반 – 경고 또는 개선명령
② 2차 위반 – 영업정지 5일
③ 3차 위반 – 영업정지 10일
④ 4차 위반 – 영업정지 1월

해설
4차 위반 시 – 영업장 폐쇄명령

55 이·미용사의 면허증을 다른 사람에게 대여했을 때의 행정처분에 해당되지 않는 것은?

① 경고
② 면허정지 3개월
③ 면허정지 6개월
④ 면허취소

해설
1차 위반 – 면허정지 3개월, 2차 위반 – 면허정지 6개월, 3차 위반 – 면허취소

56 공중위생영업의 정의를 가장 잘 설명한 것은?

① 다수인의 삶의 질을 향상시키는 영업
② 다수인을 대상으로 위생관리서비스를 제공하는 영업
③ 다수인에게 공중위생을 교육을 시행하는 영업
④ 다수인의 공중위생서비스를 관리하는 영업

해설
공중위생영업은 다수인을 대상으로 위생관리서비스를 제공하는 영업으로 숙박업, 목욕장업, 미용업, 이용업, 세탁업, 건물위생관리법 등을 말한다.

57 공중위생영업소의 위생관리등급에서 우수업소에 내려지는 등급은?

① 황색등급
② 녹색등급
③ 청색등급
④ 백색등급

해설
최우수업소는 녹색등급, 우수업소는 황색등급, 일반관리 대상업소는 백색등급에 해당한다.

58 이·미용영업자가 건전한 영업질서를 위하여 준수하여야 할 사항을 준수하지 아니한 경우에 대한 벌칙 및 벌금사항은?

① 1년 이하의 징역 또는 500만 원 이하의 벌금
② 1년 이하의 징역 또는 1천만 원 이하의 벌금
③ 6월 이하의 징역 또는 500만 원 이하의 벌금
④ 6월 이하의 징역 또는 1천만 원 이하의 벌금

해설
변경신고를 하지 아니한 자, 공중위생영업자의 지위를 승계한 자로서 규정에 의한 신고를 하지 아니한 자, 건전한 영업질서를 위하여 공중위생영업자가 준수하여야 할 사항을 준수하지 아니한 자는 6월 이하의 징역 또는 500만 원 이하의 벌금에 처한다.

59 다음 중 면허증을 재교부 받아야 하는 경우가 아닌 것은?

① 면허증의 기재사항에 변경이 있는 때
② 면허증을 잃어버린 때
③ 영업장소가 변경되었을 때
④ 면허증이 헐어 못쓰게 된 때

해설
면허증을 재교부받아야 하는 경우는 면허증의 기재사항에 변경이 있는 때, 면허증을 잃어버린 때, 면허증이 헐어 못쓰게 된 때이다.

60 피부미용을 위하여 의료기기를 사용한 경우 2차 행정처분 기준은?

① 경고
② 면허정지 3개월
③ 영업정지 3개월
④ 면허취소

해설
피부미용을 위하여 「약사법」에 따른 의약품 또는 「의료기기법」에 따른 의료기기를 사용한 경우 1차 위반 시 영업정지 2월, 2차 위반 시 영업정지 3월, 3차 위반 시 영업장 폐쇄명령이다.

정답

48	49	50	51	52	53	54	55
①	②	②	④	④	①	④	①
56	57	58	59	60			
②	①	③	③	③			

제 3 회 실전모의고사

01 폴리시 필름형성제인 니트로셀룰로오스를 개발한 시기는?

① 1800년 ② 1830년
③ 1885년 ④ 1892년

 해설
1885년 폴리시 필름형성제인 니트로셀룰로오스가 개발되었다.

02 근대적 페디큐어가 등장한 시기는?

① 1988년 ② 1980년
③ 1960년 ④ 1957년

 해설
1950년대 이전에도 페디큐어가 존재하였으나 근대적인 의미의 페디큐어는 1957년도부터 시작되었다.

03 벌꿀과 달걀흰자(난백), 아라비아산 고무나무에서 얻어진 액을 발랐던 나라는?

① 이집트 ② 그리스
③ 중국 ④ 로마

 해설
중국은 벌꿀과 달걀흰자(난백), 아라비아산 고무나무에서 얻어진 액을 손톱에 발랐다.

04 아크릴릭 네일의 시술과 보수에 관련한 내용으로 틀린 것은?

① 공기방울이 생긴 인조네일은 촉촉하게 젖은 브러시의 사용으로 인해 나타날 수 있는 현상이다.
② 노랗게 변색되는 인조네일은 제품과 시술하는 과정에서 발생한 것으로 보수를 해야 한다.
③ 적절한 온도 이하에서 시술했을 경우 인조네일에 금이 가거나 깨지는 현상이 나타날 수 있다.
④ 기존에 시술된 인조네일과 새로 자라 나온 자연네일을 자연스럽게 연결해주어야 한다.

해설
① 브러시에 리퀴드가 충분히 젖지 않았을 경우 공기 방울이 생길 수 있다.

05 다음 중 젤네일의 특징이 아닌 것은?

① 젤이 굳으려면 별도의 응고제가 필요하다.
② 투명도와 광택이 좋다.
③ 아크릴에 비해 냄새가 심하다.
④ 부작용 없이 시술이 가능하다.

 해설
젤은 부작용이 없고 아크릴에 비해 냄새가 없어 시술하기가 편하다.

06 프라이머의 사용방법으로 옳지 않은 것은?

① 최대한 얇게 바른다.
② 반드시 한 번만 바른다.
③ 도포된 프라이머가 완전히 마른 후 시술한다.
④ 피부에 묻지 않도록 바른다.

 해설
프라이머는 폼을 끼우기 전·후에 바른다.

07 파일의 거칠기를 구분하는 기준은?

① 파일의 소재 ② 파일의 두께
③ 그리트의 번호 ④ 파일의 모양

 해설
파일은 그리트(Grit)로 거칠기를 구분하며, 그리트에 따라 용도와 쓰임새가 달라진다.

08 아크릴릭 시술 시 리퀴드를 덜어서 사용하는 용기는?

① 디스펜서 ② 디펜디시
③ 핑거볼 ④ 프라이머

> **해설**
> - 디펜디시 : 아크릴릭 시술 시 리퀴드를 덜어 쓰는 작은 용기
> - 디스펜서 : 리무버를 담아놓는 펌프식의 리필용 용기

09 실크 랩을 접착할 때 주의할 점으로 옳은 것은?

① 큐티클에 실크를 최대한 가까이 붙인다.
② 프리에이지 밑부분에 붙인다.
③ 큐티클에서 1~1.5㎜ 정도 떨어진 곳에 붙인다.
④ 손톱의 1/2 부분부터 붙인다.

> **해설**
> 실크 랩을 접착할 때는 턱 제거를 용이하게 하기 위해 큐티클에서 1~1.5mm 정도 떨어진 곳에 붙인다.

10 랩, 글루, 필러파우더를 사용하여 네일을 연장하는 기법은?

① 팁 위드 랩　　② 오버레이
③ 실크 익스텐션　④ 파우더 팁

> **해설**
> **실크 익스텐션** : 랩과 글루, 필러파우더를 이용해 손톱의 길이를 연장하는 시술을 말한다.

11 팁 시술 시 물에 손을 불리지 <u>않는</u> 이유는?

① 네일 팁이 손상된다.
② 글루 건조가 늦어진다.
③ 팁 접착 시 자연네일에 통증이 온다.
④ 곰팡이나 세균이 번식한다.

> **해설**
> 팁 시술 시에는 건식상태로 시술하며, 손을 물에 불릴 경우 곰팡이나 세균이 번식할 수 있다.

12 인조네일시술에 적합한 자연네일의 형태는?

① 라운드형　　② 스틸레토형
③ 오벌형　　　④ 포인트형

> **해설**
> 인조네일시술 시 자연네일은 반드시 라운드형으로 시술한다.

13 실크 랩의 장점으로 옳지 <u>않은</u> 것은?

① 일시적이다.　② 부드럽다.
③ 강하다.　　　④ 투명하다.

> **해설**
> 실크 랩은 부드럽고, 강하며, 투명한 장점이 있다.

14 파라핀 매니큐어를 시술할 때 파라핀에 손을 담그기 전에 베이스 코트를 바르는 이유는?

① 빠른 시술을 위해서
② 자연네일을 보호하기 위해서
③ 파라핀의 유분기를 방지하여 폴리시의 밀착력을 높이기 위해서
④ 자연네일에 광택을 주기 위해서

> **해설**
> 파라핀 매니큐어를 시술할 때는 자연네일에 유분이 생겨 폴리시의 밀착력이 떨어지므로 파라핀에 손을 담그기 전에 베이스 코트를 바른다.

15 다음 중 폴리시의 성분으로 옳은 것은?

① 니트로셀룰로오스　② 에틸아세테이트
③ 포름알데하이드　　④ 과산화수소

> **해설**
> 폴리시의 성분으로는 니트로셀룰로오스, 초산에틸 등이 있다.

16 워터 데칼의 용도에 대한 설명으로 옳은 것은?

① 물을 묻힌 후 네일에 붙이는 스티커
② 손톱을 자르는 가위
③ 화학제품을 섞을 때 사용하는 스틱
④ 물과 컬러링을 혼합할 때 사용하는 액체

> **해설**
> **워터 데칼** : 물을 묻힌 후 네일에 붙이는 스티커이다.

정답

01	02	03	04	05	06	07	08
③	④	③	①	③	②	③	②
09	10	11	12	13	14	15	16
③	③	④	①	①	③	①	①

제3회 실전모의고사

17 3D 아트의 설명으로 옳은 것은?
① 아크릴릭 파우더 사용
② 부드러운 손톱 보수용으로 사용
③ 네일아트 시트 사용
④ 전용 용기에 물감을 넣어서 사용

 해설
3D 아트 : 아크릴릭 파우더를 사용하여 입체적인 작품을 만든다.

18 네일 팁 시술과정에 대한 설명 중 틀린 것은?
① 고객과 시술자 모두 손 소독을 한다.
② 오일을 사용하여 큐티클을 밀어준다.
③ 자연네일의 프리에이지 길이는 1cm 정도가 가장 적당하다.
④ 웰 부분이 두꺼울 경우 파일로 웰 부분을 갈아준 후 부착한다.

해설
자연네일의 프리에이지 길이가 1mm 정도 있는 것이 적당하다.

19 손톱 성장이 시작되는 곳은?
① 조모   ② 조근
③ 조체   ④ 반월

 해설
조모 : 혈관, 신경, 림프관이 존재하기 때문에 손톱 성장의 시작점이다.

20 세균의 침입으로부터 손톱을 보호하는 곳은?
① 큐티클   ② 네일 폴드
③ 페리오니키움   ④ 하이포니키움

 해설
• 큐티클 : 네일의 주위를 덮고 있는 피부이다.
• 네일 폴드 : 네일 베이스에 깊게 접혀 있는 피부로 네일 루트가 묻혀 있다.
• 페리오니키움 : 손톱 전체를 에워싼 피부의 가장자리 부분이다.

21 팔과 외측 손바닥에 전체적으로 분포되어 있는 신경은?
① 근육신경   ② 정중신경
③ 요골신경   ④ 척골신경

해설
정중신경 : 팔과 외측의 손바닥에 전체적으로 분포되어 있는 신경이다.

22 골이 지고 능선이 생긴 손톱을 무엇이라 하는가?
① 퍼로우   ② 행네일
③ 에그셸 네일   ④ 조갑변색

 해설
퍼로우(Furrow, Corrugations)
• 손톱 표면에 가로 세로로 골이 파인 증상을 말한다.
• 아연 결핍, 위장장애, 순환계 이상, 영양 결핍, 고열, 임신, 홍역 등 건강 상태가 좋지 않을 때 나타난다.
• 불규칙한 손톱을 파일로 부드럽게 갈아서 관리한다.

23 계란껍질손톱(Eggshell Nail)에 대한 설명으로 틀린 것은?
① 네일 끝이 달걀처럼 둥글게 되어 있다.
② 네일이 가늘고 하얗게 변한다.
③ 다이어트로 인해 생길 수 있다.
④ 신경계통 이상으로 생길 수 있다.

해설
에그셸 네일(Eggshell Nail, 계란껍질 손톱)
• 네일이 가늘고 하얗게 변해 끝이 굴곡진 상태를 말한다.
• 질병, 다이어트, 신경계통 이상으로 나타난다.

24 손톱 표면에 밤색, 검은색으로 멜라닌색소의 침착이 생기는 증상은?
① 테리지움   ② 오니코파지
③ 오니콕시스   ④ 니버스

> **해설**
> - 니버스(Nevus, 모반, 점) : 손톱 표면에 밤색 또는 검은색으로 멜라닌색소의 침착이 생기는 증상이다.
> - 오니콕시스(Onychauxis, 조갑비대증) : 유전 또는 질병에 의하여 손톱 끝이 과잉 성장으로 두껍게 자라나는 증상이다.

25 심한 염증상태로 손톱 주위에 붉은 살이 자라나오는 증상은?

① 오니키아 ② 오니코그리포시스
③ 파로니키아 ④ 파이로제닉 그래뉴로마

> **해설**
> - 오니키아(Onychia, 조갑염) : 손톱에 염증이 생겨 기저 부분이 붓고 고름이 생기는 증상이다.
> - 오니코그리포시스(Onychogryphosis, 조갑구만증) : 손톱과 발톱이 두꺼워지고 휘어지는 증상이다.
> - 파로니키아(Paronychia, 조갑주위증) : 손톱 주위의 조직이 박테리아에 감염되어 붉게 부풀어 오르고 살이 물러지거나 염증과 고름을 동반하는 증상이다.
> - 파이로제닉 그래뉴로마(Pyrogenic Granuloma, 화농성 육아종) : 심한 염증 상태로 손톱 주위에 붉은 살이 자라나온다.

26 조상(nail bed)의 양 측면에 좁게 패인 곳을 무엇이라 하는가?

① 네일 그루브 ② 네일 폴드
③ 네일루트 ④ 큐티클

> **해설**
> 조상의 양 측면에 좁게 패인 곳을 조구(Nail Grooves)라고라 한다.

27 조근(nail root) 바로 아래에 있으며 림프, 신경조직, 모세혈관 등이 있는 것은?

① 네일 매트릭스 ② 네일바디
③ 네일 베드 ④ 프리에이지

> **해설**
> 조모(Nail Matrix)는 조근 바로 아래 있으며 림프, 신경조직, 모세혈관 등이 있어 손톱을 만드는 세포를 성장시키는 역할을 한다.

28 다음 중 손허리뼈(Metacarpal Bones)를 뜻하는 용어는?

① 수지골 ② 중수골
③ 수근골 ④ 족지골

> **해설**
> 수지골은 손가락뼈, 수근골은 손목뼈, 족지골은 발가락뼈를 말한다.

29 다음 중 시술이 불가능한 손톱은?

① 몰드 ② 루코니키아
③ 행네일 ④ 에그셸 네일

> **해설**
> 몰드(사상균증) : 자연네일과 인조네일 사이에 습기가 스며들어 사상균이 번식하면서 발생하는 진균성 염증으로 시술이 불가능하다.

30 다음 중 산소를 필요로 하는 균이 아닌 것은?

① 보툴리누스균 ② 곰팡이균
③ 결핵균 ④ 디프테리아균

31 피부가 자외선으로부터 스스로 합성하는 비타민은?

① 비타민 D ② 비타민 A
③ 비타민 C ④ 비타민 E

32 신경조직의 기본 단위는?

① 축삭돌기 ② 뉴런
③ 감각세포 ④ 수지상돌기

> **해설**
> 신경조직의 기본 단위는 뉴런이다.

정답

| 17 | ① | 18 | ③ | 19 | ① | 20 | ④ | 21 | ② | 22 | ① | 23 | ① | 24 | ④ |
| 25 | ④ | 26 | ① | 27 | ① | 28 | ② | 29 | ① | 30 | ① | 31 | ① | 32 | ② |

제3회 실전모의고사

33 다음 중 상처소독에 가장 적합한 소독제는?
① 과산화수소수 ② 포르말린수
③ 크레졸 ④ 승홍수

 해설
상처소독에 가장 적합한 소독제는 과산화수소수이다.

34 근육의 섬유조직은 무슨 모양을 하고 있는가?
① 원형 ② 줄무늬
③ 삼각형 ④ 마름모꼴

 해설
근육의 섬유조직은 줄무늬 모양이다.

35 인체 표면에 위치하여 촉각, 후각, 미각, 시각, 청각 등의 감각을 느끼게 하는 인체기관은?
① 지각신경 ② 판단신경
③ 대뇌척수신경 ④ 신진대사

36 다음 중 병원소가 사람인 것은?
① 공수병 ② 페스트
③ 홍역 ④ 탄저병

 해설
공수병은 개, 페스트는 쥐, 탄저병은 말·돼지·소를 통해 감염된다.

37 혈액으로 침투하여 온몸에 옮겨지는 전체 감염의 한 종류는?
① 혈독증 ② 버짐
③ 열병 ④ 쯔쯔가무시

 해설
혈독증 : 혈액을 통해 침투하며, 손발의 찰과상 같은 상처를 통해 발병한다.

38 결핵이나 파상풍에서 주로 발견되는 균은?
① 간균 ② 나선균
③ 구균 ④ 연쇄상구균

 해설
간균은 바실루스라고 하며 결핵이나 파상풍에서 발견된다.

39 다음 중 피하지방층에 대한 설명으로 옳은 것은?
① 모근, 한선, 피지선을 함유하고 있다.
② 지방을 함유하고 있으며 신체의 곡선미를 좌우한다.
③ 림프액이 흐르는 공간이다.
④ 지문과 유두가 있는 공간이다.

 해설
피하지방층
• 에너지를 저장하고 충격을 흡수하며, 수분을 조절한다.
• 보온 기능이 있으며 몸의 곡선을 만든다.

40 독립피지선이 아닌 것은?
① 입술 ② 지문
③ 눈두덩 ④ 음부

 해설
독립피지선
털과 연결되어 있지 않은 피지선으로 입술, 대음순, 성기, 유두, 귀두, 입술, 눈두덩, 음부 등에 있다.

41 물집이 생긴 수포를 무엇이라 하는가?
① 뷰라 ② 웰렉
③ 솔벤트 ④ 파풀

42 베시컬(Vesicle)에 대한 설명으로 바른 것은?
① 피부의 검버섯을 말한다.
② 맑은 액체(수포)가 든 종기이다.
③ 피부의 작은 반점을 말한다.
④ 사마귀가 생긴 상태이다.

43 유두층에 대한 설명으로 옳은 것은?

① 멜라닌색소 분포
② 마사지 효과를 볼 수 있는 층
③ 각질형성
④ 기저층에 영양 공급

 해설
유두층 : 솔방울 또는 유두모양의 돌기로서 모세혈관이 몰려 있으며, 기저층에 영양분을 공급한다.

44 공중보건학의 개념으로 바른 것은?

① 질병예방, 생명연장, 신체적·정신적인 효율을 증진시키는 기술과학이다.
② 생명연장을 위해 식품연구만을 하는 학문이다.
③ 효과적인 질병치료를 위해 의술을 개발하는 학문이다.
④ 정신적·신체적 효율을 증진하기 위한 기기를 개발하는 기술과학이다.

해설
공중보건은 질병예방, 생명연장, 신체적·정신적 효율을 증진시키는 기술과학이다.

45 동물성 독소 중 복어에 함유되어 있는 독소는?

① 에르고톡신   ② 테트로(도)톡신
③ 아미그달린   ④ 시큐톡신

해설
동물성 식중독으로 복어에 함유되어 있는 독소는 테트로(도)톡신이다.

46 다음 중 제 3급 감염병에 속하는 것은?

① 파상풍   ② 페스트
③ 콜레라   ④ 회충증

 해설
②, ③은 제2군 감염병이고, ④는 제1군 감염병이다.

47 네일숍의 감염을 관리하는 방법으로 가장 적절한 것은?

① 모든 재료는 난방시설이 잘 되는 곳에 보관한다.
② 사용한 니퍼나 푸셔는 깨끗이 씻어서 다른 고객에게 사용한다.
③ 작업장의 환경은 환기보다는 냉·온방시설이 잘 되어야 한다.
④ 화장실에는 액상비누와 일회용 종이타월을 비치한다.

 해설
네일숍의 감염관리
• 모든 재료는 건조하고 서늘한 곳에 보관한다.
• 금속성 기구는 사용 후 70% 알코올에 20분 동안 담갔다가 자외선소독기에 넣어 사용한다.
• 작업장은 환기가 잘 되고 냉·온방시설이 갖춰져 있어야 한다.

48 다음 중 올바른 도구 사용법이 아닌 것은?

① 시술 시 바닥에 떨어뜨린 푸셔는 다시 사용하지 않고 소독한다.
② 사용한 니퍼는 소독해서 재사용한다.
③ 에머리보드는 한 고객에게만 사용한다.
④ 발에 사용한 파일을 손에 사용할 때는 소독하여 사용한다.

 해설
손과 발에 사용하는 네일도구는 각각 따로 분리하여 사용한다.

정답

| 33 | ① | 34 | ② | 35 | ① | 36 | ③ | 37 | ① | 38 | ① | 39 | ② | 40 | ② |
| 41 | ① | 42 | ② | 43 | ④ | 44 | ① | 45 | ② | 46 | ① | 47 | ④ | 48 | ④ |

제3회 실전모의고사

49 네일도구를 일차적으로 청결하게 세척하는 것은 다음 소독방법 중 어디에 해당하는가?
① 살균 ② 정균
③ 희석 ④ 여과

 해설
희석은 일정 농도 이상의 균주를 소독한다.

50 살균 및 탈취뿐 아니라 구강세척제 등에 광범위하게 사용하는 소독제는?
① 알코올 ② 생석회
③ 크레졸 ④ 과산화수소

 해설
과산화수소는 구내염, 인두염, 구강세척제 등에 광범위하게 사용한다.

51 소독약의 구비조건으로 틀린 것은?
① 살균력이 강해야 한다.
② 사용이 간편해야 한다.
③ 표백성이 강해야 한다.
④ 가격이 저렴해야 한다.

 해설
소독약의 구비조건
• 강한 살균력(높은 석탄산 계수)이 있을 것
• 안정성이 있을 것(인체에 무해·무독)
• 물품의 부식성과 표백성이 없을 것
• 잘 용해될 것
• 가격이 저렴하고 사용방법이 편리할 것
• 향이 없고 탈취력이 있을 것
• 환경오염이 발생하지 않을 것

52 다음 중 석탄산 소독의 특징으로 볼 수 없는 것은?
① 표백성이 강하다. ② 살균력이 강하다.
③ 자극성이 강하다. ④ 부식력이 강하다.

 해설
석탄산 소독
• 살균력과 소독력이 강하다.
• 산성도가 높고 고온일수록 소독효과가 높다.
• 금속을 부식시킨다.
• 피부점막 자극성·냄새·독성이 강하다.

53 크레졸 소독액의 가장 적합한 농도는?
① 1% ② 3%
③ 5% ④ 10%

 해설
크레졸 비누액 3%와 물 97%의 비율로 사용된다.

54 성매매 알선 행위의 처벌에 관한 법률, 의료법 등에 위반하여 영업정지, 일부시설의 사용중지, 영업소 폐쇄 등을 명할 수 있는 자는?
① 시·도지사 ② 대통령
③ 보건복지부장관 ④ 시장·군수·구청장

해설
시장·군수·구청장은 공중위생영업자가 「성매매 알선 등 행위의 처벌에 관한 법률」, 「풍속영업의 규제에 관한 법률」, 「청소년 보호법」, 「아동·청소년의 성보호에 관한 법률」 또는 「의료법」을 위반하여 관계행정기관의 장으로부터 그 사실을 통보받은 경우 6월 이내의 기간을 정하여 영업의 정지 또는 일부 시설의 사용중지를 명하거나 영업소 폐쇄 등을 명할 수 있다.

55 시장·군수·구청장이 공중위생영업의 정지, 일부 시설의 사용중지 및 영업소 폐쇄명령 등의 처분을 하고자 할 때에 실시해야 하는 것은?
① 감사 ② 평가
③ 청문 ④ 임명

 해설
시장·군수·구청장이 신고사항의 직권 말소, 미용사의 면허취소 또는 면허정지, 영업정지명령, 일부 시설의 사용중지명령 또는 영업소 폐쇄명령을 내리고자 할 때는 청문을 실시해야 한다.

56 공중위생감시원으로 임명될 수 없는 자는?

① 위생사 또는 환경산업기사 2급 이상의 자격증이 있는 자
② 공중위생 행정에 종사한 경력이 없는 자
③ 고등교육법에 의한 대학에서 위생학 분야를 전공하고 졸업한 자
④ 외국에서 위생사 면허를 받은 자

> **해설**
> 1년 이상 공중위생 행정에 종사한 경력이 있는 자를 공중위생감시원으로 임명할 수 있다.

57 공중위생감시원의 업무범위가 아닌 것은?

① 공중이용시설의 검사 및 위생지도 이행 여부 확인
② 법령 위반행위에 대한 신고 및 자료제공
③ 시설 및 설비의 확인
④ 영업자준수사항 이행 여부 확인

> **해설**
> 법령 위반행위에 대한 신고 및 자료제공은 명예공중위생감시원의 업무이다.

58 공중위생영업자가 영업소 폐쇄명령을 받고도 계속하여 영업할 때 당해 영업소의 폐쇄조치사항으로 틀린 것은?

① 영업소의 간판 및 기타 영업표지물을 제거한다.
② 영업소가 위법한 영업소임을 알리는 게시물 등을 부착한다.
③ 영업을 위하여 필수불가결한 기구 또는 시설물을 사용할 수 없게 봉인한다.
④ 영업을 위하여 필수불가결한 기구 또는 시설물을 시·군·구에 귀속시킨다.

> **해설**
> 공중위생영업자가 영업소 폐쇄명령을 받고도 계속하여 영업을 할 때 관계공무원이 취할 수 있는 폐쇄조치사항
> • 당해 영업소의 간판 기타 영업표지물의 제거
> • 당해 영업소가 위법한 영업소임을 알리는 게시물 등의 부착
> • 영업을 위하여 필수불가결한 기구 또는 시설물을 사용할 수 없게 봉인

59 과징금을 부과하는 위반행위의 종별, 정도 등에 따른 과징금의 금액에 관하여 필요한 사항은 무엇으로 정하는가?

① 보건복지부령   ② 조례
③ 대통령령   ④ 행정자치부령

> **해설**
> 과징금을 부과하는 위반행위의 종별, 정도 등에 따른 과징금의 금액 등에 관하여 필요한 사항은 대통령령으로 정한다.

60 공중위생영업자의 사업규모·위반행위의 정도 및 횟수 등을 참작하여 과징금의 금액은 얼마의 범위 안에서 이를 가중 또는 감경할 수 있는가?

① 1/2   ② 1/3
③ 1/4   ④ 1/5

> **해설**
> 공중위생영업자의 사업규모·위반행위의 정도 및 횟수 등을 참작하여 과징금 금액의 1/2의 범위 안에서 이를 가중 또는 감경할 수 있다.

정답

| 49 | ③ | 50 | ④ | 51 | ① | 52 | ① | 53 | ② | 54 | ④ | 55 | ③ | 56 | ② |
| 57 | ② | 58 | ④ | 59 | ③ | 60 | ① | | | | | | | | |

제4회 실전모의고사

01 라틴어 마누스(Manus)의 뜻을 바르게 설명한 것은?

① 발 ② 손
③ 관리 ④ 매니큐어

매니큐어(Manicure)란 라틴어의 마누스(Manus, 손)와 큐라(Cure, 관리)에서 유래되었다.

02 네일아티스트의 자세로 적절하지 않은 것은?

① 고객과 신뢰감을 쌓도록 노력한다.
② 고객의 취향을 고려하여 시술한다.
③ 음식물 섭취 후에는 꼭 가글을 한다.
④ 늘 화려하고 큰 액세서리를 착용한다.

화려하고 큰 액세서리는 시술에 어려움을 주거나 고객의 반감을 살 수 있다.

03 조모에 문신 바늘로 물감을 주입하여 신분을 과시한 나라는?

① 인도 ② 이집트
③ 중국 ④ 로마

17세기경 인도 여성들은 상류층임을 과시하기 위하여 조모에 문신 바늘로 물감을 주입하였다.

04 아크릴 볼의 혼합형인 것은?

① 글루 + 모노머 ② 모노머 + 폴리머
③ 모노머 + 프라이머 ④ 프라이머 + 폴리머

모노머와 폴리머를 혼합해서 아크릴 볼을 만든다.

05 교조증의 또 다른 명칭은?

① 무조증 ② 조갑비대증
③ 에그셸 네일 ④ 오니코파지

교조증(Onychophagy)은 불안, 초조, 스트레스로 인해 손톱을 습관적으로 물어뜯는 증상을 말한다.

06 아크릴릭 네일의 문제점이 아닌 것은?

① 리프팅 ② 깨짐
③ 곰팡이 ④ 통증

아크릴릭 네일의 문제점으로는 들뜸(리프팅), 깨짐, 곰팡이 등이 있다. 문제점을 보완하려면 적절한 시기에 보수를 해주는 것이 좋다.

07 약하고 잘 부러지며 개성이 강해 일반인들이 선호하지 않는 손톱모양은?

① 라운드형 ② 오버스퀘어형
③ 오벌형 ④ 아몬드형

아몬드형 네일은 포인트형 네일이라고도 하며 약하고 잘 부러져 일반인들이 선호하지 않는다.

08 실크 익스텐션 시술 시 양 스트레스 포인트에 동일한 힘을 주어 눌러주는 작업은 무엇인가?

① 파일링 ② 에칭하기
③ 하이포인트 만들기 ④ 핀칭 주기

핀칭
전체적인 모양과 C-커브가 잘 나오도록 눌러주는 과정으로 양 스트레스 포인트에 동일한 힘을 가한다.

09 오렌지우드스틱의 용도로 적합하지 않은 것은?

① 네일 주변이나 밑부분의 폴리시를 제거할 때
② 큐티클을 밀어 올릴 때
③ 네일 표백제를 바를 때
④ 손톱의 pH를 조절할 때

해설
오렌지우드스틱은 네일 주변이나 밑부분의 폴리시를 제거할 때, 큐티클을 밀어 올릴 때, 네일 표백제를 바를 때 등에 사용한다.

10 아크릴릭 네일의 기본 화학 성분이 아닌 것은?

① 프라이머 ② 모노머
③ 폴리머   ④ 카탈리스트

해설
아크릴릭 네일의 기본적인 화학 성분은 모노머, 폴리머, 카탈리스트가 있다.

11 팁 접착 시 자연네일의 얼마 이상 길이를 넘지 않도록 하여야 하는가?

① 1/2   ② 1/3
③ 1/4   ④ 1/5

해설
팁은 자연네일의 1/2 이상을 넘지 않도록 한다.

12 네일도구 중 파일에 대한 설명으로 틀린 것은?

① 네일의 먼지 찌꺼기를 털어내는 도구이다.
② 손톱모양을 다듬는 도구이다.
③ 길이를 정리하는 도구이다.
④ 손톱 표면을 매끄럽게 갈아주는 도구이다.

해설
네일의 먼지 찌꺼기를 정리하는 것은 더스트 브러시이다.

13 팁 커터의 사용용도로 올바른 것은?

① 상조피를 밀어 올릴 때
② 손톱을 정리할 때
③ 손톱 표면을 매끄럽게 갈아줄 때
④ 팁의 길이를 조절할 때

해설
팁 커터는 인조네일을 잘라 길이를 조절하는 도구이다.

14 아크릴 파우더의 사용용도로 올바른 것은?

① 네일을 부드럽게 손질할 때
② 아크릴 물감을 사용할 때
③ 스컬프처 네일을 만들 때
④ 아크릴 물감 시술 후 파우더를 뿌릴 때

해설
아크릴 파우더와 리퀴드를 이용하여 손톱의 길이를 연장하는 것이 아크릴릭 스컬프처이다.

15 화학물질의 대응법으로 틀린 것은?

① 재료는 서늘한 곳에 보관한다.
② 재료 물품의 마개를 덮어 보관한다.
③ 화학물질은 공기 중에 퍼지게 한다.
④ 화학물질은 고객의 손이 닿지 않는 곳에 보관한다.

해설
화학물질은 공기 중으로 퍼지지 않게 마개를 덮어 서늘한 곳에 보관해야 한다.

정답
01 ② 02 ④ 03 ① 04 ② 05 ④ 06 ④ 07 ④ 08 ④
09 ④ 10 ① 11 ① 12 ① 13 ④ 14 ③ 15 ③

제4회 실전모의고사

16 에어브러시에 대한 설명으로 바른 것은?

① 컴프레서를 사용한다.
② 제광액을 사용한다.
③ 아세톤과 같은 역할을 한다.
④ 네일 전용 브러시이다.

> 해설
> 에어브러시는 컴프레서를 사용하여 물감을 분사하는 도구이다.

17 톱 코트에 대한 설명으로 바른 것은?

① 팁을 연결하고 유지한다.
② 네일컬러의 광택을 유지하고 폴리시를 지속시킨다.
③ 인조네일을 연결한다.
④ 왁스 제거제 역할을 한다.

> 해설
> 톱 코트는 네일컬러의 광택을 유지하고 폴리시를 지속시키는 역할을 한다.

18 젤 시술 시 표면에 끈적이는 미경화 젤을 닦아내는 것은?

① 본더 ② 젤 클렌저
③ 리무버 ④ 안티셉틱

> 해설
> 미경화 젤은 퍼프에 클렌저를 묻혀 표면의 잔여물과 함께 닦아낸다.

19 손톱의 특성에 대한 설명으로 잘못된 것은?

① 조상의 모세혈관으로부터 산소를 공급받는다.
② 촉각에 해당하는 지각신경이 집중되어 있다.
③ 조체, 조모, 조소피는 산소를 필요로 한다.
④ 피부의 부속물로서 신경, 혈관이 없다.

> 해설
> 조체는 산소가 필요하지 않으나 조모, 조소피는 산소를 필요로 한다.

20 조체(Nail Body)에 대한 설명으로 틀린 것은?

① 다른 말로는 손·발톱이라고 한다.
② 백색의 반달 모양을 말한다.
③ 아랫부분은 약하고 윗부분으로 갈수록 단단해진다.
④ 단단한 각질세포로 구성되어 있다.

> 해설
> **네일바디**
> 손톱 자체를 가리키며 보호작용을 하는 각질세포로서 아랫부분은 약하고 윗부분으로 갈수록 단단해진다.

21 조소피의 설명으로 틀린 것은?

① 큐티클이라고도 한다.
② 네일 주위를 덮고 있다.
③ 네일루트 밑에 위치하고 있다.
④ 혈관, 신경, 림프관으로 구성되어 있다.

> 해설
> **큐티클(Cuticle, 조소피)**
> 네일 주위를 덮고 있는 피부로서 각질세포의 생산과 성장 조절에 관여하며 혈관, 신경, 림프관으로 구성되어 있다.

22 다음 중 손의 근육이 아닌 것은?

① 승모근 ② 무지굴근
③ 중수근 ④ 소지굴근

> 해설
> 승모근은 어깨 근육이다.

23 손의 신경으로 연결이 잘못된 것은?

① 겨드랑이 신경 - 삼각근 상부에 있는 피부를 지배하는 신경
② 정중신경 - 척추를 중심으로 분포되어 있는 신경
③ 요골신경 - 손등의 외측과 요골에 분포되어 있는 신경

④ 척골신경 – 내측의 손바닥과 척골에 분포되어 있는 신경

 해설
정중신경 : 팔과 외측의 손바닥에 전체적으로 분포되어 있는 신경이다.

24 조내생(Onychocrytosis)의 설명으로 틀린 것은?
① 손톱을 물어뜯는 증상
② 손·발톱이 살집 안으로 파고 들어가는 증상
③ 손·발톱을 잘못 잘랐을 때 생기는 증상
④ 꽉 조이는 신발을 신었을 때 생기는 증상

 해설
오니코크립토시스(Onychocrytosis)
손·발톱이 살집 안으로 파고 들어가는 증상으로 손·발톱을 잘못 자르거나 꽉 조이는 신발을 신었을 때 발생한다.

25 네일작업이 불가능한 손톱은?
① 조갑염   ② 조갑구만증
③ 조갑진균증   ④ 조갑주위증

 해설
조갑염(Onychia)
손톱에 염증이 생겨 손톱의 기저 부분이 붓고 고름이 생기는 증상으로 네일시술이 불가능하다.

26 손톱과 발톱이 두꺼워지고 휘어지는 증상은?
① 조갑염(오니키아)
② 조갑구만증(오니코그리포시스)
③ 조갑진균증(오니코마이코시스)
④ 조갑주위증(파로니키아)

27 화농성 육아종을 다른 말로 무엇이라 하는가?
① 파이로제닉 그래뉴로마 ② 오니코그리포시스
③ 오니코마이코시스   ④ 파로니키아

 해설
화농성 육아종(파이로제닉 그래뉴로마)
심한 염증 상태로 손톱 주위에 붉은 살이 자라 나오는 증상을 말한다.

28 한쪽 발은 몇 개의 뼈로 구성되어 있는가?
① 25개   ② 26개
③ 27개   ④ 28개

 해설
발의 뼈는 한 발에 26개, 총 52개의 뼈로 구성되어 있다.

29 족지골(발가락뼈)의 설명으로 틀린 것은?
① 발가락을 형성하는 14개의 축소된 장골로 구성되어 있다.
② 발의 아치 형태를 잡아주는 19개의 장골 형태의 뼈로 구성되어 있다.
③ 엄지발가락에 기절골과 말절골이라는 2개의 지골이 있다.
④ 발가락에는 기절골, 중절골, 말절골이라는 3개의 뼈가 있다.

 해설
족지골(Phalanx Bone)
발가락을 형성하는 14개의 축소된 장골로 엄지발가락에 기절골과 말절골이라는 2개의 지골이 있고, 나머지 발가락에는 기절골, 중절골, 말절골이라는 3개의 뼈가 있다.

30 습식매니큐어의 사전준비로 틀린 것은?
① 테이블은 70% 아세톤으로 닦는다.
② 모든 제품에는 라벨링을 한다.
③ 모든 철제기구는 소독액에 20분 이상 담가둔다.
④ 핑거볼에 따뜻한 물을 담아둔다.

 해설
테이블은 70% 알코올로 닦는다.

정답														
16	①	17	②	18	②	19	③	20	②	21	③	22	①	23	②
24	①	25	④	26	②	27	①	28	②	29	②	30	①		

31 네일작업 중 고객의 손에서 피가 났을 때 처리 방법으로 적절한 것은?

① 알코올로 닦는다.
② 출혈 부위에 지혈제를 바르고 눌러준다.
③ 손으로 세게 누른다.
④ 아세톤으로 씻는다.

 해설
피가 날 때는 출혈 부위에 지혈제를 바르고 눌러준다.

32 네일 폼을 끼우는 방법으로 옳지 않은 것은?

① 폼은 고객의 손톱보다 크게 재단한 후 사용한다.
② 고객의 손을 45°로 숙인다.
③ 폼에 표시된 중앙선이 손톱의 중앙과 일직선으로 일치하도록 끼운다.
④ 폼이 처지거나 비뚤어지지 않도록 주의한다.

 해설
폼은 고객의 손톱 크기에 맞게 재단한 후 사용한다.

33 독소형 식중독의 원인균은?

① 황색포도상구균　② 장티푸스균
③ 돈콜레라균　　　④ 장염균

 해설
황색포도상구균 : 독소형 식중독의 원인균으로 경구 침입한다.

34 음이온성 계면활성제에 해당하지 않는 것은?

① 비누　　　　② 샴푸
③ 클렌징 폼　　④ 린스

 해설
린스, 헤어 트리트먼트는 양이온성 계면활성제에 속한다.

35 인체의 골격은 몇 개의 뼈로 구성되어 있는가?

① 208개　　② 206개
③ 203개　　④ 201개

36 몰드에 대한 설명으로 잘못된 것은?

① 진균성 염증상태 곰팡이이다.
② 네일의 색이 검정색으로 변한다.
③ 네일이 약해지고 냄새가 난다.
④ 손톱의 기저 부분이 붓고 고름이 생긴다.

 해설
손톱에 염증이 생겨 기저 부분이 붓고 고름이 생기는 증상은 조갑염(오니키아)이다.

37 술, 간장, 된장 등의 발효식품을 만드는 미생물을 무엇이라 하는가?

① 병원성 미생물
② 유용 미생물
③ 비병원성 미생물
④ 리케차

38 파리가 매개체인 것은?

① 장티푸스　　② 일본뇌염
③ 말라리아　　④ 황열

 해설
일본뇌염, 말라리아, 황열은 모기가 매개체이다.

39 표피층의 설명으로 틀린 것은?

① 피부의 제일 바깥층이다.
② 외부의 유해물질이나 균이 침입하는 것을 막아준다.
③ 무핵층과 유핵층으로 나뉘어져 있다.
④ 에너지를 저장하고 수분을 조절한다.

해설
에너지를 저장하고 수분을 조절하는 것은 피하지방층의 역할이다.

40 표피의 무핵층이 아닌 것은?
① 유극층   ② 각질층
③ 투명층   ④ 과립층

해설
유극층은 유핵층에 해당한다.

41 황을 많이 함유한 케라토하이알린 과립을 가지고 있는 층은?
① 유극층   ② 각질층
③ 투명층   ④ 과립층

해설
과립층
• 케라틴의 전구물질인 케라토하이알린과 층판소체가 존재한다.
• 수분저지막(레인방어막)이 있어 피부 건조를 막아준다.
• 햇빛을 받아 비타민 D를 합성한다.

42 표피의 가장 안쪽 층이며 핵을 가지고 있는 입방형의 살아있는 세포로 진피층과 접하는 물결 모양의 단층은?
① 유극층   ② 각질층
③ 기저층   ④ 과립층

해설
기저층은 표피의 가장 안쪽 층이며 핵을 가지고 있는 입방형의 살아있는 세포로 진피층과 접하는 물결 모양의 단층이다.

43 각질형성세포는 표피세포의 몇 %를 구성하고 있는가?
① 10~20%   ② 20~30%
③ 50~60%   ④ 80~90%

해설
각질형성세포는 표피세포의 80~90%를 구성하며, 기저층에 존재한다.

44 다음 중 같은 병원체에 의하여 발생하는 인수공통 감염병은?
① 천연두   ② 콜레라
③ 디프테리아   ④ 공수병

해설
공수병(광견병)은 인수공통감염병이다.

45 공중보건학의 개념과 가장 거리가 먼 내용은?
① 지역주민의 생명연장에 관한 연구
② 성인병의 치료기술에 관한 연구
③ 육체적·정신적 효율증진에 관한 연구
④ 감염병 예방에 관한 연구

해설
공중보건은 질병예방을 중점으로 하며 성인병의 치료를 목적으로 하지는 않는다.

46 수질오염의 지표로 사용되는 것으로 생물학적 산소요구량을 나타내는 용어는?
① BOD   ② DO
③ COD   ④ SS

해설
BOD(생물학적 산소요구량)는 하수오염을 측정하는 데 주로 사용된다.

정답

31	②	32	①	33	①	34	④	35	②	36	④	37	②	38	①
39	④	40	①	41	④	42	③	43	④	44	④	45	②	46	①

제4회 실전모의고사

47 저온살균법 중 65°C에서 우유를 처리하고자 한다. 가장 적절한 시간은?

① 10분 ② 20분
③ 30분 ④ 40분

 해설
우유는 65°C에서 30분, 건조과실은 75°C에서 30분, 아이스크림 원료는 80°C에서 30분, 포도주는 55°C에서 10분 소독한다.

48 초고속순간멸균법 중 135°C에서 처리되는 시간은?

① 1~3초 ② 10~13초
③ 20~23초 ④ 30~33초

 해설
초고속순간멸균법 중 135°C에서 가장 적절한 처리시간은 2초이다.

49 네일숍의 실내소독에 가장 적당한 것은?

① 크레졸 비누액 ② 붕산
③ 과산화수소수 ④ 알코올

 해설
크레졸 비누액은 세균소독에 높은 효과가 있다.

50 석탄산, 알코올, 포르말린 등의 소독제가 가지는 소독의 살균기전은?

① 균체의 효소불활화작용
② 가수분해작용
③ 세포막의 삼투성 변화작용
④ 균체 단백응고작용

 해설
석탄산, 알코올, 포르말린 등의 소독제가 가지는 소독의 살균기전은 균체 단백응고작용이다.

51 네일숍에서 사용하는 수건의 소독방법으로 적합하지 <u>않은</u> 것은?

① 간헐 소독 ② 증기 소독
③ 승홍수 소독 ④ 자비 소독

 해설
수건 등은 물리적 소독에 적합하다.

52 콜레라, 장티푸스 등의 환자배설물을 처리하는데 가장 적합한 소독법은?

① 여과법 ② 매몰법
③ 냉동법 ④ 소각법

 해설
배설물의 소독은 소각법으로 한다.

53 다음 중 물리적 소독법에 해당하는 것은?

① 알코올소독 ② 승홍소독
③ 자비소독 ④ 크레졸소독

54 과징금 납부에 대한 설명으로 옳은 것은?

① 통지를 받은 자는 받은 날부터 10일 이내에 과징금을 시장·군수·구청장이 정하는 수납기관에 납부하여야 한다.
② 과징금은 분할하여 납부할 수 있다.
③ 과징금의 징수절차는 대통령령으로 정한다.
④ 과징금의 수납기관은 과징금을 수납한 때에는 지체 없이 그 사실을 시장·군수·구청장에게 통보하여야 한다.

 해설
• 과징금의 수납기관은 과징금을 수납한 때에는 지체없이 그 사실을 시장·군수·구청장에게 통보하여야 한다.
• 천재지변 그 밖에 부득이한 사유로 인하여 기간 내에 과징금을 납부할 수 없는 때에는 그 사유가 없어진 날부터 7일 이내에 납부하여야 한다.
• 과징금은 분할하여 납부할 수 없다.
• 과징금의 징수 절차는 보건복지부령으로 정한다.

55 피부미용을 위하여 의료기기를 사용했을 경우 1차 행정처분 기준은?

① 경고
② 영업정지 1개월
③ 영업정지 2개월
④ 영업정지 3개월

> **해설**
> 피부미용을 위하여 약사법에 따른 의약품 또는 의료기기법에 따른 의료기기를 사용한 때 1차 행정처분 기준은 영업정지 2개월이다.

56 다음 위반사항에서 1차 행정처분 기준이 다른 하나는?

① 지위승계신고를 하지 않은 경우
② 영업소 외의 장소에서 업무를 행한 때
③ 소독을 한 기구와 소독을 하지 아니한 기구를 각각 다른 용기에 넣어 보관하지 아니하거나 1회용 면도날을 2인 이상의 손님에게 사용한 때
④ 시·도지사, 시장·군수·구청장의 개선명령을 이행하지 아니한 때

> **해설**
> 영업소 외의 장소에서 업무를 행한 때 1차 행정처분 기준은 영업정지 1월이고 나머지는 경고이다.

57 다음 중 1차 행정처분이 면허취소가 아닌 것은?

① 국가기술자격법에 따라 미용사 자격취소처분을 받은 때
② 이중으로 면허를 취득한 때
③ 면허증을 다른 사람에게 대여한 때
④ 면허정지처분을 받고 그 정지기간 중 업무를 행한 때

> **해설**
> 면허증을 다른 사람에게 대여한 때의 1차 행정처분 기준은 면허정지 3개월이다.

58 다음 중 300만원 이하의 과태료 부과 대상자는?

① 이·미용업소의 위생관리 의무를 지키지 아니한 자
② 개선명령에 위반한 자
③ 위생교육을 받지 아니한 자
④ 영업소 외의 장소에서 이용 또는 미용업무를 행한 자

> **해설**
> 보고를 하지 아니하거나 관계공무원의 출입·검사 기타 조치를 거부·방해 또는 기피한 자, 규정에 의한 개선명령에 위반한 자는 300만원 이하의 과태료에 처한다.

59 위생교육 실시단체의 장은 위생교육을 수료한 자에게 수료증을 교부하고, 교육실시 결과를 교육 후 얼마의 기간 이내에 시장·군수·구청장에게 통보하여야 하는가?

① 1개월 이내
② 3개월 이내
③ 6개월 이내
④ 1년 이내

> **해설**
> 위생교육 실시단체의 장은 위생교육을 수료한 자에게 수료증을 교부하고, 교육실시 결과를 교육 후 1개월 이내에 시장·군수·구청장에게 통보하여야 한다.

60 공중위생관리법상 위생교육에 대한 설명 중 틀린 것은?

① 위생교육은 보건복지부장관이 허가한 단체가 실시할 수 있다.
② 위생교육의 방법·절차 등에 관하여 필요한 사항은 보건복지부령으로 정한다.
③ 위생교육 시간은 매년 10시간이다.
④ 위생교육을 실시하는 단체는 보건복지부장관이 고시한다.

> **해설**
> 위생교육 시간은 매년 3시간이다.

정답

47	③	48	①	49	①	50	④	51	③	52	④	53	③	54	④
55	③	56	②	57	③	58	②	59	①	60	③				

제5회 실전모의고사

01 오렌지우드스틱을 네일관리에 이용하기 시작한 시기는?

① 1800년 ② 1830년
③ 1885년 ④ 1892년

 해설
유럽의 발 전문의사 시트가 치과에서 사용하던 기구에서 착안한 오렌지우드스틱은 1830년부터 네일관리에 이용하게 되었다.

02 인조네일이 개발된 시기는?

① 1935년 ② 1940년
③ 1885년 ④ 1892년

 해설
1935년 인조네일이 개발되었다.

03 미국 식약청에 의해 메틸메타크릴레이트 사용이 금지된 시기는?

① 1935년 ② 1940년
③ 1973년 ④ 1975년

 해설
1975년 미국 식약청에 의해 인체에 해를 끼친다는 이유로 메틸메타크릴레이트 사용이 금지되었다.

04 큐티클을 밀어 올릴 때 사용하는 네일도구는?

① 네일 푸셔   ② 네일 니퍼
③ 네일 클리퍼 ④ 네일파일

 해설
네일 푸셔는 큐티클을 밀어 올릴 때 사용한다.

05 손톱 위의 굳은살을 제거할 때 사용하는 네일도구는?

① 오렌지우드스틱 ② 에머리보드
③ 네일 푸셔   ④ 네일 니퍼

해설
니퍼는 손톱 주위의 거스러미나 굳은살을 제거하는 도구이다.

06 자연네일의 형태 및 특성에 따른 네일 팁 적용 방법으로 옳은 것은?

① 넓적한 손톱에는 끝이 좁아지는 내로우 팁을 적용한다.
② 아래로 향한 손톱(Claw Nail)에는 커브 팁을 적용한다.
③ 위로 솟아 오른 손톱(Spoon Nail)에는 옆선에 커브가 없는 팁을 적용한다.
④ 물어뜯는 손톱에는 팁을 적용할 수 없다.

 해설
② 커브 팁을 사용하지 않는다.
③ 커브가 있는 팁을 적용한다.
④ 물어뜯는 손톱에도 손톱 교정을 위해 팁을 적용한다.

07 아크릴릭 시술 시 적합한 자연네일의 pH 지수는?

① pH 2.5~3.5   ② pH 3.5~4.5
③ pH 4.5~5.5   ④ pH 5.5~6.5

 해설
아크릴릭 시술 시 적합한 자연네일의 pH는 4.5~5.5이며, 프라이머가 손톱 표면의 pH를 조절해 유·수분을 제거하는 역할을 한다.

08 컬러링 방법 중 프리웰(free well)에 대한 설명으로 맞는 것은?

① 손톱의 반달 부분을 남겨 놓고 바른다.
② 손톱 전체를 꽉 채워 바른다.
③ 손톱이 길고 가늘게 보이도록 바른다.
④ 손톱의 프리에이지 부분만 바른다.

 해설
프리웰은 손톱 양쪽 옆면을 1.5mm 정도 남기고 바르는 컬러링으로 손톱이 길고 가늘어 보이도록 한다.

09 아크릴릭 네일에서 리프팅의 원인이 아닌 것은?

① 아크릴 리퀴드와 파우더의 부적절한 혼합
② 프라이머의 오염
③ 자연네일의 유·수분 제거
④ 에칭 작업 미흡

아크릴릭 네일시술 전에 자연네일에 유·수분이 남아 있으면 리프팅의 원인이 된다.

10 다음 중 젤 시술 시 필요하지 않은 것은?

① 리퀴드   ② 본더
③ 클리어 젤   ④ 젤 클리너

리퀴드
모노머라고도 하며, 아크릴 파우더를 녹여 섞을 때 사용한다.

11 자외선이나 할로겐 같은 특수한 불빛에 응고시키는 젤은?

① 아크릴 오버레이   ② 스컬프처 네일
③ 노 라이트 큐어드 젤 ④ 라이트 큐어드 젤

라이트 큐어드 젤
자외선이나 할로겐 라이트 같은 특수한 빛으로 젤을 응고시킨다.

12 지혈제의 사용 용도로 바른 것은?

① 지저분한 이물질을 닦을 때
② 매니큐어를 닦을 때
③ 매니큐어 시 출혈을 막을 때
④ 손의 보습을 유지할 때

지혈제는 매니큐어 시 니퍼 등에 의해 출혈이 있을 경우 출혈을 막기 위한 재료이다.

13 그라데이션 기법의 컬러링에 대한 설명으로 **틀린** 것은?

① 색상 사용의 제한이 없다.
② 스폰지를 사용하여 시술할 수 있다.
③ UV젤의 적용 시에도 활용할 수 있다.
④ 일반적으로 큐티클 부분으로 갈수록 컬러링 색상이 자연스럽게 진해지는 기법이다.

④ 큐티클 부분으로 갈수록 컬러링 색상이 자연스럽게 연해지는 기법이다.

14 필러파우더에 대한 설명으로 옳은 것은?

① 인조네일의 두께를 보강한다.
② 손관리를 위해 손 전체에 도포한다.
③ 각질을 관리하는 파우더이다.
④ 발 관리를 위해 발 전체에 도포한다.

필러파우더는 인조네일의 두께를 보강하는 데 쓰인다.

15 프렌치 매니큐어를 자주 사용하는 계절은?

① 봄   ② 여름
③ 가을   ④ 겨울

프렌치 매니큐어는 깔끔하고 깨끗한 느낌을 주기 때문에 여름철 또는 웨딩에 많이 사용된다.

16 네일 보강제의 설명으로 틀린 것은?

① 베이스 코트 대용으로 사용한다.
② 손톱이 약한 고객에게 사용한다.
③ 톱 코트 사용 전에 바른다.
④ 투명 매니큐어와 동일한 제품이다.

네일 보강제는 손톱이 찢어지거나 갈라지는 것을 예방하여 손톱을 건강하게 만드는 강화제이다.

정답

| 01 | ② | 02 | ① | 03 | ④ | 04 | ① | 05 | ④ | 06 | ① | 07 | ③ | 08 | ③ |
| 09 | ③ | 10 | ① | 11 | ④ | 12 | ③ | 13 | ④ | 14 | ① | 15 | ② | 16 | ④ |

제5회 실전모의고사

17 안티셉틱에 대한 설명으로 바른 것은?
① 시술 전에 사용하는 소독제
② 액세서리 이름
③ 칼슘 보강제
④ 인조팁의 이름

18 실크 익스텐션 시술 시 연장된 뒷부분에 글루를 바르는 목적은?
① 견고성을 높이기 위해
② 투명도를 높이기 위해
③ C-커브가 잘 잡히도록 하기 위해
④ 리프팅을 줄이기 위해

연장된 실크 뒷부분에 글루를 바르면 투명도가 높아진다.

19 네일시술이 가능한 손톱질환은?
① 파로니키아(Paronychia)
② 오니코파지(Onychophagy)
③ 오니코그리포시스(Onychogryposis)
④ 오니콥토시스(Onychoptosis)

오니코파지(Onychophagy)는 불안감과 스트레스로 인해 손톱을 물어뜯는 증상으로, 지속적인 네일관리가 필요하다.

20 손톱의 구조 중 새로운 세포를 형성하는 곳은?
① 에포니키움   ② 네일 베드
③ 하이포니키움   ④ 네일루트

네일루트는 네일 베이스의 피부 밑에 묻혀 있으며, 새로운 세포가 만들어져 네일의 성장이 시작되는 곳이다.

21 손톱이 갈라지고 부서지는 증상은?
① 오니콥토시스(Onychoptosis)
② 오니코렉시스(Onychorrhexis)
③ 오니코파지(Onychophagy)
④ 파로니키아(Paronychia)

오니코렉시스
손톱이 갈라지고 부서지며 세로로 골이 파지는 현상으로 강한 알칼리성 세제나 갑상선기능항진증으로 인해 생긴다.

22 손톱과 발톱이 두꺼워지고 휘어지는 증상을 무엇이라 하는가?
① 오니코그리포시스(Onychogryposis)
② 오니코파지(Onychophagy)
③ 오니코렉시스(Onychorrhexis)
④ 티니아 페디스(Tinea Pedis)

오니코그리포시스
손톱과 발톱이 두꺼워지고 휘어지는 증상으로 네일시술이 불가능하다.

23 큐티클을 다른 말로 무엇이라 하는가?
① 조주름   ② 조소피
③ 조구   ④ 조상

큐티클(조소피)
네일 주위를 덮고 있는 피부로서 각질세포의 생산과 성장 조절에 관여하며 혈관, 신경, 림프관으로 구성되어 있다.

24 상조피를 다른 말로 무엇이라 하는가?
① 네일 폴드   ② 페리오니키움
③ 하이포니키움   ④ 에포니키움

에포니키움(상조피)
네일의 베이스에 있는 가는 선의 피부를 말한다.

25 손톱 표면에 밤색, 검은색으로 멜라닌색소의 침착현상이 생기는 증상은?

① 조갑변색 ② 멍든 손톱
③ 니버스   ④ 테리지움

니버스(모반, 점)
손톱 표면에 밤색, 검은색으로 멜라닌색소의 침착현상이 생기는 증상이다.

26 동물성 오일에 대한 설명으로 잘못된 것은?

① 피부 친화성이 우수하다.
② 냄새가 좋지 않아 정제한 것을 사용해야 한다.
③ 호호바 오일이 해당한다.
④ 쉽게 변질될 수 있다.

호호바 오일은 식물에서 추출한 오일로, 피부에 잘 퍼지고 피부 친화성이 좋다.

27 다음 중 보습제의 성분으로 옳은 것은?

① 글리세린   ② 폴리비닐알코올
③ 펙틴   ④ 젤라틴

②, ③, ④는 피막제의 성분이다.

28 양 손가락 뼈의 개수는 몇 개인가?

① 54개 ② 55개
③ 56개 ④ 57개

손의 골격은 크게 수근골, 중수골, 수지골로 나누어지며, 오른손 27개, 왼손 27개로 총 54개의 뼈로 구성되어 있다.

29 중수골은 몇 개의 장골로 구성되어 있는가?

① 3개 ② 4개
③ 5개 ④ 6개

중수골은 5개의 장골로 구성되어 있으며 위쪽은 손목뼈, 아래쪽은 손가락뼈와 관절로 연결되어 있다.

30 소지굴근에 속하는 근육이 아닌 것은?

① 단소지굴근   ② 소지대립근
③ 소지외전근   ④ 무지굴근

소지굴근은 소지외전근, 단소지굴근, 소지대립근으로 구성되어 있다.

31 계면활성제에 대한 설명으로 옳지 않은 것은?

① 한 분자 안에 물을 좋아하는 친수성기와 기름을 좋아하는 친유성기를 함께 가지고 있다.
② 계면을 활성화하는 물질이다.
③ 양이온성 계면활성제는 살균·소독작용이 강하며 정전기 발생을 억제한다.
④ 음이온성 계면활성제는 피부자극이 적어 기초화장품에 사용한다.

피부자극이 적어 기초화장품에 사용하는 것은 비이온성 계면활성제이다.

32 인체는 대략 몇 개의 근육으로 이루어져 있는가?

① 700여 개   ② 630여 개
③ 670여 개   ④ 650여 개

인체는 대략 650개의 근육으로 이루어져 있으며, 체중의 약 45~50%를 차지한다.

정답															
17	①	18	②	19	②	20	④	21	②	22	①	23	②	24	④
25	③	26	③	27	①	28	①	29	③	30	④	31	④	32	④

제5회 실전모의고사

33 라이트 큐어드 젤의 단점으로 옳은 것은?

① 아세톤에 잘 녹지 않는다.
② 유분기가 없다.
③ 광택이 없다.
④ 부서지기 쉽다.

 해설
라이트 큐어드 젤은 아세톤에 잘 녹지 않는다는 단점이 있다.

34 네일리스트가 지켜야 할 사항으로 옳지 않은 것은?

① 항상 청결한 유니폼을 착용한다.
② 모든 제품은 뚜껑을 닫아 보관한다.
③ 피부에 상처가 없을 때는 화학물질을 직접 접촉해도 무방하다.
④ 아크릴, 글루 등의 화학물질은 반드시 사용설명서에 따라 사용한다.

 해설
아크릴, 글루 등의 화학물질을 사용할 때는 눈과 피부에 접촉을 금지한다.

35 화장품의 4대 요건 중 안정성에 대한 설명으로 옳은 것은?

① 피부에 대한 자극과 알레르기, 독성이 없을 것
② 보관에 따른 변질, 변색, 변취, 미생물 오염이 없을 것
③ 피부에 매끄럽게 스며들 것
④ 피부에 적절한 보습, 노화 억제, 자외선 차단, 미백, 세정효과 등을 부여할 것

 해설
①은 안전성, ③은 사용성, ④는 유효성에 대한 설명이다.

36 손상된 케라틴을 회복하여 손톱치료에 효과적인 비타민은?

① 비타민 A   ② 비타민 C
③ 비타민 E   ④ 비타민 H

 해설
비오틴이라 불리는 비타민 H는 단백질 회복효과가 있다.

37 가장 간단한 단세포 동물로 1개의 세포로 구성되어 있는 병원충이 아닌 것은?

① 곰팡이   ② 이질
③ 아메바   ④ 말라리아

 해설
아메바, 이질, 말라리아는 단세포 동물로 1개의 세포로 구성되어 있다.

38 식염이 거의 없어도 증식하거나 8~20% 정도의 식염농도가 있으면 증식하는 세균은?

① 일반세균   ② 내염성 세균
③ 호염성 세균   ④ 고온균

 해설
내염성 세균은 식염이 거의 없어도 증식하거나 8~20% 정도의 식염농도가 있으면 증식하는 세균을 말한다.

39 유극층에 위치하며 외부의 항원을 림프구로 전달하는 세포는?

① 각질형성세포   ② 멜라닌생성세포
③ 랑게르한스 세포   ④ 머켈 세포

 해설
랑게르한스 세포
• 피부면역과 밀접한 관계가 있으며, 유극층에서 외부의 항원을 림프구로 전달한다.
• 피부에 이물질이 침입했을 때 신체반응을 인지 및 중계한다.

40 기저층에서 세포가 생성된 후 떨어져나갈 때까지 걸리는 시간은 약 28일인데, 이 기간을 무엇이라 하는가?

① 멜라닌생성주기 ② 각질형성주기
③ 각화주기 ④ 세포형성주기

 해설
기저층에서 생성된 세포가 각질층에 도착해 떨어져 나갈 때까지 걸리는 시간은 약 28일이며, 이것을 각화주기(Turn Over Process)라고 한다.

41 피부의 기능이 아닌 것은?

① 장기보호 ② 체온조절
③ 재생 ④ 혈액생성

42 피지선이 많이 분포되어 있는 곳이 아닌 것은?

① 손바닥 ② 머리
③ 가슴 ④ 얼굴

 해설
피지선은 손바닥, 발바닥을 제외한 전신에 분포되어 있다.

43 입술 주위에 나타나는 습진성 수포발진 형태의 피부 질환은?

① 비립종 ② 소수포
③ 반점 ④ 헤르페스

해설
헤르페스는 입술 주위의 습진성 수포발진 형태의 피부질환이다.

44 공중보건사업의 3대 요인 중에서 가장 효율적인 사업은?

① 보건행정 ② 보건관리책임업무
③ 보건교육 ④ 보건관계법규

 해설
공중보건사업의 3대 요인은 보건행정, 보건교육, 보건관계법규이며 이 중 보건교육이 가장 효율적인 사업이다.

45 다음 중 바퀴벌레에 의해 전파되는 감염병은?

① 일본뇌염 ② 살모넬라증
③ 사상충증 ④ 말라리아

해설
바퀴벌레에 의한 감염병은 살모넬라증, 장티푸스, 이질, 콜레라이다.

46 공중보건학의 개념으로 잘못된 것은?

① 생명연장
② 질병예방
③ 효과적인 질병치료
④ 정신적・신체적 효율증진

 해설
공중보건은 질병예방, 생명 연장, 신체적・정신적인 효율을 증진시키는 기술과학이며 치료와는 거리가 멀다.

47 어느 소독약의 석탄산 계수가 2.0이고 석탄산의 희석배율은 90배이라면 소독약의 적당한 희석배율은 몇 배인가?

① 45배 ② 90배
③ 135배 ④ 180배

 해설
석탄산계수 = 소독약의 희석배수 ÷ 석탄산의 희석배수
$2.0 = x \div 90$, $x = 180$

정답

| 33 | ① | 34 | ③ | 35 | ② | 36 | ④ | 37 | ① | 38 | ② | 39 | ③ | 40 | ③ |
| 41 | ④ | 42 | ① | 43 | ④ | 44 | ③ | 45 | ② | 46 | ③ | 47 | ④ | | |

48 다음 중 물리적 소독법이 아닌 것은?

① 화염멸균법 ② 건열소독법
③ 고압증기멸균법 ④ 포르말린소독법

포르말린소독법은 화학적 소독법이다.

49 용액 400㎖에 용질 8g이 녹아 있다면, 이 용액은 몇 % 용액인가?

① 500% ② 50%
③ 20% ④ 2%

소독의 농도(%) = 용질량 ÷ 용액량 × 100
8 ÷ 400 × 100 = 2%

50 음용수의 소독법으로 가장 알맞은 것은?

① 크레졸 소독 ② 염소 소독
③ 포르말린 소독 ④ 석탄산 소독

음용수는 염소나 표백분 1~2g으로 소독한다.

51 다음 중 피부소독에 적합하지 않은 소독액은?

① 크레졸 ② 알코올
③ 포름알데하이드 ④ 약용비누

포름알데하이드는 강력한 살균력이 있어 피부소독에 부적합하다.

52 크레졸 원액의 농도를 100%라 할 때 3%의 크레졸 비누액 100㎖를 만드는 방법으로 옳은 것은?

① 크레졸 원액 3㎖에 물 100㎖로 한다.
② 크레졸 원액 30㎖에 물 70㎖로 한다.
③ 크레졸 원액 3㎖에 물 97㎖로 한다.
④ 크레졸 원액 30㎖에 물 100㎖로 한다.

크레졸 비누액은 원액(3) : 물(97)의 비율로 한다.

53 방사선 멸균법에 대한 설명으로 옳지 않은 것은?

① ^{50}C, ^{137}CS 등 방사능으로 멸균하는 소독법이다.
② 투과력이 강해 포장된 물품에 소독효과가 있다.
③ 단시간 내 살균이 가능하다.
④ 고온에서 적용되기 때문에 열에 약한 기구는 소독하기 어렵다.

방사선 멸균법은 열을 가하지 않고 균을 사멸시키거나 균의 활동을 저지하는 비열처리법에 속한다.

54 이·미용사가 이·미용업소 외의 장소에서 이·미용을 한 경우의 3차 위반 행정처분 기준은?

① 경고
② 영업정지 1개월
③ 영업정지 2개월
④ 영업장 폐쇄명령

1차 위반 시 – 영업정지 1개월, 2차 위반 시 – 영업정지 2개월, 3차 위반 시 – 영업장 폐쇄명령

55 이·미용영업의 일부시설의 사용중지명령을 받고도 영업을 한 자에 대한 처분은?

① 1년 이하의 징역 또는 1천만원 이하의 벌금
② 1년 이하의 징역 또는 500만원 이하의 벌금
③ 6월 이하의 징역 또는 1천만원 이하의 벌금
④ 6월 이하의 징역 또는 500만원 이하의 벌금

> **해설**
> 영업정지명령 또는 일부시설의 사용중지명령을 받고도 그 기간 중에 영업을 하거나 그 시설을 사용한 자는 1년 이하의 징역 또는 1천만원 이하의 벌금형에 처한다.

56 위생서비스 평가의 계획에 따라 관할 공중위생영업소로 하여금 위생서비스평가를 실시하게 할 수 있는 자는?

① 보건복지부장관 ② 대통령
③ 시·도지사 ④ 시장·군수·구청장

> **해설**
> 위생서비스평가 계획의 수립은 시·도지사가 하며, 시장·군수·구청장은 평가계획에 따라 관할 공중위생영업소의 위생서비스수준을 평가한다.

57 다음 중 청문을 실시하는 사항이 아닌 것은?

① 공중위생영업의 정지처분을 하고자 하는 경우
② 피성년후견인의 면허를 취소하고자 하는 경우
③ 공중위생영업의 일부 시설을 사용중지하고자 하는 경우
④ 공중위생영업의 시정명령을 하고자 하는 경우

> **해설**
> 신고사항의 직권 말소, 미용사의 면허취소 또는 면허정지, 영업정지명령, 일부 시설의 사용중지명령 또는 영업소 폐쇄명령을 내리고자 할 때는 청문을 실시해야 한다.

58 이·미용업소에서 음란행위를 하게 하거나 이를 알선 또는 제공할 때 영업소에 대한 1차 위반 행정처분 기준은?

① 경고 ② 영업정지 1월
③ 영업정지 2월 ④ 영업정지 3월

> **해설**
> 1차 위반 시 - 영업정지 3개월, 2차 위반 시 - 영업장 폐쇄명령

59 공중위생관리법의 목적으로 적합한 것은?

① 공중위생수준을 향상시켜 국민의 건강증진에 기여하기 위하여
② 영업의 건전한 발전을 도모하고 공중위생영업의 이익을 옹호하기 위하여
③ 국민보건의 향상을 기하고 공중위생영업자의 경제적 목적을 향상시키기 위하여
④ 공중위생을 향상시키고 조직을 확대하기 위하여

> **해설**
> 공중위생관리법은 공중이 이용하는 영업의 위생관리 등에 관한 사항을 규정함으로써 위생수준을 향상시켜 국민의 건강증진에 기여함을 목적으로 한다.

60 영업자의 지위를 승계한 자는 누구에게 이를 신고하여야 하는가?

① 시·도지사
② 보건복지부 장관
③ 대통령
④ 시장·군수·구청장

> **해설**
> 공중위생업자의 지위를 승계한 자는 1월 이내에 관할 시장·군수·구청장에게 신고하여야 한다.

정답											
48	④	49	④	50	②	51	③	52	③	53	④	54	④	55	①
56	④	57	④	58	④	59	①	60	④		

제6회 실전모의고사

01 WHO에서 정의하는 보건행정의 범위에 속하지 않는 것은?
① 모자보건 ② 감염병관리
③ 산업행정 ④ 보건관계기록의 보존

보건행정의 범위는 보건관계기록의 보존, 대중에 대한 보건교육, 환경위생, 감염병관리, 모자보건, 의료, 보건간호로 규정하고 있다.

02 손톱의 주요한 기능 및 역할과 가장 거리가 먼 것은?
① 방어와 공격의 기능이 있다.
② 물건을 잡거나 긁을 때 또는 성상을 구별하는 기능이 있다.
③ 손끝을 보호한다.
④ 노폐물의 분비기능이 있다.

03 뼈의 기능이 아닌 것은?
① 무기질 저장 ② 지렛대 역할
③ 흡수기능 ④ 보호작용

흡수기능은 피부의 기능에 속한다.

04 고대의 이집트와 중국에서 손톱의 색깔을 표현하기 위해 사용했던 추출물이 아닌 것은?
① 헤나 ② 벌꿀
③ 계란 흰자 ④ 괭이밥

해설
고대 이집트에서는 관목인 '헤나'에서 염료를 얻었으며 고대 중국에서는 벌꿀, 계란흰자, 고무나무에서 염료를 얻어 손톱을 물들였다.

05 아크릴릭 시술에서 핀칭(Pinching)을 하는 주된 이유로 가장 적합한 것은?
① C-커브에 도움이 된다.
② 에칭(Etching)에 도움이 된다.
③ 하이포인트 형성에 도움이 된다.
④ 리프팅(Lifting) 방지에 도움이 된다.

06 공중위생관리법상 이·미용업 영업장 안의 조명도 기준은?
① 75룩스 이상 ② 125룩스 이상
③ 50룩스 이상 ④ 100룩스 이상

07 진균에 의한 피부병변이 아닌 것은?
① 대상포진 ② 두부백선
③ 족부백선 ④ 무좀

대상포진은 바이러스에 의해 발병되는 질환이다.

08 아크릴릭 네일재료인 프라이머에 대한 설명으로 틀린 것은?
① 손톱 표면의 유수분을 제거하고 건조시켜 아크릴의 접착력을 강하게 해준다.
② 산성 제품으로 피부에 화상을 입힐 수 있으므로 최소량만을 사용한다.
③ 인조네일 전체에 사용하며 방부제 역할을 한다.
④ 손톱 표면의 pH밸런스를 맞춰준다.

프라이머는 손톱의 유분기를 없애주고 아크릴볼 사용 시 접착이 잘되도록 도와준다.

09 신경조직의 기본단위를 무엇이라 하는가?
① 신경연접 ② 종말단추
③ 뉴런 ④ 세포

10 한국 네일미용의 역사와 가장 거리가 먼 것은?

① 1990년대부터 네일산업이 점차 대중화되어 왔다.
② 상류층 여성들은 손톱 뿌리부분에 문신 바늘로 색소를 주입하여 상류층임을 과시하였다.
③ 고려시대부터 주술적인 의미로 시작하였다.
④ 1998년에 민간자격시험제도가 도입 및 시행되었다.

해설
상류층 여성들이 손톱 뿌리에 색소를 주입하여 신분을 과시했던 때는 인도의 중세시대이다.

11 비타민D 결핍 시 뼈 발육에 변형을 일으키는 것은?

① 골막파열증   ② 구루병
③ 석회결석   ④ 괴혈증

해설
비타민D의 대표적인 결핍 부작용은 구루병이다.

12 피부의 수분보유량을 조절하는 수용성 흡수물질로 옳은 것은?

① 각질간 지질   ② 랑게르한스세포
③ 천연보습인자   ④ 멜라닌세포

 해설
천연보습인자(NMF)는 각질층에 존재하며 피부의 친수성분으로 수분보유량을 조절하는 수용성 흡수물질이다.

13 네일숍에서의 감염예방방법으로 가장 거리가 먼 것은?

① 감기 등 감염 가능성이 있거나 감염이 된 상태에서는 시술하지 않는다.
② 작업 전·후에는 70% 알코올이나 소독용액으로 작업자와 고객의 손을 닦는다.
③ 네일서비스를 할 때는 상처를 내지 않도록 항상 조심해야 한다.
④ 작업장소에서 음식을 먹을 때는 환기에 유의해야 한다.

 해설
작업장소에서는 음식을 먹지 않아야 한다.

14 다음 중 감염병 유행의 3대 요소는?

① 병원체, 숙주, 환경
② 환경, 유전, 병원체
③ 숙주, 유전, 환경
④ 감수성, 환경, 병원체

15 표피성 진균증 중 네일 몰드는 습기, 열, 공기에 의해 균이 번식되어 발생한다. 이때 몰드가 발생한 수분함유율이 옳게 표기된 것은?

① 7~10%   ② 23~25%
③ 2~5%   ④ 12~18%

 해설
네일 몰드는 손톱 사이로 곰팡이균이 발생하는 것이다. 곰팡이균의 번식에 적절한 수분 함유량은 약 23~25%이다.

16 과태료 처분에 불복이 있는 자는 그 처분의 고지를 받은 날부터 얼마의 기간 이내에 처분권자에게 이의를 제기할 수 있는가?

① 20일   ② 3개월
③ 10일   ④ 30일

17 마누스(Manus)와 큐라(Cura)라는 단어에서 유래된 용어는?

① 매니큐어(Manicure)
② 아크릴(Acrylic)
③ 네일 팁(Nail Tip)
④ 페디큐어(Pedicure)

정답

01	③	02	④	03	③	04	④	05	①	06	①	07	①	08	③
09	③	10	②	11	②	12	③	13	④	14	①	15	②	16	④
17	①														

제6회 실전모의고사

18 다음 중 원발진(Primary Lesions)에 해당하는 피부질환은?

① 미란 ② 반흔
③ 면포 ④ 가피

원발진에는 반점, 구진, 농포, 팽진, 소수포, 수포, 홍반, 낭종, 결절, 면포 등이 속한다.

19 한 나라의 건강수준을 다른 국가들과 비교할 수 있는 지표로 세계보건기구가 제시한 것은?

① 비례사망지수, 조사망율, 평균수명
② 의료시설, 평균수명, 주거상태
③ 인구증가율, 평균수명, 비례사망지수
④ 평균수명, 조사망율, 국민소득

20 양모에서 추출한 동물성 왁스는?

① 스쿠알렌 ② 리바이탈
③ 라놀린   ④ 레시틴

21 다량의 유성성분을 물에 일정기간 동안 안정한 상태로 균일하게 혼합시키는 화장품 제조기술은?

① 가용화 ② 분산
③ 유화   ④ 경화

유화란 물에 섞이지 않는 유성 성분을 균일하게 혼합시키는 제조기술이다.

22 네일미용 관리 후 고객이 불만족할 경우 우선적으로 해야 할 대처방법으로 가장 적합한 것은?

① 고객의 불만족 부분을 파악하고 해결방안을 모색한다.
② 할인이나 서비스 티켓으로 상황을 마무리한다.
③ 고객이 만족할 수 있는 주변의 네일숍을 소개해준다.
④ 숍 입장에서의 불만족을 먼저 해소한다.

23 신경계에 대한 설명이 바르지 않은 것은?

① 축삭 : 원심성섬유이다.
② 랑비에결절 : 유수신경섬유에 일정한 간격으로 구성되어 있다.
③ 시냅스 : 신경세포와 또 다른 수상돌기가 만나 형성하는 특수한 부위이다.
④ 수상돌기 : 구심성섬유로 내부에서 자극을 받아 세포체로 전달한다.

시냅스는 신경세포가 또 다른 신경세포와 만나 형성하는 특수한 부위이다.

24 노화피부의 전형적인 증세는 무엇인가?

① 항상 촉촉하고 매끈하다.
② 유분과 수분이 부족하다.
③ 피지가 과다 분비되어 번들거린다.
④ 수분이 80% 이상이다.

25 습관적으로 손톱을 물어뜯어 손톱이 자라지 못하는 증상은?

① 조갑비대증(Onychauxis)
② 조내생증(Onyshocryptosis)
③ 교조증(Onychophagy)
④ 조갑위축증(Onychatrophy)

손톱의 병변
• 조갑비대증 : 손, 발톱의 과잉성장
• 조갑위축증 : 부서져 없어지는 손톱
• 조내생증 : 파고드는 손, 발톱

26 다음 중 이·미용업의 시설 및 설비기준으로 옳은 것은?

① 영업소 안에는 별실, 기타 이와 유사한 시설을 설치할 수 있다.
② 탈의실, 욕실, 욕조 및 샤워기를 설치하여야 한다.

③ 소독기, 자외선살균기 등의 소독장비를 갖추어야 한다.
④ 응접장소와 작업장소를 구획하는 경우에는 커튼, 칸막이 기타 이와 유사한 장애물의 설치가 가능하며 외부에서 내부를 확인할 수 없어야 한다.

27 건강한 네일 조건에 대한 설명으로 틀린 것은?
① 네일 베드에 단단히 잘 부착되어야 한다.
② 25~30%의 수분과 10%의 유분을 함유해야 한다.
③ 유연하고 탄력성이 좋아서 튼튼하다.
④ 연한 핑크빛을 띠며 내구력이 좋아야 한다.

> **해설**
> 12~18% 정도의 수분을 함유하고 있는 네일이 건강한 네일이다.

28 미생물의 발육·작용을 제거 또는 정지시켜 음식물의 부패나 발효를 방지하는 것은?
① 소독 ② 살충
③ 방부 ④ 살균

29 근육 중에서 손목을 굽히고 손가락을 구부리는 데 작용하는 것은?
① 회외근 ② 굴근
③ 회내근 ④ 장근

30 조근에 대한 설명으로 가장 적합한 것은?
① 연분홍빛이며 반달모양이다.
② 손톱에 수분공급을 한다.
③ 손톱모양을 만든다.
④ 손톱이 자라나기 시작하는 곳이다.

> **해설**
> 조근(네일루트)은 손톱이 자라나기 시작하는 시작점이다.

31 소독용 과산화수소(H_2O_2)수용액의 적당한 농도는?
① 3.5 ~ 5.0% ② 6.5 ~ 7.5%
③ 2.5 ~ 3.5% ④ 5.0 ~ 6.0%

> **해설**
> 과산화수소는 3% 수용액을 사용한다.

32 향수의 부향률이 순서로 옳은 것은?
① 퍼퓸 > 오데 토일렛 > 오데 퍼퓸 > 오데 코롱
② 오데 코롱 > 오데 토일렛 > 오데 퍼퓸 > 퍼퓸
③ 퍼퓸 > 오데 퍼퓸 > 오데 토일렛 > 오데 코롱
④ 오데 코롱 > 오데 퍼퓸 > 오데 토일렛 > 퍼퓸

33 다음 중 화장품의 4대 요건이 아닌 것은?
① 안정성 ② 기능성
③ 안전성 ④ 유효성

34 멜라노사이트(Melanocyte)가 주로 분포되어 있는 곳은?
① 과립층 ② 기저층
③ 투명층 ④ 각질층

> **해설**
> 색소형성세포인 멜라노사이트는 기저층에서 만들어진다.

35 독일에서 라이트 큐어드 젤 시스템이 등장한 시기는?
① 1987년 ② 1994년
③ 1980년 ④ 1992년

정답															
18	③	19	①	20	③	21	③	22	①	23	③	24	②	25	③
26	③	27	②	28	③	29	②	30	④	31	③	32	③	33	②
34	②	35	②												

제6회 실전모의고사

36 다음 5대 영양소 중 주로 신체의 생리기능조절에 작용하는 것은?

① 비타민, 무기질　② 탄수화물, 무기질
③ 단백질, 지방　　④ 지방, 비타민

5대 영양소 : 탄수화물, 단백질, 지방, 무기질, 비타민
이 중, 비타민과 무기질은 신체의 생리기능조절에 작용한다.

37 한국 네일미용에서 부녀자와 처녀들 사이에서 봉선화 물들이기 풍습이 있었던 시기로 옳은 것은?

① 고구려시대　② 조선시대
③ 신라시대　　④ 고려시대

38 계면활성제 중 가장 살균력이 강한 것은?

① 양이온성　② 양쪽이온성
③ 음이온성　④ 비이온성

39 리보플라빈이라고도 하며, 녹색 채소류, 밀의 배아, 효모, 계란, 우유 등에 함유되어 있고 결핍되면 피부염을 일으키는 것은?

① 비타민 E　② 비타민 A
③ 비타민 B2　④ 비타민 K

리보플라빈이라고도 하는 비타민 B_2는 우유, 간, 달걀, 치즈, 녹색 채소류, 효모 등에 함유되어 있고 결핍 시 피부염, 구각염, 설염 등이 생긴다.

40 생활무능력자 및 저소득층을 대상으로 공적으로 의료를 보장하는 제도는?

① 의료보호　② 연금보험
③ 의료보험　④ 실업보험

의료보호제도란 생활무능력자와 저소득계층을 대상으로 건강하고 인간다운 생활을 보장하기 위해 국가 부담으로 제공하는 의료부조제도이다.

41 다른 모양보다 강한 느낌으로, 대회용으로 많이 사용되는 손톱모양은?

① 라운드 모양　② 아몬드형 모양
③ 오벌 모양　　④ 스퀘어 모양

42 인체에 질병을 일으키는 병원체 중 크기가 가장 작아 전자현미경으로만 관찰할 수 있고 대부분 살아있는 세포에서만 증식하는 것은?

① 간균　② 원생동물
③ 구균　④ 바이러스

43 이·미용업소의 실내 쾌적 습도 범위로 가장 알맞은 것은?

① 20~40%　② 70~90%
③ 10~20%　④ 40~70%

44 고객을 위한 네일인의 자세가 아닌 것은?

① 고객의 네일상태 파악
② 선택 가능한 관리방법 설명
③ 고객의 경제상태 파악
④ 선택 가능한 시술방법 설명

45 발의 근육에 해당하는 것은?

① 대퇴근　② 족배근
③ 비복근　④ 장골근

비복근(종아리 근육), 대퇴근(허벅지 근육), 장골근(엉덩이 근육), 족배근(발등 근육)은 하체 근육에 속한다.

46 손톱의 구조에서 자유연(프리에이지) 밑 부분의 피부를 무엇이라 하는가?

① 조구　② 조상연
③ 하조피　④ 큐티클

박테리아균의 침입으로부터 손톱을 보호하며 프리에이지 밑에 위치한 피부는 하조피이다.

47 매년 공중위생업자가 받아야 하는 위생교육 시간은?

① 4시간   ② 2시간
③ 5시간   ④ 3시간

48 피지선이 존재하지 않는 인체 부위는 어디인가?

① 코   ② 손바닥
③ 이마   ④ 귀

피지선은 얼굴과 두피에 가장 많이 존재하며 손바닥과 발바닥을 제외한 신체의 대부분에 분포한다.

49 다음 중 시·도지사 또는 시장·군수·구청장이 공중위생관리상 필요하다고 인정하는 때에 공중위생영업자 등에 대하여 할 수 있는 조치는?

① 청문   ② 협의
③ 보고   ④ 감독

50 시술 불가능한 손톱으로 올바른 것은?

① 조갑진균증   ② 조갑위축증
③ 조백반증   ④ 모반점

해설
조갑진균증은 진균감염으로 인해 생기는 질환으로 의료 진찰을 받아야 한다.

51 UV 젤의 특징이 아닌 것은?

① 탑 젤의 광택은 인조네일 중에서 가장 좋다.
② UV 젤은 상온에서도 마른다.
③ 올리고머 형태의 분자 구조이다.
④ 농도에 따라 묽기가 약간씩 다르다.

52 손과 발의 뼈 구조에 대한 설명으로 틀린 것은?

① 한쪽 발은 발가락뼈 14개, 발바닥뼈 5개, 발목뼈 7개 총 26개의 뼈로 구성되어 있다.
② 발목뼈는 몸의 무게를 지탱하는 길고 가는 5개의 뼈로 체중을 지탱할 만큼 튼튼하고 길다.
③ 한쪽 손은 손가락뼈 14개, 손바닥뼈 5개, 손목뼈 8개 총 27개의 뼈로 구성되어 있다.
④ 손목뼈는 손목을 구성하는 뼈로 8개의 작고 다른 뼈들이 두 줄로 손목에 위치하고 있다.

해설
발목뼈는 7개의 뼈로 이루어져 있으며 종류로는 거골, 종골, 주상골, 내측설상골, 외측설상골, 중간설상골, 입방골이 있다.

53 네일 매트릭스에 대한 설명으로 적합한 것은?

① 네일바디를 받쳐주는 역할을 한다.
② 손톱이 자라나기 시작하는 곳이다.
③ 네일 베드를 보호하는 기능을 한다.
④ 모세혈관, 림프와 신경조직이 있다.

54 소독약의 살균력 지표로 가장 많이 이용되는 것은?

① 크레졸   ② 포름알데하이드
③ 알코올   ④ 석탄산

55 이·미용업 영업신고를 하지 않고 영업을 한 자에 해당하는 벌칙기준은?

① 6월 이하의 징역 또는 300만원 이하의 벌금
② 1년 이하의 징역 또는 1천만원 이하의 벌금
③ 6월 이하의 징역 또는 100만원 이하의 벌금
④ 1년 이하의 징역 또는 500만원 이하의 벌금

56 발허리뼈 관절을 굴곡시키고, 외측 4개 발가락의 지골간관절을 신전시키는 발의 근육은?

① 새끼벌림근   ② 짧은엄지굽힘근
③ 벌레근   ④ 짧은새끼굽힘근

해설
4개의 발가락을 구부리고 펴는 신전기능을 하며 발바닥에 위치한 근육은 벌레근이다.

정답

36	①	37	④	38	①	39	③	40	①	41	④	42	④	43	④
44	③	45	②	46	②	47	④	48	②	49	③	50	①	51	②
52	②	53	④	54	④	55	②	56	③								

57 손톱의 역할 및 기능과 가장 거리가 먼 것은 무엇인가?

① 작은 물건을 들어 올리는 기능
② 몸을 지탱해주는 기능
③ 물건을 잡는 기능
④ 방어 · 공격의 기능

58 병원성 · 비병원성 미생물 및 포자를 가진 미생물 모두를 사멸 또는 제거하는 것은?

① 멸균　　② 정균
③ 소독　　④ 방부

 해설
멸균은 강한 살균력을 이용하여 모든 미생물이나 포자까지 파괴 및 멸살시키는 방법이다.

59 에센셜 오일의 보관방법에 관한 내용으로 틀린 것은?

① 직사광선을 피해야 한다.
② 공기가 통할 수 있는 투명한 용기에 보관해야 한다.
③ 뚜껑을 닫고 보관해야 한다.
④ 통풍이 잘되는 곳에 보관해야 한다.

 해설
에센셜 오일은 빛과 산소에 노출되면 변질될 수 있으므로 갈색 병에 담아 냉암소에 보관해야 한다.

60 이 · 미용업자가 변경신고를 하여야 하는 영업장 증감 면적은 얼마 이상인가?

① 4분의 1　　② 2분의 1
③ 5분의 1　　④ 3분의 1

 정답

57 ② 58 ① 59 ② 60 ④

제7회 실전모의고사

01 다음 중 손가락의 수지골 뼈의 명칭으로 옳지 않은 것은?

① 말절골　　② 요골
③ 기절골　　④ 중절골

> 해설
> 요골은 아래팔뼈를 이루는 2개의 뼈 중 요측(바깥쪽)에 있는 뼈이다.

02 변색된 손톱의 특성이 아닌 것은?

① 혈액순환이나 심장이 좋지 않을 때 나타날 수 있다.
② 손톱의 색상이 누렇게 변한다.
③ 네일바디에 푸른 멍이 반점처럼 생긴다.
④ 베이스 코트를 생략하고 유색 네일폴리시를 바를 경우 나타날 수 있다.

> 해설
> 멍든 손톱은 외부로부터 충격에 의해 생기며 멍든네일(헤마토마)이라고 칭한다. 변색된 네일(디스컬러드)은 네일 폴리시, 흡연, 혈액순환장애, 심장질환 등으로 인해 주로 발생하며 손톱 색이 누렇게 변색된다.

03 손 근육과 가장 거리가 먼 것은?

① 모음근　　② 엎침근
③ 벌림근　　④ 맞섬근

> 해설
> 엎침근은 팔꿈치에서 손목까지의 아래쪽 팔에 위치한 근육으로 손바닥을 뒤쪽을 향하게 하거나 엄지를 안쪽으로 향하게 작용하는 근육이다.

04 이·미용사 면허를 받을 수 없는 사람은?

① 전문대학에서 이·미용에 관한 학과를 졸업한 사람
② 고등학교에서 이·미용에 관한 학과를 졸업한 사람
③ 교육부장관이 인정하는 고등기술학교에서 6개월 이상 이·미용에 관한 소정의 과정을 이수한 사람
④ 국가기술자격법에 의한 이·미용사의 자격을 취득한 사람

> 해설
> 교육부장관이 인정하는 고등기술학교에서 1년 이상 이용 또는 미용에 관한 소정의 과정을 이수한 사람이 면허를 받을 수 있다.

05 이·미용업소의 쓰레기통이나 하수구를 소독할 때 효과적인 것은?

① 승홍수, 포르말린수
② 역성비누액, 생석회
③ 역성비누액, 승홍수
④ 생석회, 석회유

06 다음 중 립스틱의 성분으로 가장 거리가 먼 것은?

① 라놀린　　② 알코올
③ 색소　　　④ 알란토인

> 해설
> • 알란토인 : 보습력이 있으며 곡물의 눈, 밤나무 껍질에서 얻음
> • 라놀린 : 수분 손실을 방지해주는 유화제

07 절지동물에 의해 매개되는 감염병이 아닌 것은?

① 발진티푸스　　② 페스트
③ 일본뇌염　　　④ 탄저병

정답
01 ②　02 ③　03 ②　04 ③　05 ④　06 ②　07 ④

제7회 실전모의고사

> **해설**
> 절지동물 매개 감염병 : 페스트, 발진티푸스, 일본뇌염, 발진열, 말라리아, 사상충증, 양충병, 황열, 유행성출혈열, 쯔쯔가무시병

08 공중위생영업자가 영업소 폐쇄명령을 받고도 계속하여 영업을 하는 때 취하는 조치는 무엇인가?

① 해당 영업소의 출입자 통제
② 해당 영업소의 강제 폐쇄 집행
③ 해당 영업소가 위법한 영업소임을 알리는 게시물 등을 부착
④ 해당 영업소의 출입금지구역 설정

> **해설**
> 영업소 폐쇄명령을 받고도 계속하여 영업할 시 : 해당 영업소의 간판 기타 영업표지물의 제거, 해당 영업소가 위법한 영업소임을 알리는 게시물 등의 부착, 영업을 위하여 필수불가결한 기구 또는 시설물을 사용할 수 없게 하는 봉인을 할 수 있다.

09 일반적으로 이 · 미용업소의 실내 쾌적습도 범위로 가장 알맞은 것은?

① 20~40% ② 70~90%
③ 10~20% ④ 40~70%

> **해설**
> 실내습도의 쾌적습도는 40~70%의 범위이다.

10 각 나라 네일미용 역사에 대한 설명으로 틀리게 연결된 것은?

① 미국 – 노크 대신에 손톱을 길게 길러 문을 긁도록 하였다.
② 중국 – 특권층의 신분을 드러내기 위한 '홍화'의 재배가 유행하였고, 손톱에 바르는 것을 '홍조'라 하였다.
③ 그리스, 로마 – 네일관리로써 '마누스큐라'라는 말을 사용했다.
④ 인도 – 상류여성들은 손톱의 뿌리 부분에 문 신바늘로 색소를 주입하여 상류층임을 과시했다.

> **해설**
> 17세기의 프랑스 베르사유궁전 안에서는 노크를 예의에 어긋난 행위라고 여겼다. 대신에 손톱을 길러 문을 긁었다.

11 손톱의 생리적인 특성에 대한 설명으로 옳지 않은 것은?

① 조소피의 조직이 경화되면서 오래된 세포를 밀어내 손톱이 성장하게 된다.
② 주로 경단백질인 케라틴과 이를 조성하는 아미노산 등으로 구성된다.
③ 일반적으로 1일 평균 0.1mm~0.15mm 정도 자란다.
④ 손톱의 본체는 각질층이 변형된 것으로 얇은 층이 겹으로 이루어져 단단한 층을 이루고 있다.

> **해설**
> 손톱은 조모(매트릭스)의 손톱 각질세포 성장으로 인해 조근(네일루트)에서 자라나기 시작한다.

12 인체를 구성하는 생태학적 단계를 바르게 나열한 것은?

① 세포 – 기관 – 조직 – 계통 – 인체
② 인체 – 계통 – 기관 – 세포 – 조직
③ 세포 – 조직 – 기관 – 계통 – 인체
④ 세포 – 계통 – 조직 – 기관 – 인체

> **해설**
> 인체 구성의 단계 : 세포 – 조직 – 기관 – 계통 – 인체

13 향수의 구비 요건으로 가장 거리가 먼 것은?

① 향은 적당히 강하고 지속성이 좋아야 한다.
② 시대성에 부합하는 향이어야 한다.
③ 향에 특징이 있어야 한다.
④ 향의 확산성이 낮아야 한다.

해설
향의 확산성이 높고 조화가 잘 이루어져야 한다.

14 공중보건학의 범위 중 보건관리 분야에 속하지 않는 것은?

① 사회보장제도　　② 산업보건
③ 보건통계　　　　④ 보건행정

해설
공중보건학의 범위 : 환경보건, 질병관리, 보건관리

15 호기성 세균이 아닌 것은?

① 백일해균　　　　② 녹농균
③ 결핵균　　　　　④ 파상풍균

해설
호기성균(산소성 세균)은 생존에 산소가 필요로 하는 세균으로 결핵, 백일해, 녹농균 등이 있다.

16 이·미용업 위생교육에 관한 내용으로 올바른 것은?

① 이·미용사의 면허를 받은 사람은 모두 위생교육을 받아야 한다.
② 위생교육 시간은 매년 4시간으로 한다.
③ 위생교육 대상자는 이·미용업 영업자이다.
④ 위생교육은 시·군·구청장이 실시한다.

해설
위생교육 대상자는 이·미용업 영업자이다.

17 바이러스성 피부질환은?

① 절종　　　　　　② 단순포진
③ 모낭염　　　　　④ 용종

해설
단순포진(헤르페스 바이러스 감염증)은 헤르페스 바이러스에 의해 감염되어 발생하는 바이러스성 질환이다

18 알코올을 주 베이스로 하며, 손의 청결 및 소독을 주된 목적으로 하는 제품은?

① 새니타이저　　　② 핸드크림
③ 핸드워시　　　　④ 비누

해설
새니타이저는 손 소독제이며 주로 젤 타입이다.

19 기초화장품을 사용하는 목적으로 알맞지 않은 것은?

① 피부정돈　　　　② 피부결점 보안
③ 세안　　　　　　④ 피부보호

해설
피부결점 보안 및 커버는 메이크업 화장품의 기능이다.

20 손가락뼈의 기능으로 옳지 않은 것은?

① 흡수기능　　　　② 운동기능
③ 지지기능　　　　④ 보호작용

해설
손가락뼈는 지지기능, 보호기능, 움직이는 운동기능을 한다.

21 푸셔로 큐티클을 밀어 올릴 때 가장 적합한 각도는?

① 30°　　　　　　② 60°
③ 15°　　　　　　④ 45°

해설
푸셔는 연필 쥐듯이 잡고 45° 각도로 큐티클을 밀어 올려 준다.

정답

| 08 | ③ | 09 | ④ | 10 | ① | 11 | ① | 12 | ③ | 13 | ④ | 14 | ② | 15 | ④ |
| 16 | ③ | 17 | ② | 18 | ① | 19 | ② | 20 | ① | 21 | ④ | | | | |

제7회 실전모의고사

22 신경조직과 관련된 설명으로 옳은 것은?
① 중추신경계의 체성신경은 12쌍의 뇌신경과 31쌍의 척수신경으로 이루어져 있다.
② 말초신경은 교감신경과 부교감신경으로 구성된다.
③ 말초신경은 외부나 체내에 가해진 자극에 의해 감각기에 발생한 신경흥분을 중추신경에 전달한다.
④ 중추신경계는 뇌신경, 척수신경 및 자율신경으로 구성된다.

말초신경은 신체가 느낀 감각신호를 뇌 쪽에 있는 중추신경계로 전달하는 역할을 한다.

23 이·미용업 영업자가 시설 및 설비기준을 위반한 경우 1차 위반에 대한 행정처분 기준은?
① 개선명령　　② 영업정지 10일
③ 경고　　　　④ 영업정지 5일

해설
이·미용업 영업자가 시설 및 설비기준을 위반한 경우 1차는 개선명령이다.

24 다음 중 공기의 자정작용이 아닌 것은?
① 태양광선 중 자외선에 의한 살균
② 공기 자체의 희석작용
③ 산소, 오존, 과산화수소 등에 의한 산화작용
④ 식물의 탄소동화작용에 의한 CO_2의 생산작용

공기의 자정작용에는 희석작용, 세정작용, 산화작용, 살균작용, 탄소동화작용이 있다.

25 화장품의 사용목적과 가장 거리가 먼 것은?
① 용모를 변화시키기 위하여 사용한다.
② 인체에 대한 약리적인 효과를 주기 위해 사용한다.
③ 인체를 청결, 미화하기 위하여 사용한다.
④ 피부, 모발의 건강을 유지하기 위하여 사용한다.

해설
약리적인 효과는 약품에 의해 일어나는 현상이므로 화장품의 사용목적에 해당하지 않는다.

26 네일관리의 유래와 역사에 대한 설명으로 틀린 것은?
① 기원전 시대에는 관목이나 음식물, 식물 등에서 색상을 추출하였다.
② 중세시대 중국에서는 금색이나 은색 등의 색상으로 특권층의 신분을 표시했다.
③ 중국에서는 네일에 연지를 발라 '조홍'이라 하였다.
④ 고대 이집트에서 왕족은 짙은 색을 사용하고, 낮은 계층의 사람들은 옅은 색만 사용하게 하였다.

중세시대 중국에서는 검정과 빨간색으로 귀족층이 신분을 과시하였다.

27 다음 중 네일미용 시술이 가능한 경우는?
① 조갑구만증　　② 행네일
③ 사상균증　　　④ 조갑탈락증

행네일 : 거스러미가 일어나는 증상

28 석탄산 10% 용액 200mL을 2% 용액으로 만들고자 할 때 물을 몇 mL 넣어야 하는가?
① 400mL　　② 1000mL
③ 200mL　　④ 800mL

29 손 근육의 역할에 대한 설명으로 옳지 않은 것은?

① 세밀하고 복잡한 작업을 한다.
② 자세를 유지하는 지지대 역할을 한다.
③ 물건을 잡는 역할을 한다.
④ 손가락을 벌리거나 모으는 역할을 한다.

> **해설**
> 자세를 유지하거나 지지대 역할을 하는 것은 발의 역할이라 볼 수 있다.

30 네일 에나멜에 대한 설명으로 틀린 것은?

① 톨루엔이 함유되어 있는 피막형성제이다.
② 안료가 배합되어 손톱에 색채를 부여하기 때문에 네일컬러라고도 한다.
③ 손톱에 광택과 아름다움을 부여하는 화장품이다.
④ 니트로셀룰로오즈를 주성분으로 한다.

> **해설**
> 네일 에나멜(폴리시)의 주성분은 니트로셀룰로오즈이다. 톨루엔도 함유되어 있으나 피막형성제의 역할을 하는 것은 니트로셀룰로오즈이다.

31 공중위생감시원의 업무가 아닌 것은?

① 공중위생영업자 준수사항 이행여부의 확인에 관한 사항
② 세금납부 걱정 여부의 확인에 관한 사항
③ 공중위생영업 신고 시 시설 및 설비의 확인에 관한 사항
④ 위생지도 및 개선명령 이행여부의 확인에 관한 사항

32 라벤더 에센셜 오일의 효능이 아닌 것은?

① 화상치유작용
② 모유생성작용
③ 재생작용
④ 이완작용

> **해설**
> 라벤더 에센셜 오일의 효능 : 일광화상, 상처 치유, 이완작용, 화상 치유, 여드름, 재생작용, 소화불량, 심리적 안정 등

33 손톱 위로 과잉 성장한 큐티클이 자라는 질병은?

① 교조증   ② 고랑 파진 손톱
③ 표피조막   ④ 조갑비대증

> **해설**
> 큐티클의 과잉 성장으로 조체표면을 덮는 것은 표피조막(조체입상편)이다.

34 다음 중 고객관리카드의 작성 시 기록해야 할 내용이 아닌 것은?

① 시술 시 주의사항
② 고객의 학력 및 가족사항
③ 손발의 질병 및 이상증상
④ 고객이 원하는 서비스의 종류 및 시술내용

> **해설**
> 고객의 학력과 가족사항은 네일관리와 전혀 관계가 없다.

35 내추럴 프렌치 스컬프처에 관한 설명으로 옳지 않은 것은?

① 내추럴 파우더로 네일 프리에이지가 조형된다.
② 핑크 파우더 또는 클리어 파우더로 네일 베드를 작업한다.
③ 자연스러운 스마일 라인을 형성한다.
④ 네일바디 전체가 화이트 파우더로 오버레이 된다.

> **해설**
> 화이트 파우더는 프렌치 스컬프처 시술 시 프리에이지 부분에만 사용된다.

정답

22	23	24	25	26	27	28	29
③	①	④	②	②	②	④	②
30	31	32	33	34	35		
①	②	②	③	②	④		

제7회 실전모의고사

36 네일의 길이와 모양을 자유롭게 조절할 수 있는 부분은?

① 네일 그루브 ② 에포니키움
③ 프리에이지 ④ 네일 폴드

프리에이지는 손톱과 발톱의 끝부분에 네일 베드와 분리되어 자라나는 네일 부분이며, 형태와 길이 정리가 가능하다.

37 다음 중 UV-B의 파장 범위는?

① 200~280nm ② 330~400nm
③ 100~190nm ④ 290~320nm

38 과태료 처분에 불복이 있는 자는 그 처분의 고지를 받은 날부터 며칠 이내에 처분권자에게 이의를 제기할 수 있는가?

① 10일 이내 ② 30일 이내
③ 7일 이내 ④ 15일 이내

과태료 처분에 불복이 있는 자는 그 처분의 고지를 받은 날부터 30일 이내 이의를 제기할 수 있다.

39 다음 중 햇빛에 노출했을 때 색소침착의 우려가 있어 사용 시 유의해야 하는 에센셜 오일은?

① 티트리 ② 레몬
③ 라벤더 ④ 제라늄

레몬은 항박테리아, 살균, 미백, 기미, 주근깨에 효과적이지만 햇빛에 노출했을 때 색소침착의 우려가 있으므로 주의해야 한다.

40 자외선 차단제의 올바른 사용법은?

① 도포 후 시간이 경과되면 덧바르는 것이 좋다.
② 자외선이 강한 여름에만 사용하면 된다.
③ 아침에 한 번만 바르는 것이 좋다.
④ 피부에 자극이 되므로 되도록 사용하지 않는다.

자외선 차단제는 생활 속에서 받는 자외선으로부터 피부를 보호하기 위해 매일 발라주어야 하고, 2시간에 한 번씩 덧바르는 것이 좋다.

41 공중위생관리법상의 규정에 위반하여 위생교육을 받지 아니한 때 부과되는 과태료의 기준은?

① 500만 원 이하 ② 200만 원 이하
③ 300만 원 이하 ④ 400만 원 이하

위생교육을 받지 아니한 자는 200만 원 이하의 과태료에 처한다.

42 공중위생관리법상 이·미용업자의 변경신고사항에 해당되지 않는 것은?

① 영업소의 명칭 또는 상호 변경
② 신고한 영업장 면적의 4분의 1 이하의 변경
③ 업소의 소재지 변경
④ 대표자의 성명(법인의 경우)

영업소의 명칭, 상호, 소재지, 신고한 영업장 면적의 3분의 1 이상의 증감, 대표자의 성명을 변경하고자 할 때 신고해야 한다.

43 화장품 성분 중 고형의 유성성분이며 고급지방산에 고급알코올이 결합된 에스터(Ester)로서 화장품의 굳기를 증가시켜주는 것은?

① 폴리에틸렌글리콜 ② 바셀린
③ 왁스 ④ 피마자유

왁스는 동물성 유지의 성분으로 고형의 유성성분이다.

44 다음 중 이·미용실에서 사용하는 타월을 철저하게 소독하지 않았을 때 주로 발생할 수 있는 감염병은?

① 트라코마 ② 일본뇌염
③ 장티푸스 ④ 페스트

 해설
트라코마는 눈병으로 이·미용실에서 주로 발생한다.

45 다음에서 설명하는 것은?

> 비타민 A 유도체로 콜라겐 생성촉진, 각질형성세포(Keratinocyte)의 증식 촉진, 표피의 두께 증가, 하이아루론산 생성을 촉진하여 피부주름을 개선시키고 탄력을 증대시키는 성분이다.

① 레티놀
② 세라마이트
③ 코엔자임Q10
④ 알부틴

 해설
레티놀은 비타민 A 유도체로 콜라겐 생성을 촉진하여 피부 주름을 개선시키고 탄력을 증대시키는 성분이다.

46 젤 램프기기와 관련된 설명으로 옳지 않은 것은?

① UV 램프는 UV-A 파장 정도를 사용한다.
② 젤네일의 광택이 떨어지거나 경화속도가 떨어지면 램프를 교체해야 한다.
③ LED램프는 400~700mm 정도의 파장을 사용한다.
④ 젤네일에 사용되는 광선은 자외선과 적외선이다.

 해설
젤 램프에는 UV 또는 LED 램프를 사용하며 최근에는 인체에 무해한 가시광선에 가까운 LED 램프가 많이 사용되고 있다.

47 법정감염병 중 제4급 감염병에 속하는 것은?

① C형간염 ② 말라리아
③ 콜레라 ④ 수족구병

해설
제4급 감염병(22종)
인플루엔자, 회충증, 편충증, 요충증, 간흡충증, 폐흡충증, 장흡충증, 수족구병, 임질, 클라미디아감염증, 연성하감, 성기단순포진, 첨규콘딜롬, 반코마이신내성장알균(VRE) 감염증, 메티실린내성황색포도알균(MRSA) 감염증, 다제내성녹농균(MRPA) 감염증, 다제내성아시네토박터바우마니균(MRAB) 감염증, 장관감염증, 급성호흡기감염증, 해외유입기생충감염증, 엔테로바이러스감염증, 사람유두종바이러스 감염증

48 기능성화장품에 사용되는 원료와 그 기능이 바르게 연결되지 않은 것은?

① AHA - 각질 제거
② 레티노이드 - 콜라겐과 엘라스틴의 회복을 촉진
③ 비타민 C - 미백효과
④ DHA - 자외선 차단

해설
DHA(Dihydroxy Acetone) : 살을 태우는 태닝제품에 쓰이는 원료이다.

49 다음 중 이·미용업소에서 가장 쉽게 옮겨질 수 있는 질병은?

① 뇌염 ② 전염성 안질
③ 소아마비 ④ 비활동성 결핵

50 이·미용 업소 내에 게시하지 않아도 되는 것은?

① 개설자의 면허증원본
② 이·미용 요금표
③ 이·미용업 신고증
④ 근무자의 면허증원본

해설
이·미용업소에 게시해야 것은 개설자의 면허증원본, 신고증 그리고 요금표이다.

정답

| 36 | ③ | 37 | ④ | 38 | ② | 39 | ② | 40 | ① | 41 | ② | 42 | ② | 43 | ③ |
| 44 | ① | 45 | ① | 46 | ④ | 47 | ④ | 48 | ④ | 49 | ② | 50 | ④ | | |

제7회 실전모의고사

51 화장품 제조와 판매 시 품질의 특성으로 옳지 않은 것은?

① 유효성 ② 안정성
③ 효과성 ④ 안정성

 해설
화장품의 4대 요건 : 안전성, 안정성, 사용성, 유효성

52 소독제의 구비조건과 가장 거리가 먼 것은?

① 인축에 해가 없어야 할 것
② 냄새가 강할 것
③ 높은 살균력을 가질 것
④ 저렴하고 구입과 사용이 간편할 것

 해설
소독제는 살균력이 높고 인체에 무해하며 저렴하고 사용이 간편해야 한다.

53 금속성 식기, 면 종류의 의류, 도자기의 소독에 적합한 소독방법은?

① 건열멸균법 ② 자비소독법
③ 화염멸균법 ④ 소각소독법

54 손, 발톱 함유량이 가장 높은 성분은?

① 철분 ② 콜라겐
③ 칼슘 ④ 케라틴

 해설
손톱, 발톱은 케라틴이라는 단백질로 이루어져 있다.

55 건강한 손톱의 특성이 아닌 것은?

① 약 8~12%의 수분을 함유하고 있다.
② 탄력이 있고 단단하다.
③ 매끄럽고 광택이 나며 반투명한 핑크빛을 띤다.
④ 모양이 고르고 표면이 균일하다.

 해설
건강한 손톱은 약 12~18%의 수분을 함유하고 있다.

56 공중위생영업소의 위생서비스평가 계획을 수립하는 자는?

① 안전행정부장관
② 시장·군수·구청장
③ 시·도지사
④ 대통령

 해설
시·도지사는 공중위생영업소의 위생관리수준을 향상시키기 위하여 위생서비스평가 계획을 수립하여 시장·군수·구청장에게 통보하여야 한다.

57 피부의 면역에 관한 설명으로 옳은 것은?

① T림프구는 항원전달세포에 해당한다.
② 표피에 존재하는 각질형성세포는 면역조절에 작용하지 않는다.
③ 세포성 면역에는 보체, 항체 등이 있다.
④ B림프구는 면역글로불린이라고 불리는 항체를 생성한다.

 해설
B림프구는 항원과 접촉되면 면역글로불린이라는 항체를 생성한다. T림프구는 체내에 침입한 항원을 인식해 B림프구의 항체 생산을 돕는다.

58 얼굴의 T존 부위는 번들거리고, 볼 부위는 당기는 피부유형은?

① 정상(중성)피부 ② 복합성피부
③ 건성피부 ④ 지성피부

 해설
복합성피부는 얼굴에 여러 피부 타입이 동시에 나타난다.

59 영업정지 처분을 받고 그 영업정지기간 중 영업을 한 때, 1차 위반 시 행정처분기준은?

① 영업정지 1월
② 영업정지 2월
③ 경고 또는 개선명령
④ 영업장 폐쇄명령

해설
영업정지 처분을 받고 그 영업정지기간 중 영업을 한 때 1차 위반은 영업장 폐쇄명령이다.

60 새로 성장한 손톱과 아크릴 네일 사이의 공간을 보수하는 방법으로 옳은 것은?

① 손톱과 아크릴 네일 사이의 턱을 거친 파일로 강하게 파일링한다.
② 들뜬 부분을 파일로 갈아내고 손톱 표면에 프라이머를 바른 후 아크릴 화장물을 올려준다.
③ 들뜬 부분은 니퍼나 다른 도구를 이용하여 강하게 뜯어낸다.
④ 아크릴 네일 보수 시 프라이머를 손톱과 인조 네일 전체에 바른다.

해설
아크릴릭 보수 시 들뜨거나 손상된 아크릴릭은 파일로 제거하고 새로운 아크릴을 올려 자연네일과 연결하여 시술한다.

정답

51	③	52	②	53	②	54	④	55	①	56	③	57	④	58	②
59	④	60	②												

제8회 실전모의고사

01 한국 네일미용의 역사와 가장 거리가 먼 것은?
① 1990년대부터 네일산업이 점차 대중화되어 왔다.
② 상류층 여성들은 손톱 뿌리부분에 문신 바늘로 색소를 주입하여 상류층임을 ㅋ과시하였다.
③ 고려시대부터 주술적인 의미로 시작하였다.
④ 1998년에 민간자격시험제도가 도입 및 시행되었다.

상류층 여성들이 손톱 뿌리에 색소를 주입하여 신분을 과시했던 때는 인도의 중세시대이다.

02 손톱의 구조에서 자유연(프리에이지) 밑 부분의 피부를 무엇이라 하는가?
① 조구   ② 조상연
③ 하조피 ④ 큐티클

박테리아 세균의 침입으로부터 손톱을 보호하며 프리에이지 밑에 위치한 피부는 하조피이다.

03 손톱의 역할 및 기능과 가장 거리가 먼 것은 무엇인가?
① 작은 물건을 들어 올리는 기능
② 몸을 지탱해주는 기능
③ 물건을 잡는 기능
④ 방어·공격의 기능

04 인체를 구성하는 생태학적 단계를 바르게 나열한 것은?
① 세포 – 기관 – 조직 – 계통 – 인체
② 인체 – 계통 – 기관 – 세포 – 조직
③ 세포 – 조직 – 기관 – 계통 – 인체
④ 세포 – 계통 – 조직 – 기관 – 인체

인체 구성의 단계 : 세포 – 조직 – 기관 – 계통 – 인체

05 이·미용업소의 쓰레기통이나 하수구를 소독할 때 효과적인 것은?
① 승홍수, 포르말린수
② 역성비누액, 생석회
③ 역성비누액, 승홍수
④ 생석회, 석회유

06 네일숍에서의 감염예방 방법으로 가장 거리가 먼 것은?
① 감기 등 감염 가능성이 있거나 감염이 된 상태에서는 시술하지 않는다.
② 작업 전·후에는 70% 알코올이나 소독용액으로 작업자와 고객의 손을 닦는다.
③ 네일서비스를 할 때는 상처를 내지 않도록 항상 조심해야 한다.
④ 작업장소에서 음식을 먹을 때는 환기에 유의해야한다.

작업장소에서는 음식을 먹지 않아야 한다.

07 마누스(Manus)와 큐라(Cura)라는 단어에서 유래된 용어는?
① 매니큐어(Manicure)
② 아크릴(Acrylic)
③ 네일 팁(Nail Tip)
④ 페디큐어(Pedicure)

08 변색된 손톱의 특성이 아닌 것은?
① 혈액순환이나 심장이 좋지 않을 때 나타날 수 있다.

② 손톱의 색상이 누렇게 변한다.
③ 네일바디에 푸른 멍이 반점처럼 생긴다.
④ 베이스 코트를 생략하고 유색 네일폴리시를 바를 경우 나타날 수 있다.

해설
멍든 손톱은 외부로부터 충격에 의해 생기며 멍든네일(헤마토마)이라고 칭한다. 변색된 네일(디스컬러드)은 네일 폴리시, 흡연, 혈액순환 장애, 심장질환 등으로 인해 주로 발생하며 손톱 색이 누렇게 변색된다.

09 손톱의 주요한 기능 및 역할과 가장 거리가 먼 것은?

① 방어와 공격의 기능이 있다.
② 물건을 잡거나 긁을 때 또는 성상을 구별하는 기능이 있다.
③ 손끝을 보호한다.
④ 노폐물의 분비기능이 있다.

10 비타민D 결핍 시 뼈 발육에 변형을 일으키는 것은?

① 골막파열증　　② 구루병
③ 석회결석　　　④ 괴혈증

해설
비타민D의 대표적인 결핍 부작용은 구루병이다.

11 다음 중 이·미용업의 시설 및 설비기준으로 옳은 것은?

① 영업소 안에는 별실, 기타 이와 유사한 시설을 설치 할 수 있다.
② 탈의실, 욕실, 욕조 및 샤워기를 설치하여야 한다.
③ 소독기, 자외선살균기 등의 소독장비를 갖추어야 한다.
④ 응접장소와 작업장소를 구획하는 경우에는 커튼, 칸막이 기타 이와 유사한 장애물의 설치가 가능하며 외부에서 내부를 확인할 수 없어야 한다.

12 다음 중 감염병 유행의 3대 요소는?

① 병원체, 숙주, 환경
② 환경, 유전, 병원체
③ 숙주, 유전, 환경
④ 감수성, 환경, 병원체

13 독일에서 라이트 큐어드 젤 시스템이 등장한 시기는?

① 1987년　　② 1994년
③ 1980년　　④ 1992년

14 습관적으로 손톱을 물어뜯어 손톱이 자라지 못하는 증상은?

① 조갑비대증(Onychauxis)
② 조내생증(Onyshocryptosis)
③ 교조증(Onychophagy)
④ 조갑위축증(Onychatrophy)

해설
손톱의 병변
• 조갑비대증 : 손, 발톱의 과잉성장
• 조갑위축증 : 부서져 없어지는 손톱
• 조내생증 : 파고드는 손, 발톱

15 리보플라빈이라고도 하며, 녹색 채소류, 밀의 배아, 효모, 계란, 우유 등에 함유되어 있고 결핍되면 피부염을 일으키는 것은?

① 비타민 E　　② 비타민 A
③ 비타민 B2　　④ 비타민 K

해설
리보플라빈이라고도 하는 비타민 B2는 우유, 간, 달걀, 치즈, 녹색 채소류, 효모 등에 함유되어있고 결핍 시 피부염, 구각염, 설염 등이 생긴다.

정답

01	02	03	04	05	06	07	08
②	③	②	③	④	④	①	③
09	10	11	12	13	14	15	
④	②	③	①	②	③	③	

제8회 실전모의고사

16 소독약의 살균력 지표로 가장 많이 이용되는 것은?
① 크레졸 ② 포름알데하이드
③ 알코올 ④ 석탄산

17 UV 젤의 특징이 아닌 것은?
① 탑 젤의 광택은 인조네일 중에서 가장 좋다.
② UV 젤은 상온에서도 마른다.
③ 올리고머 형태의 분자 구조이다.
④ 농도에 따라 묽기가 약간씩 다르다.

18 이·미용업 영업신고를 하지 않고 영업을 한 자에 해당하는 벌칙기준은?
① 6월 이하의 징역 또는 300만원 이하의 벌금
② 1년 이하의 징역 또는 1천만원 이하의 벌금
③ 6월 이하의 징역 또는 100만원 이하의 벌금
④ 1년 이하의 징역 또는 500만원 이하의 벌금

19 푸셔로 큐티클을 밀어 올릴 때 가장 적합한 각도는?
① 30° ② 60°
③ 15° ④ 45°

푸셔는 연필 쥐듯이 잡고 45° 각도로 큐티클을 밀어 올려준다.

20 내추럴 프렌치 스컬프처에 관한 설명으로 옳지 않은 것은?
① 내추럴 파우더로 네일 프리에이지가 조형된다.
② 핑크 파우더 또는 클리어 파우더로 네일 베드를 작업한다.
③ 자연스러운 스마일 라인을 형성한다.
④ 네일바디 전체가 화이트 파우더로 오버레이 된다.

화이트 파우더는 프렌치 스컬프처 시술 시 프리에이지 부분에만 사용된다.

21 공중보건학의 범위 중 보건관리 분야에 속하지 않는 것은?
① 사회보장제도 ② 산업보건
③ 보건통계 ④ 보건행정

공중보건학의 범위 : 환경보건, 질병관리, 보건관리

22 다음 중 네일미용 시술이 가능한 경우는?
① 조갑구만증 ② 행네일
③ 사상균증 ④ 조갑탈락증

행네일 : 거스러미가 일어나는 증상

23 라벤더 에센셜 오일의 효능이 아닌 것은?
① 화상치유작용 ② 모유생성작용
③ 재생작용 ④ 이완작용

라벤더 에센셜 오일의 효능 : 일광화상, 상처 치유, 이완작용, 화상 치유, 여드름, 재생작용, 소화불량, 심리적 안정 등

24 법정 감염병 중 제4급 감염병에 속하는 것은?
① C형간염 ② 말라리아
③ 콜레라 ④ 수족구병

제4급 감염병(22종)
인플루엔자, 회충증, 편충증, 요충증, 간흡충증, 폐흡충증, 장흡충증, 수족구병, 임질, 클라미디아감염증, 연성하감, 성기단순포진, 첨규콘딜롬, 반코마이신내성장알균(VRE)감염증, 메티실린내성황색포도알균(MRSA) 감염증, 다제내성녹농균(MRPA) 감염증, 다제내성아시네토박터바우마니균(MRAB) 감염증, 장관감염증, 급성호흡기감염증, 해외유입기생충감염증, 엔테로바이러스감염증, 사람유두종바이러스 감염증

25 기능성화장품에 사용되는 원료와 그 기능의 연결이 바르지 않은 것은?

① AHA – 각질 제거
② 레티노이드 – 콜라겐과 엘라스틴의 회복을 촉진
③ 비타민 C – 미백효과
④ DHA – 자외선 차단

해설
DHA(Dihydroxy Acetone) : 살을 태우는 태닝제품에 쓰이는 원료이다.

26 새로 성장한 손톱과 아크릴 네일 사이의 공간을 보수하는 방법으로 옳은 것은?

① 손톱과 아크릴 네일 사이의 턱을 거친 파일로 강하게 파일링한다.
② 들뜬 부분을 파일로 갈아내고 손톱 표면에 프라이머를 바른 후 아크릴 화장물을 올려준다.
③ 들뜬 부분은 니퍼나 다른 도구를 이용하여 강하게 뜯어낸다.
④ 아크릴 네일 보수 시 프라이머를 손톱과 인조네일 전체에 바른다.

해설
아크릴릭 보수 시 들뜨거나 손상된 아크릴릭은 파일로 제거하고 새로운 아크릴을 올려 자연네일과 연결하여 시술한다.

27 네일미용관리 후 고객이 불만족할 경우 우선적으로 해야 할 대처방법으로 가장 적합한 것은?

① 고객의 불만족 부분을 파악하고 해결방안을 모색한다.
② 할인이나 서비스 티켓으로 상황을 마무리한다.
③ 고객이 만족할 수 있는 주변의 네일숍을 소개해준다.
④ 숍 입장에서의 불만족을 먼저 해소한다.

28 손과 발의 뼈 구조에 대한 설명으로 틀린 것은?

① 한쪽 발은 발가락뼈 14개, 발바닥뼈 5개, 발목뼈 7개 총 26개의 뼈로 구성되어 있다.
② 발목뼈는 몸의 무게를 지탱하는 길고 가는 5개의 뼈로 체중을 지탱할 만큼 튼튼하고 길다.
③ 한쪽 손은 손가락뼈 14개, 손바닥뼈 5개, 손목뼈 8개 총 27개의 뼈로 구성되어 있다.
④ 손목뼈는 손목을 구성하는 뼈로 8개의 작고 다른 뼈들이 두 줄로 손목에 위치하고 있다.

해설
발목뼈는 7개의 뼈로 이루어져 있으며 종류로는 거골, 종골, 주상골, 내측설상골, 외측설상골, 중간설상골, 입방골이 있다.

29 피지선이 존재하지 않는 인체 부위는 어디인가?

① 코   ② 손바닥
③ 이마   ④ 귀

해설
피지선은 얼굴과 두피에 가장 많이 존재하며 손바닥과 발바닥을 제외한 신체의 대부분에 분포한다.

30 조근에 대한 설명으로 가장 적합한 것은?

① 연분홍빛이며 반달모양이다.
② 손톱에 수분공급을 한다.
③ 손톱모양을 만든다.
④ 손톱이 자라나기 시작하는 곳이다.

해설
조근(네일루트)은 손톱이 자라나기 시작하는 시작점이다.

정답														
16	④	17	②	18	②	19	④	20	④	21	②	22	②	23	②
24	④	25	④	26	②	27	①	28	②	29	②	30	④		

제8회 실전모의고사

31 소독용 과산화수소(H_2O_2)수용액의 적당한 농도는?

① 3.5 ~ 5.0%   ② 6.5 ~ 7.5%
③ 2.5 ~ 3.5%   ④ 5.0 ~ 6.0%

과산화수소는 3% 수용액을 사용한다.

32 다음 중 원발진(Primary Lesions)에 해당하는 피부질환은?

① 미란   ② 반흔
③ 면포   ④ 가피

원발진에는 반점, 구진, 농포, 팽진, 소수포, 수포, 홍반, 낭종, 결절, 면포 등이 속한다.

33 한 나라의 건강수준을 다른 국가들과 비교할 수 있는 지표로 세계보건기구가 제시한 것은?

① 비례사망지수, 조사망율, 평균수명
② 의료시설, 평균수명, 주거상태
③ 인구증가율, 평균수명, 비례사망지수
④ 평균수명, 조사망율, 국민소득

34 건강한 네일 조건에 대한 설명으로 틀린 것은?

① 네일 베드에 단단히 잘 부착되어야 한다.
② 25~30%의 수분과 10%의 유분을 함유해야 한다.
③ 유연하고 탄력성이 좋아서 튼튼하다.
④ 연한 핑크빛을 띄며 내구력이 좋아야 한다.

35 향수의 부향률이 순서로 옳은 것은?

① 퍼퓸 > 오데 토일렛 > 오데 퍼퓸 > 오데 코롱
② 오데 코롱 > 오데 토일렛 > 오데 퍼퓸 > 퍼퓸
③ 퍼퓸 > 오데 퍼퓸 > 오데 토일렛 > 오데 코롱
④ 오데 코롱 > 오데 퍼퓸 > 오데 토일렛 > 퍼퓸

36 다음 중 화장품의 4대 요건이 아닌 것은?

① 안정성   ② 기능성
③ 안전성   ④ 유효성

37 멜라노사이트(Melanocyte)가 주로 분포되어 있는 곳은?

① 과립층   ② 기저층
③ 투명층   ④ 각질층

색소형성 세포인 멜라노사이트는 기저층에서 만들어진다.

38 다음 5대 영양소 중 주로 신체의 생리기능조절에 작용하는 것은?

① 비타민, 무기질
② 탄수화물, 무기질
③ 단백질, 지방
④ 지방, 비타민

5대 영양소 : 탄수화물, 단백질, 지방, 무기질, 비타민 이 중, 비타민과 무기질은 신체의 생리기능 조절에 작용한다.

39 계면활성제 중 가장 살균력이 강한 것은?

① 양이온성   ② 양쪽이온성
③ 음이온성   ④ 비이온성

40 생활무능력자 및 저소득층을 대상으로 공적으로 의료를 보장하는 제도는?

① 의료보호   ② 연금보험
③ 의료보험   ④ 실업보험

41 다른 모양보다 강한 느낌으로, 대회용으로 많이 사용되는 손톱모양은?

① 라운드모양   ② 아몬드모양
③ 오벌모양   ④ 스퀘어모양

42 고객을 위한 네일인의 자세가 아닌 것은?

① 고객의 네일상태 파악
② 선택 가능한 관리방법 설명
③ 고객의 경제상태 파악
④ 선택 가능한 시술방법 설명

43 이·미용업소의 실내쾌적습도 범위로 가장 알맞은 것은?

① 20~40% ② 70~90%
③ 10~20% ④ 40~70%

44 시술 불가능한 손톱으로 올바른 것은?

① 조갑진균증 ② 조갑위축증
③ 조백반증   ④ 모반점

조갑진균증은 진균 감염으로 인해 생기는 질환으로 의료 진찰을 받아야 한다.

45 다음 중 시·도지사 또는 시장·군수·구청장이 공중위생관리상 필요하다고 인정하는 때에 공중위생영업자 등에 대하여 할 수 있는 조치는?

① 청문 ② 협의
③ 보고 ④ 감독

46 이·미용업자가 변경신고를 하여야 하는 영업장 증감 면적은 얼마 이상인가?

① 4분의 1 ② 2분의 1
③ 5분의 1 ④ 3분의 1

47 절지동물에 의해 매개되는 감염병이 아닌 것은?

① 발진티푸스 ② 페스트
③ 일본뇌염   ④ 탄저병

절지동물 매개 감염병 : 페스트, 발진티푸스, 일본뇌염, 발진열, 말라리아, 사상충증, 양충병, 황열, 유행성출혈열, 쯔쯔가무시병

48 다음 중 립스틱의 성분으로 가장 거리가 먼 것은?

① 라놀린 ② 알코올
③ 색소   ④ 알란토인

• 알란토인 : 보습력이 있으며 곡물의 눈, 밤나무 껍질에서 얻음
• 라놀린 : 수분 손실을 방지해주는 유화제

49 에센셜 오일의 보관방법에 관한 내용으로 틀린 것은?

① 직사광선을 피해야 한다.
② 공기가 통할 수 있는 투명한 용기에 보관해야 한다.
③ 뚜껑을 닫고 보관해야 한다.
④ 통풍이 잘되는 곳에 보관해야 한다.

에센셜 오일은 빛과 산소에 노출되면 변질될 수 있으므로 갈색 병에 담아 냉암소에 보관해야 한다.

50 손톱 위로 과잉 성장한 큐티클이 자라는 질병은?

① 교조증   ② 고랑 파진 손톱
③ 표피조막   ④ 조갑비대증

큐티클의 과잉 성장으로 조체 표면을 덮는 것은 표피조막(조체입상편)이다.

정답

31	③	32	③	33	①	34	②	35	③	36	②	37	②	38	①
39	①	40	①	41	④	42	③	43	④	44	①	45	③	46	④
47	④	48	②	49	②	50	③								

51 이·미용사 면허를 받을 수 없는 사람은?

① 전문대학에서 이·미용에 관한 학과를 졸업한 사람
② 고등학교에서 이·미용에 관한 학과를 졸업한 사람
③ 교육부장관이 인정하는 고등기술학교에서 6개월 이상 이·미용에 관한 소정의 과정을 이수한 사람
④ 국가기술자격법에 의한 이·미용사의 자격을 취득한 사람

 해설
교육부장관이 인정하는 고등기술학교에서 1년 이상 이용 또는 미용에 관한 소정의 과정을 이수한 사람이 면허를 받을 수 있다.

52 석탄산 10% 용액 200mL을 2% 용액으로 만들고자 할 때 물을 몇 mL 넣어야 하는가?

① 400mL   ② 1000mL
③ 200mL   ④ 800mL

53 다음 중 고객관리카드의 작성 시 기록해야 할 내용이 아닌 것은?

① 시술 시 주의사항
② 고객의 학력 및 가족사항
③ 손발의 질병 및 이상증상
④ 고객이 원하는 서비스의 종류 및 시술내용

 해설
고객의 학력과 가족사항은 네일관리와 전혀 관계가 없다.

54 다음 중 UV-B의 파장 범위는?

① 200~280nm
② 330~400nm
③ 100~190nm
④ 290~320nm

55 네일 에나멜에 대한 설명으로 틀린 것은?

① 톨루엔이 함유되어 있는 피막형성제이다.
② 안료가 배합되어 손톱에 색채를 부여하기 때문에 네일컬러라고도 한다.
③ 손톱에 광택과 아름다움을 부여하는 화장품이다.
④ 니트로셀룰로오즈를 주성분으로 한다.

 해설
네일 에나멜(폴리시)의 주성분은 니트로셀룰로오즈이다. 톨루엔도 함유되어 있으나, 피막 형성제의 역할을 하는 것은 니트로셀룰로오즈이다.

56 다음 중 이·미용실에서 사용하는 타월을 철저하게 소독하지 않았을 때 주로 발생할 수 있는 감염병은?

① 트라코마   ② 일본뇌염
③ 장티푸스   ④ 페스트

 해설
트라코마는 눈병으로 이·미용실에서 주로 발생한다.

57 알코올을 주 베이스로 하며, 손의 청결 및 소독을 주된 목적으로 하는 제품은?

① 새니타이저   ② 핸드크림
③ 핸드워시   ④ 비누

 해설
새니타이저는 손 소독제이며 주로 젤 타입이다.

58 기초화장품을 사용하는 목적으로 알맞지 않은 것은?

① 피부정돈   ② 피부결점 보완
③ 세안   ④ 피부보호

 해설
피부결점 보완 및 커버는 메이크업 화장품의 기능이다.

59 젤 램프기기와 관련된 설명으로 옳지 않은 것은?

① UV 램프는 UV-A 파장 정도를 사용한다.
② 젤네일의 광택이 떨어지거나 경화속도가 떨어지면 램프를 교체해야 한다.
③ LED램프는 400~700mm 정도의 파장을 사용한다.
④ 젤네일에 사용되는 광선은 자외선과 적외선이다.

> **해설**
> 젤 램프에는 UV 또는 LED 램프를 사용하며 최근에는 인체에 무해한 가시광선에 가까운 LED 램프가 많이 사용되고 있다.

60 손톱의 생리적인 특성에 대한 설명으로 옳지 않은 것은?

① 조소피의 조직이 경화되면서 오래된 세포를 밀어내 손톱이 성장하게 된다.
② 주로 경단백질인 케라틴과 이를 조성하는 아미노산 등으로 구성된다.
③ 일반적으로 1일 평균 0.1mm~0.15mm 정도 자란다.
④ 손톱의 본체는 각질층이 변형된 것으로 얇은 층이 겹으로 이루어져 단단한 층을 이루고 있다.

> **해설**
> 손톱은 조모(매트릭스)의 손톱 각질세포 성장으로 인해 조근(네일루트)에서 자라나기 시작한다.

정답

| 51 | ③ | 52 | ④ | 53 | ② | 54 | ④ | 55 | ① | 56 | ① | 57 | ① | 58 | ② |
| 59 | ④ | 60 | ① | | | | | | | | | | | | |

출제예상문제

3

제1회 출제예상문제

정답 및 해설 P. 174

01 세계보건기구에서 규정한 보건행정의 범위에 속하지 않는 것은?
① 보건 관계 기록의 보존
② 환경위생과 감염병 관리
③ 보건통계와 만성병 관리
④ 모자보건과 보건간호

02 공기의 자정작용현상이 아닌 것은?
① 산소, 오존, 과산화수소 등에 의한 산화작용
② 태양광선 중 자외선에 의한 살균작용
③ 식품의 탄소동화작용에 의한 CO_2의 생산작용
④ 공기 자체의 희석작용

03 법정 감염병 중 제4급 감염병에 속하는 것은?
① 야토병
② A형간염
③ 수족구병
④ 말라리아

04 다음 중 감염병 관리상 가장 중요하게 취급해야 할 대상자는?
① 건강보균자
② 잠복기환자
③ 현성환자
④ 회복기보균자

05 절지동물에 의해 매개되는 감염병이 아닌 것은?
① 유행성 일본뇌염
② 발진티푸스
③ 탄저
④ 페스트

06 다음 기생충 중 송어, 연어 등의 생식으로 주로 감염될 수 있는 것은?
① 유구낭충증
② 유구조충증
③ 무구조충증
④ 긴촌충증

07 영아사망률의 계산공식으로 옳은 것은?
① $\dfrac{\text{연간 출생아 수}}{\text{인구}} \times 1{,}000$
② $\dfrac{\text{그 해의 1~4세 사망아 수}}{\text{어느 해의 1~4세 인구}} \times 1{,}000$
③ $\dfrac{\text{그 해의 1세 미만 사망아 수}}{\text{어느 해의 연간 출생아 수}} \times 1{,}000$
④ $\dfrac{\text{그 해의 생후 28일 이내의 사망아 수}}{\text{어느 해의 연간 출생아 수}} \times 1{,}000$

08 호기성 세균이 아닌 것은?
① 결핵균
② 백일해균
③ 파상풍균
④ 녹농균

09 석탄산 10% 용액 200㎖를 2% 용액으로 만들고자 할 때 첨가해야 하는 물의 양은?
① 200㎖
② 400㎖
③ 800㎖
④ 1,000㎖

10 석탄산 소독에 대한 설명으로 틀린 것은?
① 단백질 응고작용이 있다.
② 저온에서는 살균효과가 떨어진다.
③ 금속기구 소독에 부적합하다.
④ 포자 및 바이러스에 효과적이다.

11 자비소독 시 일반적으로 사용하는 물의 온도와 시간은?
① 150℃에서 15분간
② 135℃에서 20분간
③ 100℃에서 20분간
④ 80℃에서 30분간

12 다음 중 이·미용실에서 사용하는 타월을 철저하게 소독하지 않았을 때 주로 발생할 수 있는 감염병은?
① 장티푸스
② 트라코마
③ 페스트
④ 일본뇌염

13 소독용 승홍수의 희석농도로 적합한 것은?

① 10~20%　② 5~7%
③ 2~5%　④ 0.1~0.5%

14 세균증식에 가장 적합한 최적 수소이온농도는?

① pH 3.5~5.5　② pH 6.0~8.0
③ pH 8.5~10.0　④ pH 10.5~11.5

15 피부의 면역에 관한 설명으로 옳은 것은?

① 세포성 면역에는 보체, 항체 등이 있다.
② T림프구는 항원전달세포에 해당한다.
③ B림프구는 면역글로불린이라고 불리는 항체를 생성한다.
④ 표피에 존재하는 각질형성세포는 면역조절에 작용하지 않는다.

16 색소형성세포(Melanocyte)가 주로 분포되어 있는 곳은?

① 투명층　② 과립층
③ 각질층　④ 기저층

17 다음 중 자외선B(UV-B)의 파장 범위는?

① 100~190nm　② 200~280nm
③ 290~320nm　④ 330~400nm

18 다음 중 원발진(Primary Lesions)에 해당하는 피부질환은?

① 면포　② 미란
③ 가피　④ 반흔

19 비타민에 대한 설명 중 틀린 것은?

① 비타민 A가 결핍되면 피부가 건조해지고 거칠어진다.
② 비타민 C는 교원질 형성에 중요한 역할을 한다.
③ 레티노이드는 비타민 A를 통칭하는 용어이다.
④ 비타민 A는 많은 양이 피부에서 합성된다.

20 바이러스성 피부질환은?

① 모낭염　② 절종
③ 용종　④ 단순포진

21 피부의 기능과 그 설명이 틀린 것은?

① 보호기능 – 피부 표면의 산성막은 박테리아의 감염과 미생물의 침입으로부터 피부를 보호한다.
② 흡수기능 – 피부는 외부의 온도를 흡수·감지한다.
③ 영양분 교환기능 – 프로비타민 D가 자외선을 받으면 비타민 D로 전환된다.
④ 저장기능 – 진피조직은 신체 중 가장 큰 저장기관으로 각종 영양분과 수분을 보유하고 있다.

22 공중위생관리법상 이·미용업자의 변경신고사항에 해당되지 않는 것은?

① 업소의 소재지 변경
② 영업소의 명칭 또는 상호변경
③ 대표자의 성명 또는 생년월일변경
④ 신고한 영업장 면적의 2분의 1 이하의 변경

23 과징금을 기한 내에 납부하지 아니한 경우에 이를 징수하는 방법은?

① 지방세 외 수입금의 징수 등에 관한 법률의 예에 의하여 징수
② 부가가치세 체납처분의 예에 의하여 징수
③ 법인세 체납처분의 예에 의하여 징수
④ 소득세 체납처분의 예에 의하여 징수

24 공중위생영업소의 위생서비스평가 계획을 수립하는 자는?

① 시·도지사　② 행정자치부장관
③ 대통령　④ 시장·군수·구청장

제1회 출제예상문제

25 이·미용업 영업과 관련하여 과태료 부과대상이 아닌 사람은?
① 위생관리의무를 위반한 자
② 위생교육을 받지 않은 자
③ 무신고 영업자
④ 관계공무원 출입·검사 방해자

26 이·미용업소 내에 게시하지 않아도 되는 것은?
① 이·미용업 신고증
② 개설자의 면허증 원본
③ 근무자의 면허증 원본
④ 이·미용요금표

27 다음 중 이·미용사 면허를 받을 수 없는 자는?
① 교육부장관이 인정하는 고등기술학교에 6개월 이상 이·미용에 관한 소정의 과정을 이수한 자
② 전문대학에서 이·미용에 관한 학과를 졸업한 자
③ 국가기술자격법에 의한 이·미용사의 자격을 취득한 자
④ 고등학교에서 이·미용에 관한 학과를 졸업한 자

28 다음 중 공중위생감시원을 두는 곳을 모두 고른 것은?

| ㉠ 특별시 | ㉡ 광역시 |
| ㉢ 도 | ㉣ 군 |

① ㉡, ㉢
② ㉠, ㉢
③ ㉠, ㉡, ㉢
④ ㉠, ㉡, ㉢, ㉣

29 피부 표면에 물리적인 장벽을 만들어 자외선을 반사하고 분산하는 자외선 차단 성분은?
① 옥틸메톡시신나메이트
② 파라아미노안식향산(PABA)
③ 이산화티탄
④ 벤조페논

30 다량의 유성성분을 물에 일정기간 동안 안정한 상태로 균일하게 혼합시키는 화장품 제조기술은?
① 유화
② 경화
③ 분산
④ 가용화

31 화장품의 원료로서 알코올의 작용에 대한 설명으로 틀린 것은?
① 다른 물질과 혼합해서 그것을 녹이는 성질이 있다.
② 소독작용이 있어 화장수, 양모제 등에 사용한다.
③ 흡수작용이 강하기 때문에 건조의 목적으로 사용한다.
④ 피부에 자극을 줄 수도 있다.

32 기초화장품을 사용하는 목적이 아닌 것은?
① 세안
② 피부정돈
③ 피부보호
④ 피부결점보완

33 네일 에나멜(Nail Enamel)에 대한 설명으로 틀린 것은?
① 손톱에 광택을 부여하고 아름답게 할 목적으로 사용하는 화장품이다.
② 피막형성제로 톨루엔이 함유되어 있다.
③ 대부분 니트로셀룰로오스를 주성분으로 한다.
④ 안료가 배합되어 손톱에 아름다운 색채를 부여하기 때문에 네일컬러(Nail Color)라고도 한다.

34 다음 중 화장품의 4대 요인이 아닌 것은?
① 안전성
② 안정성
③ 유효성
④ 기능성

35 다음 중 햇빛에 노출했을 때 색소침착의 우려가 있어 사용 시 유의해야 하는 에센셜 오일은?

① 라벤더　　② 티트리
③ 제라늄　　④ 레몬

36 신경조직과 관련된 설명으로 옳은 것은?

① 말초신경은 외부나 체내에 가해진 자극에 의해 감각기에 발생한 신경흥분을 중추신경에 전달한다.
② 중추신경계의 체성신경은 12쌍의 뇌신경과 31쌍의 척수신경으로 이루어져 있다.
③ 중추신경계는 뇌신경, 척수신경 및 자율신경으로 구성된다.
④ 말초신경은 교감신경과 부교감신경으로 구성된다.

37 하이포니키움(하조피)에 대한 설명으로 옳은 것은?

① 네일 매트릭스를 병원균으로부터 보호한다.
② 손톱 아래 피부와 연결된 끝부분으로 박테리아의 침입을 막아준다.
③ 손톱 측면의 피부로 네일 베드와 연결된다.
④ 매트릭스 윗부분으로 손톱을 성장시킨다.

38 손톱의 생리적인 특성에 대한 설명으로 틀린 것은?

① 일반적으로 1일 평균 0.1~0.15㎜ 정도 자란다.
② 손톱의 성장은 조소피의 조직이 경화되면서 오래된 세포를 밀어내는 현상이다.
③ 손톱의 본체는 각질층이 변형된 것으로 얇은 층이 겹으로 이루어져 단단한 층을 이루고 있다.
④ 주로 경단백질인 케라틴과 이를 조성하는 아미노산 등으로 구성되어 있다.

39 손톱의 구조에 대한 설명으로 옳은 것은?

① 매트릭스(조모) - 손톱의 성장이 진행되는 곳으로 이상이 생기면 손톱의 변형을 가져온다.
② 네일 베드(조상) - 손톱의 끝부분에 해당되며 손톱의 모양을 만들 수 있다.
③ 루눌라(반월) - 매트릭스와 네일 베드가 만나는 부분으로 미생물 침입을 막는다.
④ 네일바디(조체) - 손톱 측면으로 손톱과 피부를 밀착시킨다.

40 네일의 길이와 모양을 자유롭게 조절할 수 있는 것은?

① 프리에이지(자유연)　② 네일 그루브(조구)
③ 네일 폴드(조주름)　　④ 에포니키움(조상피)

41 고객을 위한 네일미용인의 자세가 아닌 것은?

① 고객의 경제상태 파악
② 고객의 네일상태 파악
③ 선택 가능한 시술방법 설명
④ 선택 가능한 관리방법 설명

42 큐티클이 과잉 성장하여 손톱 부위로 자라는 질병은?

① 표피조막(테리지움)
② 교조증(오니코파지)
③ 조갑비대증(오니콕시스)
④ 고랑파진손톱(퍼로우네일)

43 변색된 손톱(Discolored Nails)의 특성이 아닌 것은?

① 네일바디에 퍼런 멍이 반점처럼 나타난다.
② 혈액순환이나 심장이 좋지 못한 상태에서 나타날 수 있다.
③ 베이스 코트를 바르지 않고 유색 네일 폴리시를 바를 경우 나타날 수 있다.
④ 손톱의 색상이 청색, 황색, 검푸른색, 자색 등으로 나타난다.

제1회 출제예상문제

44 건강한 손톱의 특성이 아닌 것은?

① 매끄럽고 광택이 나며 반투명한 핑크빛을 띤다.
② 약 8~12%의 수분을 함유하고 있다.
③ 모양이 고르고 표면이 균일하다.
④ 탄력이 있고 단단하다.

45 둘째~다섯째 손가락에 작용하며 손허리뼈의 사이를 메워주는 손의 근육은?

① 벌레근(충양근)
② 위침근(회의근)
③ 손가락폄근(지신근)
④ 엄지맞섬근(무지대립근)

46 젤 램프기기와 관련한 설명으로 틀린 것은?

① LED 램프는 400~700nm 정도의 파장을 사용한다.
② UV 램프는 UV-A 파장 정도를 사용한다.
③ 젤네일에 사용되는 광선은 자외선과 적외선이다.
④ 젤네일의 광택이 떨어지거나 경화 속도가 떨어지면 램프를 교체함이 바람직하다.

47 매니큐어의 어원으로 손을 지칭하는 라틴어는?

① 페디스(Pedis)
② 마누스(Manus)
③ 큐라(Cura)
④ 매니스(Manis)

48 손톱의 특징에 대한 설명으로 틀린 것은?

① 네일바디와 네일루트는 산소를 필요로 한다.
② 지각신경이 집중되어있는 반투명의 각질판이다.
③ 손톱의 경도는 함유된 수분의 함량이나 각질의 조성에 따라 다르다.
④ 네일 베드의 모세혈관으로부터 산소를 공급받는다.

49 네일관리의 유래와 역사에 대한 설명으로 틀린 것은?

① 중국에서는 네일에도 연지를 발라 '조홍'이라 하였다.
② 기원전 시대에는 관목이나 음식물, 식물 등에서 색상을 추출하였다.
③ 고대 이집트에서는 왕족은 짙은 색을, 낮은 계층의 사람들은 옅은 색만을 사용하게 하였다.
④ 중세시대에는 금색이나 은색 또는 검정이나 흑적색 등의 색상으로 특권층의 신분을 표시했다.

50 몸쪽 손목뼈(근위 수근골)가 아닌 것은?

① 손배뼈(주상골)
② 알머리뼈(유두골)
③ 세모뼈(삼각골)
④ 콩알뼈(두상골)

51 파고드는 발톱을 예방하기 위한 발톱모양으로 적합한 것은?

① 라운드형
② 스퀘어형
③ 포인트형
④ 오발형

52 매니큐어 시술에 관한 설명으로 옳은 것은?

① 손톱모양을 만들 때 양쪽 방향으로 파일링한다.
② 큐티클은 상조피 바로 밑부분까지 깨끗하게 제거한다.
③ 네일 폴리시를 바르기 전에 유분기는 깨끗하게 제거한다.
④ 자연네일이 약한 고객은 네일컬러링 후 톱 코트(Top Coat)를 2회 바른다.

53 아크릴릭 네일의 시술과 보수에 관련한 내용으로 틀린 것은?

① 공기방울이 생긴 인조네일은 촉촉하게 젖은 브러시의 사용으로 인해 나타날 수 있는 현상이다.
② 노랗게 변색되는 인조네일은 제품과 시술하는 과정에서 발생한 것으로 보수를 해야 한다.
③ 적절한 온도 이하에서 시술했을 경우 인조네일에 금이 가거나 깨지는 현상이 나타날 수 있다.
④ 기존에 시술되어진 인조네일과 새로 자라나온 자연네일을 자연스럽게 연결해주어야 한다.

54 자연네일의 형태 및 특성에 따른 네일 팁 적용 방법으로 옳은 것은?

① 넓적한 손톱에는 끝이 좁아지는 내로우 팁을 적용한다.
② 아래로 향한 손톱(Claw Nail)에는 커브 팁을 적용한다.
③ 위로 솟아 오른 손톱(Spoon Nail)에는 옆선에 커브가 없는 팁을 적용한다.
④ 물어뜯는 손톱에는 팁을 적용할 수 없다.

55 그라데이션 기법의 컬러링에 대한 설명으로 틀린 것은?

① 색상 사용의 제한이 없다.
② 스폰지를 사용하여 시술할 수 있다.
③ UV 젤의 적용 시에도 활용할 수 있다.
④ 일반적으로 큐티클 부분으로 갈수록 컬러링 색상이 자연스럽게 진해지는 기법이다.

56 아크릴릭 네일재료인 프라이머에 대한 설명으로 틀린 것은?

① 손톱 표면의 유·수분을 제거하고 건조시켜주어 아크릴의 접착력을 강하게 해준다.
② 산성제품으로 피부에 화상을 입힐 수 있으므로 최소량만을 사용한다.
③ 인조네일 전체에 사용하며 방부제 역할을 해준다.
④ 손톱 표면의 pH 밸런스를 맞춰준다.

57 손톱의 프리에이지 부분을 유색 폴리시로 칠해주는 컬러링 테크닉은?

① 프렌치 매니큐어(French Manicure)
② 핫오일 매니큐어(Hot Oil Manicure)
③ 레귤러 매니큐어(Regular Manicure)
④ 파라핀 매니큐어(Paraffin Manicure)

58 오렌지우드스틱의 사용 용도로 적합하지 않은 것은?

① 큐티클을 밀어 올릴 때
② 폴리시의 여분을 닦아낼 때
③ 네일 주위의 굳은살을 정리할 때
④ 네일 주위의 이물질을 제거할 때

59 투톤 아크릴 스컬프처의 시술에 대한 설명으로 틀린 것은?

① 프렌치 스컬프처(French Sculpture)라고도 한다.
② 화이트 파우더 특성상 프리에이지가 퍼져 보일 수 있으므로 핀칭에 유의해야 한다.
③ 스트레스 포인트에 화이트 파우더가 얇게 시술되면 떨어지기 쉬우므로 주의한다.
④ 스퀘어 모양을 잡기 위해 파일은 30° 정도 살짝 기울여 파일링한다.

60 젤네일에 관한 설명으로 틀린 것은?

① 아크릴릭에 비해 강한 냄새가 없다.
② 일반네일 폴리시에 비해 광택이 오래 지속된다.
③ 소프트 젤(Soft Gel)은 아세톤에 녹지 않는다.
④ 젤네일은 하드 젤(Hard Gel)과 소프트 젤(Soft Gel)로 구분된다.

제1회 출제예상문제 정답 및 해설

정답

01	③	02	③	03	③	04	①	05	③	06	④	07	③	08	③	09	③	10	④
11	③	12	②	13	④	14	③	15	③	16	④	17	③	18	①	19	④	20	④
21	④	22	④	23	①	24	③	25	③	26	③	27	③	28	④	29	③	30	①
31	③	32	④	33	②	34	③	35	④	36	①	37	③	38	②	39	①	40	①
41	①	42	①	43	①	44	②	45	①	46	③	47	②	48	①	49	④	50	②
51	②	52	③	53	①	54	①	55	④	56	③	57	①	58	③	59	④	60	③

해설

01 보건행정의 범위는 보건 관계 기록의 보존, 대중에 대한 보건교육, 환경위생, 감염병 관리, 모자보건, 의료, 보건간호로 규정하고 있다.

03 **제4급 감염병(22종)**: 인플루엔자, 회충증, 편충증, 요충증, 간흡충증, 폐흡충증, 장흡충증, 수족구병, 임질, 클라미디아감염증, 연성하감, 성기단순포진, 첨규콘딜롬, 반코마이신내성장알균(VRE) 감염증, 메티실린내성황색포도알균(MRSA) 감염증, 다제내성녹농균(MRPA) 감염증, 다제내성아시네토박터바우마니균(MRAB) 감염증, 장관감염증, 급성호흡기감염증, 해외유입기생충감염증, 엔테로바이러스감염증, 사람유두종바이러스 감염증

04 **건강보균자**: 병원체에 감염된 증상이 없이 몸 안에 병원균을 가지고 있으면서 병원체를 배출하는 사람으로 가장 중요하게 취급해야 할 대상이다.

05 ① 유행성 일본뇌염: 모기, ② 발진티푸스: 이, ④ 페스트: 벼룩

06 **긴촌충증(광절열두조충증)**
- 제1중간숙주: 물벼룩
- 제2중간숙주: 송어, 연어

07 **영아사망률**: 보건수준의 대표적 지표로서 1년간 출생아 1,000명에 대한 1세 미만의 사망자 수의 비율을 말한다.

08
- **호기성 세균**: 산소가 있는 곳에서 생육하는 세균
- **혐기성 세균**: 산소가 없는 곳에서 생육하는 세균(파상풍균, 유산균 등)

09
$10\% = x/200 \times 100$, $x = 20g$(석탄수)
$2\% = 20/(200+x) \times 100$
$2(200+x) = 2,000$
$200 + x = 1,000$
$x = 1,000 - 200$
$x = 800$ ㎖

10 **석탄산 소독**
- 1~3% 수용액을 사용한다(손 소독 시에는 2%).
- 의류, 용기, 오물, 고무, 빗 소독에 적합하다.

- 세균 포자와 바이러스에는 효과가 없다.
- 소독약의 살균지표로 쓰인다.

11 자비소독은 끓는 물 100℃에서 20분간 처리해야 한다.

12 트라코마에 감염된 환자의 타월, 세면도구 등에 의해 감염된다.

13 승홍은 0.1%~0.5%의 농도를 사용한다(승홍 1 : 식염 1 : 물 1,000).

14 세균은 약알칼리(pH 6.0~8.0)에서 가장 증식이 잘 된다.

15 B림프구는 면역글로불린이라고 불리는 항체를 생성(단백질 분비)하여 피부면역에 관여한다.

16 **기저층**
- 피부 표면의 상태를 결정짓는 중요한 층으로, 세포분열을 통해 새로운 세포를 생성한다.
- 멜라닌색소형성세포(Melanocyte)가 있어 피부색과 모발색을 결정한다.

17
- **자외선A(UV-A)** : 320~400nm(장파장)
- **자외선B(UV-B)** : 290~320nm(중파장)
- **자외선C(UV-C)** : 200~290nm(단파장)

18 **면포(Comedo)** : 모공을 막고 있는 분비물 및 각질의 덩어리로 코 주위의 검은 여드름 형태를 말한다.

19
- 비타민 A는 신체의 성장과 발달에 관여하며 피부점막조직의 기능과 망막의 건강을 유지한다.
- 피부에서 합성되는 것은 비타민 D이다.

20
- **바이러스성 피부질환** : 감염성 연속종, 수두, 대상포진, 사마귀, 단순포진
- **세균성 피부질환** : 전염성 농가진, 절종, 옹종, 단독
- **진균성 피부질환(피부진균증)** : 족부백선, 수부백선, 완선, 체부백선, 조갑백선, 캔디다증

22 신고한 영업장 면적의 3분의 1 이상 증감 시 변경신고를 해야 한다.

23 시장·군수·구청장은 과징금을 납부하여야 할 자가 납부기한까지 이를 납부하지 아니한 경우에는 대통령령으로 정하는 바에 따라 과징금 부과처분을 취소하고, 영업정지처분을 하거나 지방세 외 수입금의 징수 등에 관한 법률에 따라 징수한다.(참고 : "지방세 외 수입금의 징수 등에 관한 법률"은 현재 "지방행정제재·부과금의 징수 등에 관한 법률"로 변경되었다.)

24 위생서비스평가 계획을 수립하는 자는 시·도지사이다.

26 근무하는 모든 디자이너의 면허증 원본을 게시하는 것이 아니라 개설자의 면허증 원본만 게시하면 된다.

27 교육부장관이 인정하는 고등기술학교에 1년 이상 이·미용에 관한 소정의 과정을 이수해야 한다.

28 특별시, 광역시, 도, 군 모두 공중위생감시원을 둔다.

제1회 출제예상문제

30 유화는 유화장치를 이용하여 크림, 에멀전과 같은 유액을 만드는 제조기술이다.

31 **알코올의 작용** : 피부에 청량감과 수렴효과 부여, 살균·소독작용, 용매 역할 등

32 피부결점 보완은 파운데이션에 관한 설명이다.

33 피막형성제의 역할을 하는 것은 톨루엔이 아니라 니트로셀룰로오스이다.

34 화장품의 4대 요인은 안전성, 안정성, 유효성, 사용성이다.

36 • **중추신경계** : 뇌신경과 척수신경으로 구성된다.
  • **말초신경계**
    – 체성신경계 : 얼굴에 분포하는 12쌍의 뇌신경과 신체에 분포하는 31쌍의 척수신경으로 구성된다.
    – 자율신경계 : 교감신경과 부교감신경으로 구성된다.

37 • **하이포니키움(하조피)** : 손톱 아래 피부와 연결된 끝부분으로 박테리아의 침입을 막아준다.

39 • **네일 베드(조상)** : 네일 밑에서 네일바디를 받치고 있으며, 혈관과 신경세포가 있어 네일의 신진대사에 관여하고 수분을 공급한다.
  • **루눌라(반월)** : 완전히 케라틴화되지 않은 네일바디의 베이스에 있는 백색의 반달 모양을 말한다.
  • **네일바디(조체)** : 손톱 자체를 가리키며 아랫부분은 약하고 윗부분으로 갈수록 단단해진다.

40 • **네일 그루브(조구)** : 네일 베드의 양 측면에 패인 홈
  • **네일 폴드(조주름)** : 네일루트가 묻혀 있는 손톱 베이스에 깊이 접혀 있는 피부
  • **에포니키움(조상피)** : 손톱 베이스에 있는 가는 선의 피부

41 공과 사를 구분하여 고객의 사생활이나 경제상태를 파악하거나 험담을 하는 등의 행동은 피하도록 한다.

42 **표피조막(테리지움)** : 손톱에 부착된 큐티클이 과잉 성장하는 질환을 말하며 규칙적인 마사지와 오일을 이용하여 관리해야 한다.

43 **변색된 손톱(조갑변색, Discolored Nails)** : 손톱의 색깔이 황색, 푸른색, 자색, 적색 등 여러 가지 색으로 변하는 질환을 말한다. 베이스 코트없이 유색 폴리시를 바르거나 혈액순환, 빈혈, 심장이 좋지 못한 경우에 생긴다.

44 건강한 손톱은 12~18%의 수분을 함유하고 있다.

45 손허리뼈 사이를 메우며 손가락을 벌리는 데 관여하는 근육은 벌레근(충양근)이다.

46 젤네일에 사용되는 광선은 자외선이다.

47 매니큐어(Manicure)란 라틴어인 마누스(Manus, 손)와 큐라(Cure, 관리)에서 유래되었다.

48 네일바디는 산소를 필요로 하지 않는다.

49 **중세시대** : 군 지휘관이 전쟁터에 나가기 전에 특이한 머리모양과 함께 입술과 손톱에 동일한 색을 칠했다.

50
- **근위 수근골** : 주상골(손배뼈), 월상골(반달뼈), 삼각골(세모뼈), 두상골(콩알뼈) 등
- **원위 수근골** : 대능형골(큰마름뼈), 소능형골(작은마름뼈), 유두골(알머리뼈), 유구골(갈고리뼈)들이 인대로 결합되어 있는 관절

51 발톱이 파고드는 것을 방지하기 위해 일자형(스퀘어형)으로 형태를 잡아준다.

52
- 파일링은 한쪽 방향으로 한다.
- 큐티클은 손톱 주위를 덮고 있는 피부로, 상조피라고도 한다.
- 톱 코트는 1회 도포한다.

53 브러시가 충분히 젖지 않았을 때 공기방울이 생길 수 있다.

54
② 아래로 향한 손톱에는 커브 팁을 적용하지 않는다.
③ 위로 솟아오른 손톱에는 커브 팁을 적용한다.
④ 물어뜯는 손톱에도 팁을 적용할 수 있다.

55 그라데이션 기법은 큐티클 부분으로 갈수록 색상이 자연스럽게 흐려지는 기법이다.

56 프라이머는 자연네일에 사용한다.

57 프리에이지 부분에 유색 폴리시를 바르는 매니큐어 방법은 프렌치 매니큐어이다.

58 네일 주위의 거스러미와 굳은살을 제거할 때는 니퍼를 사용한다.

59 스퀘어 모양을 잡기 위해 파일의 각도는 90°로 한다.

60 소프트 젤은 퓨어 아세톤으로 녹여서 제거한다.

제2회 출제예상문제

01 다음 중 감염병 유행의 3대 요소는?
① 병원체, 숙주, 환경
② 환경, 유전, 병원체
③ 숙주, 유전, 환경
④ 감수성, 환경, 병원체

02 일반적인 이·미용업소의 실내쾌적습도 범위로 가장 알맞은 것은?
① 10~20%
② 20~40%
③ 40~70%
④ 70~90%

03 자력으로 의료문제를 해결할 수 없는 생활 무능력자 및 저소득층을 대상으로 공적으로 의료를 보장하는 제도는?
① 의료보험
② 의료보호
③ 실업보험
④ 연금보험

04 공중보건학의 범위 중 보건관리 분야에 속하지 않는 사업은?
① 보건통계
② 사회보장제도
③ 보건행정
④ 산업보건

05 다음 중 수인성 감염병에 속하는 것은?
① 유행성출혈열
② 성홍열
③ 세균성이질
④ 탄저병

06 인공조명을 할 때 고려사항 중 틀린 것은?
① 광색은 주광색에 가깝고, 유해가스의 발생이 없어야 한다.
② 열의 발생이 적고, 폭발이나 발화의 위험이 없어야 한다.
③ 균등한 조도를 위해 직접조명이 되도록 해야 한다.
④ 충분한 조도를 위해 빛이 좌상방에서 비춰져야 한다.

07 솔라닌(Solanine)이 원인이 되는 식중독과 관계 깊은 것은?
① 버섯
② 복어
③ 감자
④ 조개

08 미생물의 발육과 그 작용을 제거하거나 정지시켜 음식물의 부패나 발효를 방지하는 것은?
① 방부
② 소독
③ 살균
④ 살충

09 물의 살균에 많이 이용되고 있으며 산화력이 강한 것은?
① 포름알데하이드(Formaldehyde)
② 오존(O_3)
③ E.O(Ethylene Oxide) 가스
④ 에탄올(Ethanol)

10 소독제를 수돗물로 희석하여 사용할 경우 가장 주의해야 할 점은?
① 물의 경도
② 물의 온도
③ 물의 취도
④ 물의 탁도

11 소독제를 사용할 때 주의사항이 아닌 것은?
① 취급방법
② 농도표시
③ 소독제병의 세균오염
④ 알코올 사용

12 다음 중 금속제품 기구 소독에 가장 적합하지 않은 것은?
① 알코올
② 역성비누
③ 승홍수
④ 크레졸수

13 다음 중 하수도 주위에 흔히 사용되는 소독제는?
① 생석회 ② 포르말린
③ 역성비누 ④ 과망간산칼륨

14 개달전염(介達傳染)과 무관한 것은?
① 의복 ② 식품
③ 책상 ④ 장난감

15 피부구조에서 지방세포가 주로 위치하고 있는 곳은?
① 각질층 ② 진피
③ 피하조직 ④ 투명층

16 다음 중 기미의 생성 유발 요인이 아닌 것은?
① 유전적요인
② 임신
③ 갱년기장애
④ 갑상선기능저하

17 외인성 피부질환의 원인과 가장 거리가 먼 것은?
① 유전인자 ② 산화
③ 피부 건조 ④ 자외선

18 다음 중 원발진에 해당하는 피부변화는?
① 가피 ② 미란
③ 위축 ④ 구진

19 자외선으로부터 어느 정도 피부를 보호하며 진피조직에 투여하면 피부주름과 처짐 현상에 가장 효과적인 것은?
① 콜라겐 ② 엘라스틴
③ 무코다당류 ④ 멜라닌

20 정상피부와 비교하여 점막으로 이루어진 피부의 특징으로 옳지 않은 것은?
① 혀와 경구개를 제외한 입안의 점막은 과립층을 가지고 있다.
② 당김미세섬유사(Tonofilament)의 발달이 미약하다.
③ 미세융기가 잘 발달되어 있다.
④ 세포에 다량의 글리코겐이 존재한다.

21 성장기 어린이의 대사성질환으로 비타민 D 결핍 시 뼈 발육에 변형을 일으키는 것은?
① 석회결석 ② 골막파열증
③ 괴혈증 ④ 구루병

22 시·도지사 또는 시장·군수·구청장은 공중위생관리상 필요하다고 인정하는 때에 공중위생영업자 등에 대하여 필요한 조치를 취할 수 있다. 이 조치에 해당하는 것은?
① 보고 ② 청문
③ 감독 ④ 협의

23 법령상 위생교육에 대한 기준으로 (   ) 안에 적합한 것은?

> 공중위생관리법령상 위생교육을 받은 자가 위생교육을 받은 날부터 (   ) 이내에 위생교육을 받은 업종과 같은 업종의 영업을 하려는 경우에는 해당 영업에 대한 위생교육을 받은 것으로 본다.

① 2년 ② 2년 6월
③ 3년 ④ 3년 6월

24 미용사에게 금지되지 않은 업무는 무엇인가?
① 얼굴의 손질 및 화장을 행하는 업무
② 의료기기를 사용하는 피부관리 업무
③ 의약품을 사용하는 눈썹손질 업무
④ 의약품을 사용하는 제모

25 다음 중 이·미용업에 있어서 과태료 부과대상이 아닌 사람은?
① 위생관리의무를 지키지 아니한 자
② 영업소 외의 장소에서 이용 또는 미용업무를 행한 자

③ 보건복지부령이 정하는 중요사항을 변경하고도 변경신고를 하지 아니한 자
④ 관계공무원의 출입·검사를 거부·기피·방해한 자

26 손님에게 음란행위를 알선한 사람에 대한 관계행정기관의 장의 요청이 있는 때, 1차 위반에 대하여 행할 수 있는 행정처분으로 영업소와 업주에 대한 행정처분 기준이 바르게 짝지어진 것은?

① 영업정지 1월 - 면허정지 1월
② 영업정지 1월 - 면허정지 2월
③ 영업정지 3월 - 면허정지 3월
④ 영업정지 2월 - 면허정지 3월

27 이·미용업 영업장 안의 조명도 기준은?

① 50룩스 이상　② 75룩스 이상
③ 100룩스 이상　④ 125룩스 이상

28 이·미용업 영업신고를 하면서 신고인이 확인에 동의하지 아니하는 때에 첨부하여야 하는 서류가 아닌 것은?(단, 신고인이 전자정부법에 따른 행정정보의 공동이용을 통한 확인에 동의하지 아니하는 경우임)

① 영업시설 및 설비개요서
② 교육필증
③ 이·미용사 자격증
④ 면허증

29 동물성 단백질의 일종으로 피부의 탄력유지에 매우 중요한 역할을 하며 피부의 파열을 방지하는 스프링 역할을 하는 것은?

① 아줄렌　② 엘라스틴
③ 콜라겐　④ DNA

30 식물의 꽃, 잎, 줄기, 뿌리, 씨, 과피, 수지 등에서 방향성이 높은 물질을 추출한 휘발성 오일은?

① 동물성 오일　② 에센셜 오일
③ 광물성 오일　④ 밍크 오일

31 화장품의 피부흡수에 관한 설명으로 옳은 것은?

① 분자량이 적을수록 피부흡수율이 높다.
② 수분이 많을수록 피부흡수율이 높다.
③ 동물성 오일 〈 식물성 오일 〈 광물성 오일 순으로 피부흡수력이 높다.
④ 크림류 〈 로션류 〈 화장수류 순으로 피부흡수력이 높다.

32 여드름 피부에 맞는 화장품 성분으로 가장 거리가 먼 것은?

① 캄퍼　② 로즈마리 추출물
③ 알부틴　④ 하마멜리스

33 보습제가 갖추어야 할 조건으로 틀린 것은?

① 다른 성분과 혼용성이 좋을 것
② 모공 수축을 위해 휘발성이 있을 것
③ 적절한 보습능력이 있을 것
④ 응고점이 낮을 것

34 메이크업 화장품에 주로 사용되는 제조방법은?

① 유화　② 가용화
③ 겔화　④ 분산

35 화장품법상 기능성 화장품에 속하지 않는 것은?

① 미백에 도움을 주는 제품
② 여드름 완화에 도움을 주는 제품
③ 주름개선에 도움을 주는 제품
④ 자외선으로부터 피부를 보호하는 데 도움을 주는 제품

36 손톱이 나빠지는 후천적 요인이 아닌 것은?

① 잘못된 푸셔와 니퍼 사용에 의한 손상
② 손톱 강화제 사용 빈도 수
③ 과도한 스트레스
④ 잘못된 파일링에 의한 손상

37 손톱의 특성이 아닌 것은?

① 손톱은 피부의 일종이며, 머리카락과 같은 케라틴과 칼슘으로 만들어져 있다.
② 손톱의 손상으로 조갑이 탈락되고 회복되는 데는 6개월 정도 걸린다.
③ 손톱의 성장은 겨울보다 여름이 잘 자란다.
④ 엄지손톱의 성장이 가장 느리며, 중지손톱이 가장 빠르다.

38 고객을 응대할 때 네일아티스트의 자세로 틀린 것은?

① 고객에게 알맞은 서비스를 하여야 한다.
② 모든 고객에게 공평하게 하여야 한다.
③ 진상고객은 단념하여야 한다.
④ 안전규정을 준수하고 충실히 하여야 한다.

39 손톱에 색소가 침착되거나 변색되는 것을 방지하고 네일 표면을 고르게 하여 폴리시의 밀착성을 높이는 데 사용하는 네일미용 화장품은?

① 톱 코트   ② 베이스 코트
③ 폴리시 리무버   ④ 큐티클 오일

40 폴리시를 바르는 방법으로 손톱을 가늘어 보이게 하는 것은?

① 프리에이지   ② 루눌라
③ 프렌치   ④ 프리웰

41 골격근에 대한 설명으로 틀린 것은?

① 인체의 약 60%를 차지한다.
② 횡문근이라고도 한다.
③ 수의근이라고도 한다.
④ 대부분이 골격에 부착되어 있다.

42 매니큐어를 가장 잘 설명한 것은?

① 네일 폴리시를 바르는 것이다.
② 손톱모양을 다듬고 색깔을 칠하는 것이다.
③ 손 매뉴얼 테크닉과 네일 폴리시를 바르는 것이다.
④ 손톱모양을 다듬고 큐티클 정리, 컬러링 등을 포함한 관리이다.

43 매니큐어의 유래에 관한 설명 중 틀린 것은?

① 중국은 특권층의 신분을 드러내기 위해 홍화를 손톱에 바르기 시작했다.
② 매니큐어는 고대 희랍어에서 유래된 말로 마누스와 큐라의 합성어이다.
③ 17세기 경 인도의 상류층 여성들은 손톱의 뿌리 부분에 신분을 나타내는 목적으로 문신을 했다.
④ 건강을 기원하는 주술적 의미에서 손톱에 빨간색을 물들이게 되었다.

44 다음 중 하지의 신경에 속하지 않는 것은?

① 총비골신경   ② 액와신경
③ 복재신경   ④ 배측신경

45 표피성 진균증 중 네일 몰드는 습기, 열, 공기에 의해 균이 번식되어 발생한다. 이때 몰드가 발생한 수분함유율이 옳게 표기된 것은?

① 2%~5%   ② 7%~10%
③ 12%~18%   ④ 23%~25%

46 손톱의 역할 및 기능과 가장 거리가 먼 것은?

① 물건을 잡거나 성상을 구별하는 기능
② 작은 물건을 들어 올리는 기능
③ 방어와 공격의 기능
④ 몸을 지탱해주는 기능

47 네일재료에 대한 설명으로 적합하지 않은 것은?

① 네일 에나멜 시너 – 폴리시를 묽게 해주기 위해 사용한다.
② 큐티클 오일 – 글리세린을 함유하고 있다.
③ 네일 블리치 – 20볼륨 과산화수소를 함유하고 있다.

제2회 출제예상문제

④ 네일 보강제 - 자연네일이 강한 고객에게 사용하면 효과적이다.

48 뼈의 기능이 아닌 것은?

① 지렛대 역할 ② 흡수기능
③ 보호작용   ④ 무기질 저장

49 매니큐어 시술 시에 미관상 제거의 대상이 되는 손톱을 덮고 있는 각질세포는?

① 네일 큐티클(Nail Cuticle)
② 네일 플레이트(Nail Plate)
③ 네일 프리에이지(Nail Free Edge)
④ 네일 그루브(Nail Groove)

50 다음 ( ) 안의 a와 b에 알맞은 단어를 바르게 짝지은 것은?

> (a)는 폴리시 리무버나 아세톤을 담아 펌프식으로 편리하게 사용할 수 있다.
> (b)는 아크릴 리퀴드를 덜어 담아 사용할 수 있는 용기이다.

① a - 다크디시, b - 작은종지
② a - 디스펜서, b - 다크디시
③ a - 다크디시, b - 디스펜서
④ a - 디스펜서, b - 디펜디시

51 투톤 아크릴 스컬프처의 시술에 대한 설명으로 틀린 것은?

① 프렌치 스컬프처(French Sculpture)라고도 한다.
② 화이트 파우더 특성상 프리에이지가 퍼져 보일수 있으므로 핀칭에 유의해야 한다.
③ 스트레스 포인트에 화이트 파우더가 얇게 시술되면 떨어지기 쉬우므로 주의한다.
④ 스퀘어 모양을 잡기 위해 파일은 30° 정도 살짝 기울여 파일링한다.

52 큐티클 정리 및 제거 시 필요한 도구로 알맞은 것은?

① 파일, 톱 코트
② 라운드패드, 니퍼
③ 샌딩블럭, 핑거볼
④ 푸셔, 니퍼

53 네일 팁 접착 방법의 설명으로 틀린 것은?

① 네일 팁 접착 시 자연네일의 1/2 이상 덮지 않는다.
② 올바른 각도로 팁을 접착해 공기가 들어가지 않도록 유의한다.
③ 손톱과 네일 팁 전체에 프라이머를 도포한 후 접착한다.
④ 네일 팁을 접착할 때 5~10초 동안 누르면서 기다린 후 팁의 양쪽 꼬리 부분을 살짝 눌러 준다.

54 UV 젤네일 시술 시 리프팅이 일어나는 이유로 적절하지 않은 것은?

① 네일의 유·수분기를 제거하지 않고 시술했다.
② 젤을 프리에이지까지 시술하지 않았다.
③ 젤을 큐티클 라인에 닿지 않게 시술했다.
④ 큐어링 시간을 잘 지키지 않았다.

55 습식매니큐어 시술에 관한 설명 중 틀린 것은?

① 베이스 코트를 가능한 한 얇게 1회 전체에 바른다.
② 벗겨짐을 방지하기 위해 도포한 폴리시를 완전히 커버하여 톱 코트를 바른다.
③ 프리에이지 부분까지 깔끔하게 바른다.
④ 손톱길이 정리에는 클리퍼를 사용할 수 없다.

56 아크릴릭 네일의 설명으로 맞는 것은?

① 두꺼운 손톱 구조로만 완성되며 다양한 형태를 만들 수 없다.

② 투톤 스컬프처인 프렌치 스컬프처에 적용할 수 없다.
③ 물어뜯는 손톱에 사용하여서는 안된다.
④ 네일 폼을 사용하여 다양한 형태로 조형이 가능하다.

57 아크릴릭 스컬프처 시술 시 손톱에 부착해 길이를 연장하는 데 받침대 역할을 하는 재료로 옳은 것은?

① 네일 폼   ② 리퀴드
③ 모노머   ④ 아크릴 파우더

58 다른 모양보다 강한 느낌을 주며, 대회용으로 많이 사용되는 손톱모양은?

① 오벌형   ② 라운드형
③ 스퀘어형   ④ 아몬드형

59 발톱의 모양으로 가장 적절한 것은?

① 라운드형   ② 오벌형
③ 스퀘어형   ④ 아몬드형

60 아크릴릭 보수 과정 중 옳지 않은 것은?

① 심하게 들뜬 부분은 파일과 니퍼를 적절히 사용하여 세심히 잘라내고 경계가 없도록 파일링한다.
② 새로 자라난 손톱 부분에 에칭을 주고 프라이머를 바른다.
③ 적절한 양의 비드로 큐티클 부분에 자연스러운 라인을 만든다.
④ 새로 비드를 얹은 부위는 파일링이 필요하지 않다.

제2회 출제예상문제 정답 및 해설

정답

01	①	02	③	03	②	04	④	05	③	06	③	07	③	08	①	09	②	10	①
11	④	12	③	13	①	14	②	15	③	16	④	17	①	18	④	19	①	20	①
21	④	22	①	23	①	24	①	25	③	26	③	27	④	28	③	29	③	30	②
31	①	32	③	33	②	34	③	35	②	36	②	37	④	38	③	39	②	40	④
41	①	42	④	43	②	44	②	45	④	46	④	47	④	48	②	49	①	50	④
51	④	52	④	53	③	54	③	55	④	56	④	57	①	58	③	59	③	60	④

해설

01 감염병 유행의 3대 요소는 병원체, 숙주, 환경이다.

02 실내쾌적습도 범위는 40~70%이다.

03 의료보호제도는 생활을 유지할 능력이 없거나 생활이 어려운 자에게 의료보호를 실시함으로써 국민보건의 향상과 사회복지의 증진에 이바지함을 목적으로 한다.

04 보건관리 분야는 보건행정, 보건영양, 인구보건, 가족보건, 모자보건, 의료보건제도, 보건교육, 학교보건, 정신보건, 보건통계, 영유아보건, 사고관리 등이 있다.

05 수인성 감염병은 물을 통해 감염되는 질병으로 장티푸스, 파라티푸스, 세균성 이질, 아메바성 이질, 콜레라, 유행성 간염 등이 있다.

06 균등한 조도를 위하여 간접조명이 되도록 한다.

07 감자의 녹색 부위와 싹이 발아한 부분인 솔라닌이 식중독의 원인이 된다.

08
- **방부** : 병원미생물의 발육·작용을 저지
- **소독** : 병원균의 감염저지
- **살균** : 세균제거
- **멸균** : 미생물을 완전히 제거

09 오존(O_3)은 산화력이 강해 소량으로도 강력한 소독작용을 하며 미생물 제거 효과가 매우 우수하다.

10 물의 경도가 높은 센물(지하수, 우물물)은 소독제와 희석할 경우 불활성 침전이 생길 수 있으므로 물의 경도를 고려해야 한다.

11 소독제를 사용할 때의 고려사항으로는 온도, 작용시간, 농도, 유기물 존재 유·무, 용액의 pH, 대상물질, 소독범위, 주위환경, 취급방법 등이 있다.

12 승홍수는 금속을 부식시키므로 금속제품 기구 소독에 적합하지 않다.

13 생석회는 습기가 있는 분변, 하수, 오수, 오물, 토사물 등의 소독에 적합하다.

14 비활성 전파체 중 수건, 의복, 서적, 장난감, 인쇄물, 책상 등의 개달물은 여러 병원체를 부착시켜 결핵, 트라코마, 백선, 두창 등을 일으킨다.

15 피하조직에는 지방층 유기체의 영양과 에너지를 저장하고 완충기 역할을 하는 지방세포가 있다.

16 갑상선기능저하는 기미의 생성 유발 요인이 아니다.

17 유전인자는 유전형질을 규정하는 인자로 외인성 피부질환과는 관련이 없다.

18 ①, ②, ③은 속발진에 해당한다.

19 섬유아세포에서 생성된 콜라겐은 피부에 탄력과 신축성을 부여하고 보습작용을 한다.

20 인체의 구강 점막에는 각질층과 과립층이 없다.

21 구루병은 생후 4개월에서 2세 사이에 잘 발생하는 질환으로 비타민 D 결핍증이다. 머리, 가슴, 팔, 다리뼈의 변형과 성장장애를 일으킨다.

22 특별시장·광역시장·도지사 또는 시장·군수·구청장은 공중위생관리상 필요하다고 인정하는 때에는 공중위생영업자에 대하여 필요한 보고를 하게 하거나 소속공무원으로 하여금 영업소·사무소 등에 출입하여 공중위생영업자의 위생관리의무이행 등에 대하여 검사하게 하거나 필요에 따라 공중위생영업장부나 서류를 열람하게 할 수 있다.

23 위생교육을 받은 자가 위생교육을 받은 날부터 2년 이내에 위생교육을 받은 업종과 같은 업종의 영업을 하려는 경우에는 해당 영업에 대한 위생교육을 받은 것으로 본다.

24 미용사는 의료기기나 의약품을 사용할 수 없다.

25 ①, ②는 200만원 이하의 과태료, ④는 300만원 이하의 과태료에 해당한다.

26

위반사항	행정처분기준		
	1차 위반	2차 위반	3차 위반
영업소	영업정지 3월	영업장 폐쇄명령	–
미용사(업주)	면허정지 3월	면허취소	–

27 일반음식점은 30룩스, 유흥음식점은 10룩스, 조리장은 50~100룩스, 이·미용업 영업장은 75룩스 이상이다.

28 이·미용사 자격증은 면허증을 교부받을 때 첨부해야 할 서류이다.

29 엘라스틴은 콜라겐과 함께 결합조직에 존재하는 단백질로, 조직의 유연성과 신축성에 관여한다.

30 에센셜 오일은 식물의 꽃, 잎, 줄기, 뿌리, 씨, 과피, 수지 등에서 추출한 천연 방향화합물이다.

31 대개 분자량 800 이하의 지용성 성분은 피부에 흡수되고, 수용성 고분자는 거의 흡수되지 않는다고 볼 수 있다.

제2회 출제예상문제

32 알부틴은 월귤나무에서 추출하며, 타이로시나제 효소의 활성을 억제하여 색소침착을 방지한다.

33 보습제는 피부에 유·수분을 공급하고, 휘발성 없이 흡착력이 높아 수분증발을 억제한다.

34 분산이란 물 또는 오일성분에 고체입자가 균일하게 혼합된 상태로 파운데이션, 아이섀도, 립스틱, 마스카라 등 메이크업 제품을 만드는 데 주로 쓰인다.

35 여드름 완화는 치료에 목적이 있다.

36 손톱 강화제는 손톱을 더 강하게 만들 때 사용한다.

38 네일아티스트는 서비스업으로 모든 고객을 공평하게 대하여야 한다.

39 베이스 코트는 폴리시를 바르기 전에 손톱 표면에 발라 색소가 침착되거나 변색되는 것을 방지하고 폴리시의 밀착성을 높인다.

40 프리웰은 손톱 양쪽 옆면을 1.5mm 정도 남기고 컬러링을 하여 손톱을 가늘고 길어 보이게 한다.

41 골격근은 인체의 40~50%를 차지한다.

42 매니큐어는 손톱모양을 다듬고 큐티클 정리, 컬러링 등을 포함한 관리이다.

43 매니큐어는 라틴어의 마누스와 큐라에서 유래한 용어이다.

44 액와신경은 겨드랑이 속을 지나가는 신경이다.

45 건강한 손톱은 수분함유량이 12~18%이며 그 이상일 경우에는 몰드가 발생하기 쉽다.

46 몸을 지탱해주는 것은 뼈의 기능이다.

47 네일 보강제는 갈라지고 찢어지는 약한손톱에 사용한다.

48 흡수기능은 피부의 기능에 속한다.

49 매니큐어 시술 시에 미관상 제거의 대상이 되며 손톱을 덮고 있는 각질세포는 네일 큐티클이다.

50 폴리시 리무버나 아세톤을 담아 펌프식으로 사용하는 것은 디스펜서이고, 아크릴 리퀴드를 덜어 담아 사용하는 용기는 디펜디시이다.

51 스퀘어모양을 잡기 위한 파일각도는 90° 정도이다.

52 큐티클 정리 및 제거 시 필요한 도구로 알맞은 것은 푸셔, 니퍼이다.

53 프라이머는 아크릴릭 스컬프처나 젤 스컬프처 시 사용한다.

54 젤을 큐티클 라인에 너무 가까이 놓았을 때 리프팅이 일어난다.

55 습식매니큐어 시 자연네일 길이 조절은 클리퍼로 한다.

56 아크릴릭 네일은 다양한 형태를 만들 수 있고 프렌치 스컬프처를 할 수 있으며 물어뜯는 손톱에 사용이 가능하다.

57 아크릴릭 스컬프처 시술 시 손톱에 부착해 길이를 연장하는 데 받침대 역할을 하는 재료는 네일 폼이다.

58 스퀘어모양은 모서리각을 그대로 살린 잘 부러지지 않는 강한 형태이다.

59 발톱의 모양으로 가장 적절한 것은 스퀘어형이다.

60 새로 비드를 얹은 부위는 자연네일이 손상되지 않게 파일링한다.

제 3 회 출제예상문제

01 결핵예방접종으로 사용하는 것은?
① DPT ② MMR
③ PPD ④ BCG

02 장티푸스, 결핵, 파상풍 등의 예방접종으로 얻어지는 면역은?
① 인공능동면역 ② 인공수동면역
③ 자연능동면역 ④ 자연수동면역

03 한 나라의 건강수준을 다른 국가들과 비교할 수 있는 지표로 세계보건기구가 제시한 것은?
① 인구증가율, 평균수명, 비례사망지수
② 비례사망지수, 조사망률, 평균수명
③ 평균수명, 조사망률, 국민소득
④ 의료시설, 평균수명, 주거상태

04 질병 발생의 3대 요소는?
① 숙주, 환경, 병명
② 병인, 숙주, 환경
③ 숙주, 체력, 환경
④ 감정, 체력, 숙주

05 상수(上水)에서 대장균 검출의 주된 의의는?
① 소독 상태가 불량하다.
② 환경위생 상태가 불량하다.
③ 오염의 지표가 된다.
④ 전염병 발생의 우려가 있다.

06 세계보건기구에서 정의하는 보건행정의 범위에 속하지 않는 것은?
① 산업행정 ② 모자보건
③ 환경위생 ④ 감염병 관리

07 폐흡충의 감염이 발생할 수 있는 경우는?
① 가재를 생식했을 때
② 우렁이를 생식했을 때
③ 은어를 생식했을 때
④ 소고기를 생식했을 때

08 미생물의 종류에 해당하지 않는 것은?
① 벼룩 ② 효모
③ 곰팡이 ④ 세균

09 계면활성제 중 가장 살균력이 강한 것은?
① 음이온성 ② 양이온성
③ 비이온성 ④ 양쪽이온성

10 재질에 관계 없이 빗이나 브러시 등의 소독방법으로 가장 적합한 것은?
① 70% 알코올 솜으로 닦는다.
② 고압증기멸균기에 넣어 소독한다.
③ 락스액에 담근 후 씻어낸다.
④ 세제를 풀어 세척한 후 건조시켜 자외선소독기에 넣는다.

11 물리적 소독법에 속하지 않는 것은?
① 건열멸균법 ② 고압증기멸균법
③ 크레졸 소독법 ④ 자비소독법

12 소독제인 석탄산의 단점이라고 할 수 없는 것은?
① 유기물 접촉 시 소독력이 약화된다.
② 피부에 자극성이 있다.
③ 금속에 부식성이 있다.
④ 독성과 취기가 강하다.

13 소독제의 구비조건에 해당하지 않는 것은?
① 높은 살균력을 가질 것
② 인체에 해가 없을 것
③ 저렴하고 구입과 사용이 간편할 것
④ 용해성이 낮을 것

14 미생물의 증식을 억제하는 영양의 고갈과 건조 등의 불리한 환경 속에서 생존하기 위하여 세균이 생성하는 것은?

① 아포   ② 협막
③ 세포벽 ④ 점질층

15 기계적 손상에 의한 피부질환이 아닌 것은?

① 굳은살 ② 티눈
③ 종양   ④ 욕창

16 표피와 진피의 경계선의 형태는?

① 직선   ② 사선
③ 물결상 ④ 점선

17 사람의 피부표면은 주로 어떤 형태인가?

① 삼각 또는 마름모꼴의 다각형
② 삼각 또는 사각형
③ 삼각 또는 오각형
④ 사각 또는 오각형

18 다음 중 영양소와 그 최종 분해로 연결이 옳은 것은?

① 탄수화물 – 지방산
② 단백질 – 아미노산
③ 지방 – 포도당
④ 비타민 – 미네랄

19 건강한 피부를 유지하기 위한 방법이 아닌 것은?

① 적당한 수분을 항상 유지해야 한다.
② 두꺼운 각질층은 제거해야 한다.
③ 일광욕을 많이 해야 건강한 피부가 된다.
④ 충분한 수면과 영양을 공급해야 한다.

20 백반증에 관한 내용 중 틀린 것은?

① 멜라닌세포의 과다한 증식으로 일어난다.
② 백색반점이 피부에 나타난다.
③ 후천적 탈색소질환이다.
④ 원형, 타원형 또는 부정형의 흰색반점이 나타난다.

21 자외선 차단지수의 설명으로 옳지 않은 것은?

① SPF라고 한다.
② SPF 1이란 대략 1시간을 의미한다.
③ 자외선의 강약에 따라 차단제의 효과시간이 변한다.
④ 색소침착부위에는 가능하면 1년 내내 차단제를 사용하는 것이 좋다.

22 공중위생관리법상 이·미용업 영업장 안의 조명도는 얼마 이상이어야 하는가?

① 50룩스   ② 75룩스
③ 100룩스 ④ 125룩스

23 공중위생영업자가 영업소 폐쇄명령을 받고도 계속하여 영업을 하는 때에 대한 조치사항으로 옳은 것은?

① 당해 영업소가 위법한 영업소임을 알리는 게시물 등의 부착
② 당해 영업소의 출입자 통제
③ 당해 영업소의 출입금지구역 설정
④ 당해 영업소의 강제 폐쇄집행

24 다음 중 이·미용사 면허를 발급할 수 있는 사람만으로 짝지어진 것은?

┌─────────────────────────────┐
│ ㉠ 특별·광역시장   ㉡ 도지사 │
│ ㉢ 시장   ㉣ 구청장 │
│ ㉤ 군수   │
└─────────────────────────────┘

① ㉠, ㉡
② ㉠, ㉡, ㉢
③ ㉠, ㉡, ㉢, ㉣
④ ㉢, ㉣, ㉤

제3회 출제예상문제

25 이·미용업 영업신고를 하지 않고 영업을 한 자에 해당하는 벌칙 기준은?

① 6월 이하의 징역 또는 100만원 이하의 벌금
② 6월 이하의 징역 또는 300만원 이하의 벌금
③ 1년 이하의 징역 또는 500만원 이하의 벌금
④ 1년 이하의 징역 또는 1천만원 이하의 벌금

26 공중위생관리법상 위생교육에 관한 설명으로 틀린 것은?

① 위생교육은 교육부장관이 허가한 단체가 실시할 수 있다.
② 공중위생영업의 신고를 하고자 하는 자는 원칙적으로 미리 위생교육을 받아야 한다.
③ 공중위생영업자는 매년 위생교육을 받아야 한다.
④ 위생교육을 받아야 하는 자 중 영업에 직접 종사하지 아니하거나 2곳 이상의 장소에서 영업을 하는 자는 종업원 중 영업장별로 공중위생에 관한 책임자를 지정하고 그 책임자로 하여금 위생교육을 받게 하여야 한다.

27 과태료 처분에 불복이 있는 자는 그 처분의 고지를 받은 날부터 얼마의 기간 이내에 처분권자에게 이의를 제기할 수 있는가?

① 10일 ② 20일
③ 30일 ④ 3개월

28 이·미용업자는 신고한 영업장 면적을 얼마 이상 증감하였을 때 변경신고를 하여야 하는가?

① 5분의 1 ② 4분의 1
③ 3분의 1 ④ 2분의 1

29 라벤더 에센셜 오일의 효능에 대한 설명으로 가장 거리가 먼 것은?

① 재생작용 ② 화상치유작용
③ 이완작용 ④ 모유생성작용

30 SPF에 대한 설명으로 틀린 것은?

① Sun Protection Factor의 약자로서 자외선 차단지수라 불린다.
② 엄밀히 말하면 UV-B의 방어효과를 나타내는 지수라고 볼 수 있다.
③ 오존층으로부터 자외선이 차단되는 정도를 알아보기 위한 목적으로 이용된다.
④ 자외선 차단제를 바른 피부에 최소한의 홍반을 일어나게 하는 데 필요한 자외선 양을 바르지 않은 피부에 최소한의 홍반을 일어나게 하는 데 필요한 자외선 양으로 나눈 값이다.

31 AHA에 대한 설명으로 옳은 것은?

① 물리적으로 각질을 제거하는 기능을 한다.
② 글리콜산은 사탕수수에 함유된 것으로 침투력이 좋다.
③ pH 3.5 이상에서 15% 농도가 각질 제거에 가장 효과적이다.
④ AHA보다 안전성은 떨어지나 효과가 좋은 BHA가 많이 사용된다.

32 화장품의 분류에 관한 설명 중 틀린 것은?

① 샴푸, 헤어 린스는 모발용 화장품에 속한다.
② 팩, 마사지 크림은 스페셜 화장품에 속한다.
③ 퍼퓸(Perfume), 오데 코롱(Eau De Cologne)은 방향화장품에 속한다.
④ 자외선 차단제나 태닝 제품은 기능성 화장품에 속한다.

33 일반적으로 많이 사용하는 화장수의 알코올 함유량은?

① 70% 전후 ② 10% 전후
③ 30% 전후 ④ 50% 전후

34 손을 대상으로 하는 제품 중 알코올을 주 베이스로 하며, 청결 및 소독을 주된 목적으로 하는 제품은?

① 핸드 워시(Hand Wash)
② 새니타이저(Sanitizer)
③ 비누(Soap)
④ 핸드 크림(Hand Cream)

35 피부의 미백을 돕는 데 사용되는 화장품의 성분이 아닌 것은?

① 플라센타, 비타민 C
② 레몬 추출물, 감초추출물
③ 코직산, 구연산
④ 캄퍼, 카모마일

36 다음 중 네일 팁의 재질이 아닌 것은?

① 아세테이트   ② 플라스틱
③ 아크릴   ④ 나일론

37 건강한 네일의 조건에 대한 설명으로 틀린 것은?

① 건강한 네일은 유연하고 탄력성이 좋아서 튼튼하다.
② 건강한 네일은 네일 베드에 단단히 잘 부착되어 있어야 한다.
③ 건강한 네일은 연한 핑크빛을 띠며 내구력이 좋아야 한다.
④ 건강한 네일은 25~30%의 수분과 10%의 유분을 함유해야 한다.

38 네일 역사에 대한 설명으로 잘못 연결된 것은?

① 1930년대 – 인조네일 개발
② 1950년대 – 페디큐어 등장
③ 1970년대 – 아몬드모양의 네일 유행
④ 1990년대 – 네일시장의 급성장

39 네일숍에서 시술이 불가능한 손톱 병변에 해당하는 것은?

① 조갑박리증(오니코리시스)
② 조갑위축증(오니케트로피아)
③ 조갑비대증(오니콕시스)
④ 조갑익상편(테리지움)

40 손과 발의 뼈 구조에 대한 설명으로 틀린 것은?

① 한 손은 손목뼈 8개, 손바닥뼈 5개, 손가락뼈 14개로 총 27개의 뼈로 구성되어 있다
② 한 발은 발목뼈 7개, 발바닥뼈 5개, 발가락뼈 14개로 총 26개의 뼈로 구성되어 있다.
③ 손목뼈는 손목을 구성하는 뼈로 8개의 작고 다른 뼈들이 두 줄로 손목에 위치하고 있다.
④ 발목뼈는 몸의 무게를 지탱하는 5개의 길고 가는 뼈로 체중을 지탱하기 위해 튼튼하고 길다.

41 네일 큐티클에 대한 설명으로 옳은 것은?

① 살아있는 각질세포이다.
② 완전히 제거가 가능하다.
③ 네일 베드에서 자라 나온다.
④ 손톱 주위를 덮고 있다.

42 손톱의 구조에 대한 설명으로 가장 거리가 먼 것은?

① 네일 플레이트(조판)는 단단한 각질 구조물로 신경과 혈관이 없다.
② 네일루트(조근)는 손톱이 자라나기 시작하는 곳이다.
③ 프리에이지(자유연)는 손톱의 끝부분으로 네일 베드와 분리되어 있다.
④ 네일 베드(조상)는 네일 플레이트(조판) 위에 위치하며, 손톱의 신진대사를 돕는다.

제3회 출제예상문제

43 자율신경에 대한 설명으로 틀린 것은?

① 복재신경 – 인체의 움직임과 감정을 나타내는 수의근 조절
② 배측신경 – 발등에 분포
③ 요골신경 – 손등의 외측과 요골에 분포
④ 수지골신경 – 손가락에 분포

44 마누스(Manus)와 큐라(Cura)라는 말에서 유래된 용어는?

① 네일 팁(Nail Tip)
② 매니큐어(Manicure)
③ 페디큐어(Pedicure)
④ 아크릴릭(Acrylic)

45 다음 중 조갑종렬증(오니코렉시스)에 관한 설명으로 옳은 것은?

① 손톱의 색이 푸르스름하게 변하는 증상이다.
② 멜라닌색소가 착색되어 일어나는 증상이다.
③ 손톱이 갈라지거나 부서지는 증상이다.
④ 큐티클이 과잉 성장하여 네일 플레이트 위로 자라는 증상이다.

46 다음 중 고객관리카드 작성 시 기록해야 할 내용과 가장 거리가 먼 것은?

① 손발의 질병 및 이상 증상
② 시술 시 주의사항
③ 고객이 원하는 서비스의 종류 및 시술 내용
④ 고객의 학력 및 가족사항

47 손목을 굽히고 손가락을 구부리는 데 작용하는 근육은?

① 회내근
② 회외근
③ 장근
④ 굴근

48 네일의 구조에서 모세혈관, 림프 및 신경조직이 있는 것은?

① 매트릭스
② 에포니키움
③ 큐티클
④ 네일바디

49 다음 중 손톱 밑의 구조에 포함되지 않는 것은?

① 반월(루눌라)
② 조모(매트릭스)
③ 조근(네일루트)
④ 조상(네일 베드)

50 에포니키움과 관련한 설명으로 틀린 것은?

① 네일 매트릭스를 보호한다.
② 에포니키움 위에는 큐티클이 존재한다.
③ 에포니키움 아래편은 끈적한 형질로 되어 있다.
④ 에포니키움의 부상은 영구적인 손상을 초래한다.

51 푸셔로 큐티클을 밀어 올릴 때 가장 적합한 각도는?

① 15°
② 30°
③ 45°
④ 60°

52 팁 위드 랩 시술 시 사용하지 않는 재료는?

① 글루 드라이
② 실크
③ 젤글루
④ 아크릴 파우더

53 컬러링의 설명으로 틀린 것은?

① 베이스 코트는 폴리시의 착색을 방지한다.
② 폴리시 브러시의 각도는 90°로 잡는 것이 가장 적합하다.
③ 폴리시는 얇게 바르는 것이 빨리 건조되고 색상이 오래 유지된다.
④ 톱 코트는 폴리시의 광택을 더해주고 지속력을 높인다.

54 네일 종이폼의 적용에 대한 설명으로 틀린 것은?

① 다양한 스컬프처 네일 시술 시에 사용한다.
② 자연스런 네일의 연장을 만들 수 있다.
③ 디자인 UV 젤 딥 오버레이 시에 사용한다.
④ 일회용이며 프렌치 스컬프처에 적용한다.

55 손톱의 프리에이지 부분을 유색 폴리시로 칠해주는 컬러링 테크닉은?

① 프렌치 매니큐어(French Manicure)
② 핫오일 매니큐어(Hot oil Manicure)
③ 레귤러 매니큐어(Regular Manicure)
④ 파라핀 매니큐어(Paraffin Manicure)

56 프렌치 컬러링에 대한 설명으로 옳은 것은?

① 옐로우 라인에 맞추어 완만한 U자 형태로 컬러링한다.
② 프리에이지의 컬러링의 너비는 규격화되어 있다.
③ 프리에이지의 컬러링 색상은 흰색으로 규정되어 있다.
④ 프리에이지 부분만을 제외하고 컬러링한다.

57 네일 연장 시술에서 핀칭을 주는 주된 이유로 가장 적합한 것은?

① 리프팅(Lifting) 방지에 도움이 된다.
② C-커브에 도움이 된다.
③ 하이포인트 형성에 도움이 된다.
④ 에칭(Etching)에 도움이 된다.

58 아크릴릭 네일의 제거 방법으로 가장 적합한 것은?

① 드릴머신으로 갈아 준다.
② 솜에 아세톤을 적셔 호일로 감싸 30분 정도 불린 후 오렌지우드스틱으로 밀어서 떼어준다.
③ 100그리트 파일로 파일링하여 제거한다.
④ 솜에 알코올을 적셔 호일로 감싸 30분 정도 불린 후 오렌지우드스틱으로 밀어서 떼어준다.

59 UV 젤의 특징이 아닌 것은?

① 올리고머 형태의 분자구조를 가지고 있다.
② 톱젤의 광택은 인조네일 중 가장 좋다.
③ 젤은 농도에 따라 묽기가 약간씩 다르다.
④ UV 젤은 상온에서 경화가 가능하다.

60 오렌지우드스틱의 사용 용도로 적합하지 않은 것은?

① 큐티클을 밀어 올릴 때
② 폴리시의 여분을 닦아 낼 때
③ 네일 주위의 굳은살을 정리할 때
④ 네일 주위의 이물질을 제거할 때

제3회 출제예상문제 정답 및 해설

정답

01	④	02	①	03	②	04	②	05	③	06	①	07	①	08	①	09	②	10	④
11	③	12	①	13	④	14	①	15	③	16	③	17	①	18	②	19	③	20	①
21	②	22	②	23	①	24	④	25	④	26	①	27	③	28	③	29	④	30	③
31	②	32	②	33	②	34	②	35	④	36	②	37	④	38	③	39	①	40	④
41	④	42	④	43	①	44	②	45	③	46	④	47	④	48	①	49	③	50	②
51	③	52	④	53	②	54	③	55	①	56	①	57	②	58	②	59	④	60	③

해설

01 결핵예방접종은 BCG를 사용하며, 생후 1개월 이내에 접종한다.

02 인공능동면역에는 장티푸스, 결핵, 파상풍, 백일해, 일본뇌염, 콜레라, 디프테리아 등이 있다.

03 한 나라의 건강수준을 다른 국가들과 비교할 수 있는 보건지표는 비례사망지수, 평균수명, 조사망률이다.

04 병인, 숙주, 환경은 질병 발생의 3대 요소이다.

05 대장균은 분변오염의 지표, 음용수의 일반적인 오염지표 등으로 사용된다.

06 **보건행정의 범위** : 보건교육, 환경위생, 감염병 관리, 모자보건, 의료, 보건간호

07 폐디스토마증(폐흡충증)의 제2중간숙주는 게와 가재이다.

08 미생물의 종류에는 곰팡이, 효모, 세균, 리케차, 바이러스가 있다.

09 양이온성 계면활성제는 살균·소독작용을 한다.

10 빗이나 브러시는 세제를 풀어 세척한 후 건조하여 자외선 소독기에 넣어 소독한다.

11 ③은 화학적 소독법에 속한다.

12 석탄산은 단백질을 응고시키거나 세포를 용해하는 작용을 하며, 자극성과 마비성이 있고 금속제품을 부식시킨다. 또한 고온에서 소독력이 높아진다.

13 소독약은 용해성이 높아야 한다.

14 아포는 고온, 저온, 건조, 방사선, 물리적·화학적 소독제 등에 저항하기 위해 세포가 생성하는 것이다.

15 기계적 손상에 의한 피부질환은 굳은살, 티눈, 욕창이 있다.

16 표피와 진피의 경계선은 물결모양의 파형으로 피부의 팽창과 탄력에 관여한다.

17 사람의 피부표면은 불규칙한 삼각형이나 마름모꼴 등을 이루고 있다.

18 ① 탄수화물은 포도당으로 분해된다.
③ 지방은 지방산, 글리세롤로 분해된다.
④ 비타민은 분해되지 않는다.

19 강한 자외선에 노출되면 피부노화가 빠르게 진행된다.

20 백반증은 저색소침착 질환이다.

21 자외선차단지수란 자외선 차단제가 자외선 B를 차단하는 정도를 나타내며, 자외선 양이 1일 때 SPF 15 차단제를 바르면 피부에 닿는 자외선의 양이 15분의 1로 줄어들기 때문에 SPF 수치가 높을수록 자외선차단 효과가 높다.

22 조명도는 75룩스 이상이어야 한다.

23 공중위생업자가 영업소 폐쇄명령을 받고도 계속하여 영업할 때 관계공무원이 취할 수 있는 조치는 영업소의 간판·기타 영업표지물의 제거, 영업소가 위법한 것임을 알리는 게시물 부착, 영업을 위하여 필수불가결한 기구 또는 시설물 봉인 등이 있다.

24 미용사가 되고자 하는 자는 보건복지부령이 정하는 바에 의하여 시장·군수·구청장이 발부하는 면허를 받아야 한다.

25 영업신고를 하지 않고 영업하였을 때는 1년 이하의 징역 또는 1천만원 이하의 벌금에 처한다.

26 보건복지부장관이 허가한 단체 또는 「공중위생영업자 단체의 설립」에 따른 단체가 실시할 수 있다.

28 신고한 영업장 면적의 3분의 1 이상 증감 시 변경신고를 해야 한다.

29 라벤더 에센셜 오일은 여드름, 벌레에 물리거나 쏘인 곳의 항균, 재생, 이완작용 등에 효과가 있다.

30 SPF는 Sun Protection Factor의 약자로, 자외선 B(UV-B)의 차단효과를 표시하는 단위이다.

31
- 과일, 사탕수수, 우유 등에서 추출한 약산으로 분자량이 작아 침투력이 우수하다.
- 피부에 적용하면 각질층에 쌓인 노화된 각질을 탈락시키는 효과가 있다.
- 글리콜산은 사탕수수에 함유되어 있으며, AHA 중에서 가장 분자량이 작고 침투력이 좋다.

32 팩, 마사지 크림은 기초화장품에 속한다.

33 화장수는 70~80%의 물에 10% 전후의 알코올이 함유되어 있다.

34 청결 및 소독을 주된 목적으로 하는 제품은 새니타이저(손 청결제)이다.

제3회 출제예상문제

35 캄퍼는 살균·수렴작용, 카모마일은 항균·진정작용을 한다.

36 네일 팁은 아세테이트, 플라스틱, 나일론 등으로 만든다.

37 건강한 네일은 수분을 약 12~18% 정도 함유해야 한다.

38 1970년대는 스퀘어모양의 네일이 유행했다.

39 네일숍에서 치료가 불가능한 손톱병변으로는 펑거스, 몰드, 오니코마이코시스, 오니코그라이포시스, 오니코리시스 등이 있다.

40 ④는 중족골(발바닥뼈)에 대한 설명이다.

41 큐티클은 손톱 주위를 덮고 있으며, 병균의 침입을 막아 손톱을 보호하는 역할을 한다.

42 네일 베드(조상)는 네일바디(조체) 밑에서 네일바디를 받쳐주는 피부로, 모세혈관과 지각신경 등이 분포되어 있다.

43 수의근을 조절하는 것은 중추신경계이다.

44 매니큐어(Manicure)는 라틴어인 마누스(Manus, 손)와 큐라(Cura, 관리)에서 유래되었다.

45 조갑종렬증(오니코렉시스)은 손톱이 갈라지거나 부서지는 증상이다.

46 고객의 학력 및 가족사항은 기록할 필요가 없다.

47 굴근은 손목을 굽히고 손가락을 구부리는 데 작용하는 근육이다.

48 매트릭스는 네일루트 밑에 위치하며 혈관, 림프관, 신경 등이 분포되어 있다.

49 조근(네일루트)은 손톱 자체의 구조에 속한다.

50 에포니키움 밑에 큐티클이 존재한다.

51 큐티클을 밀어 올리는 각도는 45°가 가장 적합하다.

52 아크릴 파우더는 아크릴릭 스컬프처 시술 시 사용한다.

53 폴리시 브러시의 각도는 45°로 잡는 것이 적합하다.

54 네일 종이폼은 디자인 UV 젤 딥 오버레이 시에 사용하지 않는다.

55 ③ 손톱모양과 큐티클 정리 및 풀코트 컬러링을 포함한다.
②, ④ 유·수분과 보습효과를 줄 때 사용한다.

56 프렌치 컬러링은 옐로우 라인에 맞추어 완만한 U자 형태로 프리에이지 부분에 컬러링하는 것을 말한다.

57 핀칭을 주는 주된 이유는 C-커브를 만들기 위해서이다.

58 아크릴릭 네일은 아세톤을 적셔 호일에 감싸서 30분 정도 불린 후 오렌지우드스틱으로 밀어서 떼어준다.

59 UV 젤은 UV 라이트기를 사용해야 경화가 된다.

60 ③ 니퍼에 대한 설명이다.

제 4 회 출제예상문제

01 자연적 환경요소에 속하지 않는 것은?
① 기온 ② 기습
③ 소음 ④ 위생시설

02 역학에 대한 내용으로 옳은 것은?
① 인간 개인을 대상으로 질병 발생 현상을 설명하는 학문 분야이다.
② 원인과 경과보다 결과 중심으로 해석하여 질병 발생을 예방한다.
③ 질병 발생 현상을 생물학과 환경적으로 이분하여 설명한다.
④ 인간 집단을 대상으로 질병 발생과 그 원인을 탐구하는 학문이다.

03 파리가 매개할 수 있는 질병과 거리가 먼 것은?
① 아메바성 이질 ② 장티푸스
③ 발진티푸스 ④ 콜레라

04 인구 구성 중 14세 이하가 65세 이상 인구의 2배 정도이며 출생률과 사망률이 모두 낮은 형은?
① 피라미드형 ② 종형
③ 항아리형 ④ 별형

05 식생활이 탄수화물이 주가 되며, 단백질과 무기질이 부족한 음식물을 장기적으로 섭취함으로써 발생되는 단백질 결핍증은?
① 펠라그라 ② 각기병
③ 콰시오르코르증 ④ 괴혈병

06 제2급 감염병에 해당하는 것은?
① 콜레라, 장티푸스
② 일본뇌염, 말라리아
③ 클라미디아감염증, 연성하감,
④ 라싸열, 크리미안콩고출혈열,

07 흡연이 인체에 미치는 영향으로 가장 적합한 것은?
① 구강암, 식도암 등의 원인이 된다.
② 피부혈관을 이완시켜서 피부온도를 상승시킨다.
③ 소화촉진, 식욕증진 등에 영향을 미친다.
④ 폐기종에는 영향이 없다.

08 대장균이 사멸되지 않는 경우는?
① 고압증기멸균 ② 저온소독
③ 방사선멸균 ④ 건열멸균

09 다음 중 자외선 소독기의 사용으로 소독효과를 기대할 수 없는 경우는?
① 여러 개의 머리빗
② 날이 열린 가위
③ 염색용 볼
④ 여러 장의 겹쳐진 타월

10 다음 중 가위를 끓이거나 증기 소독한 후 처리 방법으로 가장 적합하지 않은 것은?
① 소독 후 수분을 잘 닦아낸다.
② 수분 제거 후 엷게 기름칠을 한다.
③ 자외선 소독기에 넣어 보관한다.
④ 소독 후 탄산나트륨을 발라둔다.

11 다음 중 미생물의 종류에 해당하지 않는 것은?
① 진균 ② 바이러스
③ 박테리아 ④ 편모

12 금속상 식기, 면 종류의 의류, 도자기의 소독에 적합한 소독방법은?
① 화염멸균법 ② 건열멸균법
③ 소각소독법 ④ 자비소독법

13 100°C에서 30분간 가열하는 처리를 24시간마다 3회 반복하는 멸균법은?

① 고압증기멸균법　② 건열멸균법
③ 고온멸균법　　　④ 간헐멸균법

14 여러 가지 물리학적 방법으로 병원성 미생물을 가능한 한 제거하여 사람에게 감염의 위험이 없도록 하는 것은?

① 멸균　② 소독
③ 방부　④ 살충

15 피지선에 대한 설명으로 틀린 것은?

① 피지를 분비하는 선으로 진피 중에 위치한다.
② 피지선은 손바닥에는 없다.
③ 피지의 1일 분비량은 10~20g 정도이다.
④ 피지선이 많은 부위는 코 주위이다.

16 다음 중 입모근과 가장 관련 있는 것은?

① 수분조절　② 체온조절
③ 피지조절　④ 호르몬조절

17 적외선이 피부에 미치는 작용이 아닌 것은?

① 온열작용
② 비타민 D 형성작용
③ 세포증식작용
④ 모세혈관 확장작용

18 얼굴에 있어 T존 부위는 번들거리고 볼 부위는 당기는 피부유형은?

① 건성피부　② 정상(중성)피부
③ 지성피부　④ 복합성피부

19 다음 중 기미의 유형이 아닌 것은?

① 표피형 기미　② 진피형 기미
③ 피하조직형 기미　④ 혼합형 기미

20 지용성 비타민이 아닌 것은?

① 비타민 D　② 비타민 A
③ 비타민 E　④ 비타민 B

21 단순포진이 나타내는 증상으로 가장 거리가 먼 것은?

① 통증이 심하여 다른 부위로 통증이 퍼진다.
② 홍반이 나타나고 곧이어 수포가 생긴다.
③ 상체에 나타나는 경우, 추가 얼굴과 손가락에 잘 나타난다.
④ 하체에 나타나는 경우, 추가 성기와 둔부에 잘 나타난다.

22 공중위생관리법에서 사용하는 용어의 정의로 틀린 것은?

① 공중위생영업이라 함은 다수인을 대상으로 위생관리서비스를 제공하는 영업으로서 숙박업, 목욕장업, 이용업, 미용업, 세탁업, 건물위생관리법을 말한다.
② 숙박업이라 함은 손님이 잠을 자고 머물 수 있도록 시설 및 설비 등의 서비스를 제공하는 영업을 말한다.
③ 위생관리용역업이라 함은 공중이 이용하는 건축물, 시설물 등의 청결유지와 실내공기 정화를 위한 청소 등을 대행하는 영업을 말한다.
④ 미용업이라 함은 손님의 머리카락 또는 수염을 깎거나 다듬는 등의 방법으로 손님의 용모를 단정하게 하는 영업을 말한다.

23 공중위생관리법상의 규정에 위반하여 위생교육을 받지 아니한 때 부과되는 과태료의 기준은?

① 300만원 이하
② 500만원 이하
③ 400만원 이하
④ 200만원 이하

제4회 출제예상문제

24 이·미용사 면허가 취소되거나 면허의 정지명령을 받은 자는 누구에게 면허증을 반납하여야 하는가?

① 보건복지부장관
② 시·도지사
③ 시장·군수·구청장
④ 보건소장

25 개선을 명할 수 있는 경우에 해당하지 <u>않는</u> 사람은?

① 공중위생영업의 종류별 시설 및 설비기준을 위반한 공중위생영업자
② 위생관리의무 등을 위반한 공중위생영업자
③ 공중위생영업자의 지위를 승계한 자로서 이에 관한 신고를 하지 아니한 자
④ 위생관리의무를 위반한 공중위생시설의 소유자 등

26 이·미용업자의 위생관리기준에 대한 내용 중 <u>틀린 것은</u>?

① 요금표 외의 요금을 받지 않을 것
② 의료행위를 하지 않을 것
③ 의료용구를 사용하지 않을 것
④ 1회용 면도날은 손님 1인에 한하여 사용할 것

27 위생서비스평가 결과, 위생서비스의 수준이 우수하다고 인정되는 영업소에 대하여 포상을 실시할 수 있는 자에 해당하지 <u>않는</u> 것은?

① 구청장   ② 시·도지사
③ 군수   ④ 보건소장

28 손님에게 도박 그 밖에 사행 행위를 하게 한 때에 대한 1차 위반 시 행정처분 기준은?

① 영업정지 1월   ② 영업정지 2월
③ 영업정지 3월   ④ 영업장 폐쇄명령

29 에멀전의 형태를 가장 잘 설명한 것은?

① 지방과 물이 불균일하게 섞인 것이다.
② 두 가지 액체가 같은 농도의 한 액체로 섞여 있다.
③ 고형의 물질이 아주 곱게 혼합되어 균일한 것처럼 보인다.
④ 두 가지 또는 그 이상의 액상물질이 균일하게 혼합되어 있는 것이다.

30 다음 중 피부 상재균의 증식을 억제하는 항균기능을 가지고 있고, 발생한 체취를 억제하는 기능을 가진 것은?

① 바디샴푸   ② 데오도란트
③ 샤워코롱   ④ 오데토일렛

31 기능성 화장품에 사용되는 원료와 그 기능의 연결이 틀린 것은?

① 비타민 C – 미백효과
② AHA – 각질 제거
③ DHA – 자외선 차단
④ 레티노이드 – 콜라겐과 엘라스틴의 회복을 촉진

32 방부제가 갖추어야 할 조건이 <u>아닌</u> 것은?

① 독특한 색상과 냄새를 지녀야 한다.
② 적용농도에서 피부에 자극을 주어서는 안된다.
③ 방부제로 인하여 효과가 상실되거나 변해서는 안된다.
④ 일정 기간 동안 효과가 있어야 한다.

33 화장품법상 화장품이 인체에 사용되는 목적 중 틀린 것은?

① 인체를 청결하게 한다.
② 인체를 미화한다.
③ 인체의 매력을 증진시킨다.
④ 인체의 용모를 치료한다.

34 에센셜 오일의 보관 방법에 관한 내용으로 틀린 것은?

① 뚜껑을 닫아 보관해야 한다.
② 직사광선을 피하는 것이 좋다.
③ 통풍이 잘 되는 곳에 보관해야 한다.
④ 갈색 유리병에 보관하여 햇빛을 차단한다.

35 기초화장품의 기능이 아닌 것은?

① 피부 세정   ② 피부 정돈
③ 피부보호   ④ 피부 결점 커버

36 발허리뼈(중족골) 관절을 굴곡시키고 외측 4개 발가락의 지골간관절을 신전시키는 발의 근육은?

① 벌레근(충양근)
② 새끼벌림근(소지외전근)
③ 짧은새끼굽힘근(단소지굴근)
④ 짧은엄지굽힘근(단무지굴근)

37 한국 네일미용에서 부녀자와 처녀들 사이에서 염지갑화라고 하는 봉선화 물들이기 풍습이 이루어졌던 시기로 옳은 것은?

① 신라시대   ② 고구려시대
③ 고려시대   ④ 조선시대

38 네일 매트릭스에 대한 설명으로 옳은 것은?

① 네일 베드를 보호하는 기능을 한다.
② 네일바디를 받쳐주는 역할을 한다.
③ 모세혈관, 림프, 신경조직이 있다.
④ 손톱이 자라기 시작하는 곳이다.

39 손톱의 성장과 관련한 내용 중 틀린 것은?

① 겨울보다 여름에 빨리 자란다.
② 임신기간 동안에는 호르몬의 변화로 손톱이 빨리 자란다.
③ 피부유형 중 지성피부의 손톱이 더 빨리 자란다.
④ 연령이 젊을수록 손톱이 더 빨리 자란다.

40 손톱의 특성에 대한 설명으로 가장 거리가 먼 것은?

① 조체(네일바디)는 약 5%의 수분을 함유하고 있다.
② 아미노산과 시스테인이 많이 함유되어 있다.
③ 조상(네일 베드)은 혈관에서 산소를 공급받는다.
④ 피부의 부속물로 신경, 혈관, 털이 없으며 반투명의 각질판이다.

41 손톱과 발톱을 너무 짧게 자를 경우 발생할 수 있는 것은?

① 오니코렉시스   ② 오니코아트로피
③ 오니코파이마   ④ 오니코크립토시스

42 다음 중 손의 근육이 아닌 것은?

① 바깥쪽뼈사이근(장측골간근)
② 등쪽뼈사이근(배측골간근)
③ 새끼맞섬근(소지대립근)
④ 반힘줄근(반건양근)

43 자연네일이 매끄럽게 되도록 손톱 표면의 거칠음과 기복을 제거하는 데 사용하는 도구로 가장 적합한 것은?

① 100그릿 네일파일   ② 에머리 보드
③ 네일 클리퍼   ④ 샌딩파일

44 네일미용 관리 후 고객이 불만족할 경우 네일미용인이 우선적으로 해야 할 대처 방법으로 가장 적합한 것은?

① 만족할 수 있는 주변의 네일숍 소개
② 불만족스러운 부분을 파악하고 해결 방안 모색
③ 숍 입장에서의 불만족 해소
④ 할인이나 서비스 티켓으로 상황 마무리

제4회 출제예상문제

45 손톱의 주요한 기능 및 역할과 가장 거리가 먼 것은?

① 물건을 잡거나 긁을 때 또는 성상을 구별하는 기능이 있다.
② 방어와 공격의 기능이 있다.
③ 노폐물의 분비기능이 있다.
④ 손끝을 보호한다.

46 외국의 네일미용 변천과 관련하여 그 시기와 내용의 연결이 옳은 것은?

① 1885년 – 폴리시의 필름형성제인 니트로셀룰로오스가 개발되었다.
② 1892년 – 손톱 끝이 뾰족한 아몬드형 네일이 유행하였다.
③ 1917년 – 도구를 이용한 케어가 시작되었으며 유럽에서 네일관리가 본격적으로 시작되었다.
④ 1960년 – 인조손톱 시술이 본격적으로 시작되었으며 네일관리와 아트가 유행하기 시작하였다.

47 손톱 밑의 구조가 아닌 것은?

① 조근(네일루트) ② 반월(루눌라)
③ 조모(매트릭스) ④ 조상(네일 베드)

48 손톱의 이상 증상 중 손톱을 심하게 물어뜯어 생기는 증상으로 인조네일관리나 매니큐어를 통해 습관을 개선할 수 있는 것은?

① 고랑진 손톱 ② 교조증
③ 조갑위축증 ④ 조내생증

49 손가락 마디에 있는 뼈로서 총 14개로 구성되어 있는 뼈는?

① 손가락뼈(수지골) ② 손목뼈(수근골)
③ 노뼈(요골) ④ 자뼈(척골)

50 손톱에 대한 설명 중 옳은 것은?

① 손톱에는 혈관이 있다.
② 손톱의 주성분은 인이다.
③ 손톱의 주성분은 단백질이며, 죽은 세포로 구성되어 있다.
④ 손톱에는 신경과 근육이 존재한다.

51 인조네일을 보수하는 이유로 틀린 것은?

① 깨끗한 네일미용의 유지
② 녹황색균의 방지
③ 인조네일의 견고성 유지
④ 인조네일의 원활한 제거

52 젤네일에 관한 설명으로 틀린 것은?

① 아크릴릭에 비해 강한 냄새가 없다.
② 일반네일 폴리시에 비해 광택이 오래 지속된다.
③ 소프트젤(Soft Gel)은 아세톤에 녹지 않는다.
④ 젤네일은 하드젤(Hard Gel)과 소프트젤(Soft Gel)로 구분된다.

53 자연네일을 오버레이하여 보강할 때 사용할 수 없는 재료는?

① 실크 ② 아크릴
③ 젤 ④ 파일

54 남성 매니큐어 시 자연네일의 손톱모양 중 가장 적합한 형태는?

① 오발형 ② 아몬드형
③ 둥근형 ④ 사각형

55 에나멜을 바르는 방법으로 손톱을 가늘어 보이게 하는 것은?

① 프리에이지 ② 루눌라
③ 프렌치 ④ 프리월

56 라이트 큐어드 젤에 대한 설명으로 옳은 것은?

① 공기 중에 노출되면 자연스럽게 응고된다.
② 특수한 빛에 노출시켜 젤을 응고시키는 방법이다.
③ 경화 시 실내온도와 습도에 민감하게 반응한다.
④ 글루 사용 후 글루 드라이를 분사시켜 말리는 방법이다.

57 네일 팁 작업에서 팁을 접착하는 올바른 방법은?

① 자연네일보다 한 사이즈 정도 작은팁을 접착한다.
② 큐티클에 최대한 가깝게 부착한다.
③ 45° 각도로 네일 팁을 접착한다.
④ 자연네일의 절반 이상을 덮도록 한다.

58 베이스 코트와 톱 코트의 주된 기능에 대한 설명으로 가장 거리가 먼 것은?

① 베이스 코트는 손톱에 색소가 착색되는 것을 방지한다.
② 베이스 코트는 폴리시가 곱게 발리는 것을 도와준다.
③ 톱 코트는 폴리시에 광택을 더하여 컬러를 돋보이게 한다.
④ 톱 코트는 손톱에 영양을 주어 손톱을 튼튼하게 해준다.

59 습식매니큐어 작업 과정에서 가장 먼저 해야 할 절차는?

① 컬러 지우기
② 손톱모양만들기
③ 손 소독하기
④ 핑거볼에 손 담그기

60 아크릴 프렌치 스컬프처 시술 시 형성되는 스마일라인의 설명으로 틀린 것은?

① 선명한 라인형성
② 일자 라인형성
③ 균일한 라인형성
④ 좌우 라인대칭

제 4 회 출제예상문제 정답 및 해설

정답

01	④	02	④	03	③	04	②	05	③	06	①	07	①	08	②	09	④	10	④
11	④	12	④	13	④	14	②	15	③	16	②	17	②	18	④	19	③	20	④
21	①	22	④	23	④	24	③	25	③	26	①	27	④	28	①	29	④	30	②
31	③	32	①	33	④	34	③	35	④	36	①	37	③	38	③	39	③	40	①
41	④	42	④	43	④	44	②	45	④	46	①	47	①	48	②	49	①	50	③
51	④	52	③	53	④	54	④	55	④	56	②	57	③	58	④	59	③	60	②

해설

01 자연적 환경요소로는 공기, 토지, 광선, 물, 음향 등이 있다. 기온과 기습은 공기에, 소음은 음향에 속한다.

02 역학은 인간 집단을 대상으로 질병 발생과 그 원인을 탐구하는 학문이며, 질병예방이 목적이다.

03 발진티푸스는 이를 통해 전파된다.

04
- **피라미드형** : 출생률 증가, 사망률 감소형
- **종형** : 출생률과 사망률 모두 낮은 형
- **항아리형** : 출생률이 사망률보다 낮은 형
- **별형** : 생산연령인구가 전 인구의 1/2 이상인 형

05
- **펠라그라** : 비타민 B_3 부족
- **각기병** : 비타민 B_1 부족
- **괴혈병** : 비타민 C 부족

06 제2급 감염병에는 결핵(結核), 수두(水痘), 홍역(紅疫), 콜레라, 장티푸스, 파라티푸스 등 감염증이 있다.

07 흡연은 동맥경화, 뇌졸중, 각종 암 등을 유발한다.

08 저온소독법은 60~65℃에서 30분간 처리하며, 대장균은 사멸되지 않는다.

09 자외선 멸균법은 공기, 식품, 기구, 용기 등의 소독에 적합하며, 타월은 자비소독법으로 소독한다.

10 금속제품의 자비소독 시 소독효과를 높이려면 탄산나트륨을 1~2% 첨가한다.

11 미생물의 종류에는 세균(박테리아), 바이러스, 진균, 조류, 원생동물 등이 있다.

12 자비소독법은 의류와 침구류, 도자기류의 소독에 적합하다.

13 간헐멸균법(유통증기멸균법)은 100℃에서 30분간 가열하는 처리를 24시간마다 3회 반복하는 멸균법이다.

14
- **멸균** : 미생물을 완전히 제거한다.
- **방부** : 미생물의 발육과 작용을 억제 또는 정지하여 부패나 발효를 방지한다.
- **살충** : 벌레 또는 기생충을 제거한다.

15 하루 피지분비량은 1~2g 정도이다.

16 입모근을 털을 세우는 근육으로 주로 체온조절에 관여한다.

17 비타민 D 형성은 자외선의 작용이다.

18 복합성피부는 T존 부위가 지성이고, 다른 부위는 건성이나 복합성을 띤다.

19 기미의 종류에는 색소가 옅게 깔린 표피형, 색소가 깊이 퍼져 있는 진피형, 표피와 진피 모두에 분포하는 혼합형이 있다.

20 비타민 B는 수용성 비타민이다.

21 통증이 심한 것은 대상포진의 증상이다.

22 미용업이란 손님의 얼굴, 머리, 피부 등을 손질하여 손님의 외모를 아름답게 꾸며주는 영업을 말한다.

23 **200만원 이하의 과태료**
- 영업소의 위생관리의무를 지키지 아니한 자
- 영업소 이외의 장소에서 미용업무를 행한 자
- 위생교육을 받지 아니한 자
- 미용업소의 위생관리의무를 지키지 아니한 자

24 면허가 취소되거나 면허의 정지명령을 받은 자는 지체 없이 시장·군수·구청장에게 면허증을 반납해야 한다.

25 지위승계신고를 하지 않은 경우 1차 위반 시 경고에 처한다.

26 ② 점 빼기·귓불 뚫기·쌍꺼풀 수술·문신·박피술 그 밖에 이와 유사한 의료행위를 해서는 안된다.
③ 피부미용을 위하여 「약사법」에 따른 의약품 또는 「의료기기법」에 따른 의료기기를 사용해서는 안된다.
④ 1회용 면도날은 손님 1인에 한하여 사용해야 한다.

27 시·도지사 혹은 시장·군수·구청장은 위생서비스의 수준이 우수하다고 인정되는 영업소에 대하여 포상을 실시할 수 있다.

28 손님에게 도박 그 밖에 사행 행위를 하게 한 경우에는 1차 위반 시 영업정지 1월의 처분을 받는다.

29 서로 섞이지 않고 분산계를 이루는 두 액체가(혹은 그 이상) 균일하게 혼합되어 있는 것을 에멀전(유화)이라 한다.

30 땀 분비와 세균증식으로 인한 체취를 억제하는 제품은 데오도란트이다.

31 DHA는 뇌 기능을 향상시키는 성분이다.

32 방부제는 독특한 색상과 냄새 등으로 내용물에 영향을 끼쳐서는 안된다.

33 치료는 의료의 영역이다.

35 기초화장품의 기능으로는 세정, 정돈, 보호 등이 있으며 피부결점 커버는 메이크업 화장품의 기능이다.

36 벌레근(충양근)은 둘째에서 다섯째 가락을 굽히는 근육의 힘줄에서 일어나 가락을 펴는 작은근육을 뜻한다. 손바닥과 발바닥에 각각 4개씩 있다.

38 네일루트 밑에 위치하여 네일 각질세포의 생산과 성장을 조절하며 혈관, 신경조직, 림프가 분포되어 있다.

제4회 출제예상문제

39 피부유형과 손톱의 성장속도는 무관하다.

40 조체는 약 12~18%의 수분을 함유하고 있다.

41 손·발톱이 살집 안으로 파고 들어가는 현상으로 너무 짧게 자르거나 꽉 조이는 신발을 신었을 때 발생한다.

42 반힘줄근은 다리에 있는 근육으로 넓적다리 뒷근육에 해당한다.

43
- 100그릿 파일 : 거친파일로, 네일 팁이나 인조네일 시술 시 사용
- 에머리 보드 : 자연네일의 길이나 모양을 변경할 때 사용
- 네일 클리퍼 : 네일을 자를 때 사용

44 고객이 불만족할 경우 구체적으로 어떤 부분이 불만족스러운지 정확히 파악하고 해결 방안을 모색한다.

45 손톱에는 노폐물 분비기능이 없다.

46
- 1892년 : 발 전문의사 시트(Site)에 의해 네일관리가 여성직업으로 미국에 도입되었다.
- 1917년 : 잡지 보그에 홈 케어 네일제품이 광고되었다.
- 1960년 : 실크와 린넨을 이용하여 약한손톱을 보강하기 시작하였다.

47 조근은 네일 베이스의 피부 밑에 묻혀 있으며 손·발톱이 자라기 시작하는 곳이다.

48 교조증은 심리적인 이유로 손톱을 심하게 물어뜯어 생기는 증상으로 인조네일관리나 매니큐어를 통해 개선할 수 있다.

49 손가락뼈(수지골)는 손가락을 구성하는 뼈로 총 14개이다.

50 손톱에는 혈관과 신경, 근육이 없으며 손톱의 주성분은 케라틴(경단백질)이다.

51 인조네일을 보수하는 이유는 인조네일을 단단하고 깨끗하게 유지하기 위해서이지, 제거하기 위해서가 아니다.

52 소프트젤은 아세톤으로 녹여 제거할 수 있다.

53 파일은 손톱의 모양을 다듬거나 인조네일 시술 시 사용한다.

54 둥근형(라운드형)은 둥글고 각이 없어 남성의 선호도가 높다.

55 프리웰은 손톱을 길고 가늘어 보이도록 하는 방법으로, 손톱 양 옆을 1.5mm 남겨놓고 바른다.

56 라이트 큐어드 젤은 자외선이나 할로겐 라이트 같은 특수한 빛에 의해 젤을 응고시키는 방법이다.

57 네일 팁 작업을 할 때는 자연네일에 맞는 팁을 골라 45°로 접착한다. 이때 팁의 길이는 자연네일의 절반 이상을 덮지 않도록 해야 한다.

58 찢어지거나 갈라지는 약한손톱에 견고함과 영양을 부여하는 것은 네일 보강제이다.

59 매니큐어 작업 과정에서는 손 소독이 우선되어야 한다.

60 스마일라인은 부드럽고 선명한 곡선라인으로 좌우 대칭을 이루어야 한다.

부록

Part 1 네일개론

❶ 네일 화장술

① 네일용제 및 네일폴리시 제품

네일용제(공통재료)		네일 폴리시	
종류	제품명	종류	제품명
• 건조제	• 글루 드라이, 액티베이터	• 착색방지제	• 베이스 코트
• 소독제	• 에틸알코올, 손 소독제	• 지속제	• 탑 코트
• 연마제	• 네일 연마제	• 색상제	• 네일폴리시, 네일 화이트너
• 지혈제	• 지혈제	• 유화제	• 네일폴리시 유화제(시너)
• 접착제	• 프라이머, 프리멕스 본더	• 건조제	• 퀵 폴리시 드라이
• 제거제(용해제)	• 아세톤(폴리시 리무버), 리무버 원액, 큐티클 리무버, 큐티클 오일	• 강화제	• 네일 보강제
• 탈색제	• 네일 블리치		

❷ 네일구조 및 역할

㉠ 네일구조 : 조체, 조근, 자유연, 옐로우 라인, 스트레스 포인트 등
㉡ 네일 밑 구조 : 조모, 조상, 조반월 등
㉢ 네일 주위의 피부 : 조구, 조벽, 조상연, 조주름, 조표피, 하조피 등

명칭	역할
• 조근(네일 루트)	• 손·발톱이 자라나기 시작하는 근원으로서 피부밑에 묻혔음
• 조모(네일 매트릭스)	• 조체의 줄기세포로서 네일 성장을 주관
• 조상(네일 베드)	• 조체 밑 피부로서 조체를 받쳐주는 역할과 신경조직과 신진대사를 담당
• 조체(네일 바디)	• 네일 플레이트 또는 조갑, 조판이라 하며, 조상을 보호하는 손톱자체의 판
• 조상연(페리오니키움)	• 네일 전체를 에워싼 피부의 가장자리
• 조반원(네일 루룰라)	• 조근과 연결된 케라틴화가 덜된 유백색의 반월모양
• 조표피(네일 큐티클)	• 외부 미생물로부터 방어역할, 네일 주위를 덮고 있는 신경이 없는 부분
• 자유연(프리에지)	• 네일의 말단, 옐로우 라인의 가장 바깥면으로서 잘려나가는 부분이며 하조피를 보호
• 하조피(하이포니키움)	• 조상과 연결된 자유연 밑의 피부
• 옐로우 라인	• 조체와 자유연의 경계선
• 스트레스 포인트	• 옐로우 라인의 시작점으로서 하중을 받을 시 조체 측면의 찢어짐을 방어하는 역할

❸ 네일의 이상적 형태

조표피 중앙에서 옐로우 라인까지의 직선길이에 의해 결정된다. 아름답고 우아하게 보이는 가장 이상적인 길이(골든 프로모션)는 자유연이 조체 1/4 길이의 비율을 나타낸다. 네일의 크기는 스트레스 포인트를 기준으로 조체 모양의 바깥선을 결정한다.

① 네일 디자인 모형 만들기

유형	특징(스트레스 포인트 파일 각도)
• 오발형	• 15°~45°로 양쪽 끝이 둥근모양
• 라운드형	• 45°로 양쪽 끝에 각지지 않는 둥근모양
• 스퀘어형	• 90°로 양쪽 끝에 각을 살린 모양
• 포인트(아몬드)형	• 10°~45°로 오발형보다 양쪽 끝이 더 뾰족한 모양
• 스퀘어오프형	• 45°~90°로 양쪽 끝이 약간 둥근모양으로서 손(발)톱에 많이 활용

② 폴리시 도포 방법(5가지 타입)
- 전체코트 · 프리에지 · 헤어라인 팁 · 슬림라인 또는 프리월 · 반달형 등

❹ 네일미용의 역사

1. 한국네일

고대			근대
삼국시대	고려시대	조선시대	
• 강촌과 산촌사람들이 손(발)톱에 붉은 칠을 함	• 손톱에 봉선화 물들임(지갑화)	• 봉선화와 백반을 섞어 짓찧어 손톱에 물들임	• 1960~1990년대 주로 미(이)용실에서 손톱손질을 대중화시킴

- 현대에서 1988년 최초 그리피스(서울, 이태원)살롱 개원, 1996년 백화점 전문 네일코너 입점(서울, 압구정동), 1997년 숍인숍 네일코너 · 전문살롱(세씨네일, 헐리우드네일)오픈, 전문아카데미(핑크네일 오브 뉴욕) 개원, 한국네일협회(민간인자격제도 시행) 설립함.

2. 외국네일

① 고대 그리스 · 로마시대

매니큐어 어원인 손을 의미하는 마누스와 관리를 의미하는 큐라가 전래되었다. 손을 치료한다는 개념으로 시작하여 현재는 손의 손질에 따른 관리를 의미한다.

고대		중세	15세기
이집트(B.C3000)	중국		
• 왕과 왕비 헤나(붉은색 또는 오렌지색)로 손톱에 물들임 – 오렌지우드스틱(금속제) 사용 • 시녀는 보라색, 신분이 낮은 이는 옅은색, 그라데이션 컬러 • 군인들 손톱에도 색조를 넣음	• B.C 600년 금색과 은색을 손톱에 바름 • 손톱에 홍화를 입혔(조홍)음 • 벌꿀과 계란흰자, 아라비아산 고무나무 수액을 손톱화장에 사용	• 매니큐어가 남성전유물이 됨 – 전쟁 출전에 앞서 염료를 사용, 입술과 네일에 동일계열의 색을 칠함	• 명나라때 흑색과 적색을 손톱에 칠함 • 인조손톱을 사용하여 손톱을 길어보이게 함

② 17세기

인도	프랑스
• 조모에 문신을 함. 바늘로 헤나를 주입 건강한 붉은 손톱을 표현	• 궁전문을 노크할 때 긴 손톱을 이용하여 긁는 방식을 취함 – 손톱손질이 보편화 됨

③ 19세기~근 · 현대

19세기		근 · 현대	
• 1910년	• 네일폴리시 제조회사(플라워리)설립	• 1960년	• 실크와 린넨을 이용한 네일 랩 작업
• 1917	• 프리에지 슬림라인 또는 월방식으로 화이트 폴리시 도포 및 일반화장품 가게 점판	• 1970년	• 인조팁과 아크릴 스컬프처 대중화

• 1935	• 인조네일 개발	• 1973년	• 인조네일 제조회사(미국 IBD)
		• 1976년	• 인조팁·아크릴스컬프쳐, 섬유랩 제조
		• 1981년	• 네일 및 핸드용 전문제품 및 네일 액세서리 출시(에씨, 오피아이, 스타)
• 1957년	• 네일팁 사용확대 • 호일을 이용한 아크릴 스컬프쳐 작업 • 페디큐어 시작	• 1994년	• 독일 라이트큐어드 젤 시스템 개발
		• 2000년 대	• 젤스컬프쳐(UV경화 코팅에 의한 고강도·고광택) 확대

❺ 네일숍의 최적화 공기환경

- 네일숍 실내 적정온도는 18±2℃(16~20℃)로서 실외온도가 26℃ 이상일 시 냉방을 10℃ 이상일 시 난방을 요구한다.
- 개인차는 있지만 약 10~26℃에서 체온조절 범위와 함께 인체에서의 머리와 발은 2~3℃ 간극을 갖는게 건강위생에 좋다
- 실내·외의 온도차가 10℃ 이상일 경우 냉방병을 유발(5~7℃ 이내가 적정)한다.
- 쾌적습도(상대온도 25℃)는 60% 기준으로 높은기온과 40~70% 이상의 습도가 올라가면 불쾌감을 갖는다.
- 네일화장품 및 폐기물을 보관하거나 사용할 때에는 뚜껑을 닫아 보관한다. 실내환경은 자연공기 유입이 가능한 창문을 설치한다.

❻ 화학물질 안전관리 수칙

• 작업대는 통풍구나 필터, 흡진기를 갖춤 • 콘택트렌즈 사용을 피하고 보호안경과 마스크를 사용 • 스프레이 형태보다 스포이드나 브러시류를 사용	• 제품은 빛 차단용 뚜껑이 있는 용기를 사용하고 뚜껑을 닫아 밀봉한 후 서늘한 곳에 보관 • 재료 사용 시 스패츌러를, 액체인 경우 스포이드를 이용하여 오염방지를 위해 덜어 사용 – 탈지면 거즈를 사용 용기입구 또는 주변을 위생적으로 처리

❼ 네일미용 도구 및 기기

1. 네일도구 및 용품소독

재질	제품관리
금속제품	• 니퍼, 클리퍼, 팁커터, 드릴비트, 메탈 푸셔, 메탈 스패츌러 등 – 7% 알코올에 20분간 담근 후 사용
유리제품	• 세척을 깨끗이 한 후 겹치지 않게 자외선 소독기에 소독
플라스틱제품	• 핑거볼, 네일브러시, 스포이드 등은 세제사용, 물세척 후 닦아 자외선 소독기 또는 알코올로 소독
나무제품	• 알코올에 20분이상 침전 후 세척, 타월로 닦아 통풍이 잘 되는 그늘에서 건조, 보관
일회용품	• 면봉, 왁스천, 탈지면, 샌딩파일, 스패츌러, 패디파일, 보드 및 네일파일 등 1회 사용후 폐기
피브릭용품	• 직물, 천으로 된 가운 또는 타월은 1인 1회 사용한 후 중성세제로 세탁, 통풍과 채광이 잘 되는 햇볕에 건조

2. 네일기구

매니큐어 테이블, 작업용 의자, 고객의자, 각탕기(페디 스파기), 파라핀 워머, 폴리시 드라이어(전기 네일드라이어), 소독기, UV램프(젤큐어링 라이트기), 드릴머신 등이다

드릴머신 (전기드릴비트)	• 전기동력에 비트를 이용한 파일링 작업이 이루어짐 • 본체 내 핸드피스에 비트를 교체함으로써 버퍼, 파일, 푸셔, 브러시 등의 기능을 수행		
네일비트의 RPM	• 자연손톱용 그릿(4,000RPM이하)	• 유분기 제거(아크릴), 준비(필, 젤) • 표면 퍼프하기 (파이버글래스, 자연손톱, 페디큐어)	
	• 중앙그릿(1,000RPM이하)	• 섬세하게 다듬기(아크릴, 필), 스마일선 만들기(백필)	
	• 고온그릿(10,000RPM이하)	• 마무리(아크릴, 백필, 젤, 파이버글래스)	
	• 매우고온그릿(10,000RPM이상)	• 버프(아크릴, 백필, 젤, 파이버글래스)	
필, 백필	• 필(fillin)	• 큐티클 라인 아랫부분 안쪽을 채움	
	• 백필	• 스마일 라인(프리에지 컬러링) 부분을 갈아내고 새로운 스마일 라인을 만듦	
비트 종류	• 카본덤 화이트 포인트	• 각질화된 피부조직이나 루즈스킨을 제거할 때 또는 얇은 네일에 사용	
	• 카본덤 그린포인트	• 거칠게 연마작업 시 사용	
	• 카바이드 콘	• 필링할 때나 큐티클 주위를 정리할 때 사용	
	• 티타늄 카바이드	• 초보자 사용하기 용이	
	• 프레이저	• 섬세한 작업을 할 때 사용	
	• 샌딩밴드	• 불필요한 피부조직을 정리하거나 표면을 다듬을 때 사용	
	• 멘드릴	• 샌딩밴드를 끼워서 사용하는 비트	

8 네일의 병변

네일케어 가능 질환	네일케어 불가능 질환
• 고랑진 조체(세로·가로고랑), 조체 위축증, 혈종(멍든손톱), 조체증(교조증), 조체 연화증(계란껍질 손톱), 손가락의 거스러미, 조체 종렬증, 조내생(인그로우 네일), 조체 입상편(표피조막), 조체 비대증, 조체 백반증, 변색 또는 오염된 조체, 스푼형 조체, 무조증(조체 결여증)	• 조체 구만증, 조체 박렬증, 화농성 육아종, 조체 박리증, 조체 주위염, 일어나는 네일, 족부백선(무좀, 만성표재성 진균증), 조체 발인벽(농근벽), 조체 진균증, 사상균증

9 피부의 이해

1. 피부구조 및 기능

피부의 정의와 기능	피부의 구조
• 외부 환경이 접촉하는 경계면을 갖는 피부는 중층편평상피로 구성 • 일생동안 끊임없이 세포분열과 분화를 통해 새로운 표피를 만들어 내는 역동적인 기관 • 신체 내부로부터 체액이 빠져나가는 것을 막으며 병균 및 유해물질 침투를 막는 장벽 기능	• 손·발바닥을 제외한 모든 피부는 얇은 피부로서 표피, 진피, 피하조직으로 구성 • 피부부속기관은 손·발톱, 모발 등의 각질부속기관과 땀샘과 피지선인 분비부속기관으로 대별

2. 피부조직의 기능

① 표피세포의 모양 및 층구조

중층상피세포	얇은피부(4층구조)	두꺼운피부(5층구조)
• 각질세포(편평형)·과립세포(다면체·입방형) • 유극세포(방추형)·기저세포(원주형)	• 각질층→과립층→유극층→기저층	• 각질층→투명층→과립층→유극층→기저층

② 피부조직의 역할

표피	진피	피하지방
• 생명유지와 증식, 재상피화 • 피부외모개선(피부결 · 보습력 · 피부재생) • 피부장벽구성 (천연보습인자, 세포간지질의 라멜라 층 구간) • 피부색 결정(카로틴+Hb+멜라닌색소)	• 표피지지 역할 • 피부탄력 및 유연에 관여 • 유두층은 표피에 영양을 공급, 집중된 혈관이 상처를 회복시키고 피부결을 만듬 • 망상층은 탄력섬유에 의해 충격 및 완충역할 및 고정시키는 역할 • 세포간물질은 피부압박에 대해 저항력과 조직의 회복을 도움	• 외부온도 변화에 신체보호 • 영양분의 저장소 역할 • 기계적 · 물리적 충격방지

③ 피부의 기능
- 보호 · 경피흡수 · 호흡 · 분비 · 체온조절 · 감각전달 · VtD생성 · 저장작용 · 도구의 기능 등

2. 피부부속기관의 구조 및 기능

① 각질부속기관(모발)

모근부	모간부		
	모표피	모피질	모수질
• 모모세포(각질형성세포) • 색소형성세포 • 랑게르한스세포 • 인지(촉각)세포 • 모유두 • 기모(입모)근 • 혈관과 신경	• 상표피 – 에피 · 엑소 · 엔도큐티클 • 세포간물질	• 결정영역:폴리펩타이드→α헬릭스→원섬유→미세섬유→거대섬유 • 비결정영역:수소 · 염 · 펩타이드 · 소수성 · 시스틴 결합	• 공공(보이드)

② 각질부속기관(네일)
㉠ 네일의 성장 및 특성
- 건강한 손(발)톱은 표면이 매끄럽고 광택이 있으며 모양은 일정하고 두께는 균일함
  - 평균 하루 0.1~0.15mm, 한달 약 3~5mm(조체길이의 약 1/8정도) 성장함
  - 자유연은 6개월 시 최대 1.8~3cm, 조체 재생 시 4~6개월 소요됨
  - 반투명 편평사각형 세포층으로서 두께 0.5~0.75mm
  - 연한 핑크빛을 띠며 수분 12~18%, 지질 0.15~0.75% 포함됨
  - 손톱은 발톱보다 2배 빠르게 자라며, 발톱은 손톱보다 두껍고 단단함
  - 겨울보다 여름에, 성인보다 어린이들이 더 빨리 자람

㉡ 네일의 역할과 기능
- 장식적인 역할
- 손 · 발가락 끝의 피부를 보호
- 조체는 조상을 보호하는 철갑과 같은 역할
- 외부로부터 자극에 대한 방어 또는 공격의 기능
- 신체의 다른 곳보다 조상의 모세혈관으로부터 산소 공급

③ 땀샘 분비기관

한선		피지선
소한선(에크린선)	대한선(아포크린선)	

• 모공과 분리된 독립분비선
• 신체 전신에 분포
  – 특히 손·발바닥, 이마부위 많음
• 혈액과 더불어 신체 체온 조절
  – 매운음식 섭취, 운동, 긴장, 온도 등 민감
• 수분(99%), Na, Cl, K, I, Ca, P, Fe 등으로 구성
	• 모공과 연결된 분비선
	  – 겨드랑이, 생식기·유두주위 분포
	• 사춘기 이후 성호르몬의 영향
	• 감정의 변화 또는 스트레스에 민감
	• 분비전 무색, 무취, 무균상태, 분비후 암모니아, 유색으로 변함
	  – 체외로 분비 시 공기에 산화되어 유색을 띄며, 냄새 유발
		• 피부표면에 피지막(pH 4.5~5.5)형성
		  – 피부의 산성도를 나타냄(피지+땀)
		  – 모낭과 연결된 피지선은 피지(1~2g/1day)분비, 세정 1시간 후 20%, 2시간 후 40%, 3시간 후 50% 정도 분비
		  – 유화·보호·살균작용, 유독물질 등 배출
		  – 피지비중 0.91~0.93으로서 피지막 두께 0.05~4mm 정도
		• 피지는 피부표면을 유연하게 하며 pH를 유지시켜 미생물로부터 피부보호와 수분증발을 억제, 피부 보습상태를 유지함

⑩ 피부유형분석

정상피부	건성피부	지성피부	민감성피부

• 윤기있고 촉촉(유·수분균형), 표피는 얇고 두껍지 않고 정상적인 각화현상을 함
• 선홍색의 피부(모세혈관 내 혈이 표피를 통해 보임)
	• 유·수분의 분비기능이 저하
	  – 각질층의 수분 10%이하
	  – 피부손상과 주름 발생
	• 작은 각질과 가려움 동반
	  – 얇은 피부결, 건조하여 노화 진행이 빠름, 모공이 좁아짐
		• 두꺼운 각질층
		  – 불투명하고 칙칙한 피부, 색소침착이 높음
		• 모공이 크고 피부가 쉽게 오염 됨
		  – 분비된 피지가 피부번들거림과 모공입구를 막아 여드름 유발
			• 피부조직이 섬세하고 얇아 당김 현상이 남
			  – 온도에 민감, 홍반현상
			  – 피지분비가 약해 피부가 예민함
			• 모공이 작고 모세혈관이 피부표면에 드러남

복합성 피부	노화피부

• 얼굴영역에 따라 건성·지성 등의 현상이 혼재함
• 눈가에 잔주름이 많고, 광대뼈 부위에 기미가 있음
  – 중년 이후 나타나는 유형으로 후천적 요인이 큼
	• 생리적 노화와 광노화에 의해 피부결합조직이 느슨해진다
	  – 탄력성을 잃어 늘어지거나 주름형성
	  – 피지선과 한선 기능저하
	  – 색소침착과 함께 감각기능도 상실함
	  – 표피각질층이 증가되고 면역기능이 떨어짐

⑪ 피부와 영양

음식물 섭취로서 영양소의 비율은 당질 60%, 지질 20%, 단백질 14%로서 이보다 저하되면 영양 불균형으로 인해 콰시오코르증, 빈혈, 복수 등의 증상이 나타난다.

1. 비타민

피부와 밀접한 비타민은 표피개선, 콜라겐 합성, 색소침착 억제, 항산화·항염 등의 효과와 함께 수용·지용성으로 분류하여 부족 시 질환을 나타낸다.

수용성	지용성
• VtB_1(티아민) – 각기병, 신경염, 근육약화 • VtB_2(리보플라빈) – 구순구각염 • VtB_3(나이아신) – 펠라그라, 설사, 치매 • VtB_{12}(시아노코발라민) – 악성빈혈 • VtB_6(피리독신) – 피부염 • VtC(아스코빈산) – 괴혈병 • VtP(플로보노이드) – 피부병	• VtA(카노티노이드) – 야맹증, 안구건조증 • VtD(칼시페롤) – 항구루병 • VtE(토코페놀) – 항불임증 • VtK – 혈액응고, 출혈 • VtF(항피부염 비타민) – 피부건조, 지방괴사

⑫ 피부와 광선

멜라닌색소와 표피의 투명층은 유해한 광선(UVA)으로부터 피부를 보호한다.

1. 자외선의 종류

자외선은 살균력이 강하여 화학선이라고도 한다.

장파장(UVA)	중파장(UVB)	단파장(UVC)

• 320~400nm, 자외선 총량 90% 이상 차지
  – 멜라닌색소침착과 피부노화촉진
  – 흐린날에도 자외선 방출
	• 290~320nm, 자외선 총량의 10%, VitD 합성을 촉진
	  – 피부에 가장 유해한 자외선임
	  – 홍반·부종·물집·통증 등 일괄 화상을 일으킴
		• 200~290nm 가장 에너지가 강함
		  – 오존층이 파괴됨으로써 지표도달
		  – 피부암의 원인이 됨

2. 자외선 차단지수

SPF(UVB 차단지수)	PA(UVA 차단지수)

• 자외선차단 효과를 지수로 표시, 단위로 선블록, 선크림이라함
• SPF1은 10분 내에 홍반이 나타남을 수치화한것
  – 화학지수가 높을수록 피부에 자극적임
• 외출 30분전에 도포해야 흡수되어 차단효과 봄
  $SPF = \dfrac{자외선차단제품도포후최초홍반량(MED)}{자외선차단제품미도포상태의최초홍반량(MED)}$
※ MED는 홍반을 일으키는 최소 자외선량(시간)
	• UVB 100배이상 피부진피층까지 도달
	• PA는 UVA 조사 시 색소침착 반응 시기를 나타냄
	• UVA^+, UVA^{++}, UVA^{+++} 또는 PA^+, PA^{++}, PA^{+++}로 표시
	  – +가 많을수록 차단효과가 우수한 제품으로서 지속기간이 길다는 의미는 아님
	  – PA^+(2미만 ~ 4미만),
	    PA^{++}(4이상~8미만),
	    PA^{+++}(8이상~16미만),
	    PA^{+++}(16이상)

3. 적외선 770nm~1mm 범위의 파장, 열선 또는 건강선(도르노선)이라 하며 온열작용을 한다.

– 혈액순환 개선과 근육이완 작용을 통해 피부 내 독소 및 노폐물 체외 배출
– 조사시간 10분을 넘기지 않아야 하며, 피부로부터 30cm 거리를 유지하여 조사함

⑬ 피부장애와 질환

피부장애에서 피부 각화성 경화로서 티눈은 통증을 유발한다. 조체의 무좀(진균)에 의해 발생되는 조갑백선, 족부백선 등은 피부침연, 균열, 낙설과 심한 소양을 유발한다.

원발진	속발진

• 1차 피부장애로서 초기손상
  – 반점(주근깨, 기미·자반 노화반점), 소수포(화상물집, 포진, 접촉성 피부염), 대수포, 홍반, 낭종, 결절, 구진(사마귀, 뾰루지), 종양, 면포, 비립종, 포진(헤르페스), 팽진(두드러기 또는 담마진)
	• 2차적 피부장애
	  – 비듬(인설), 가피(딱지), 미란, 찰상(흉터없이 치유), 균열, 반흔(상흔, 흉터), 위축, 색소침착, 궤양, 태선화

⑭ 화장품 기초

사용대상	사용방법	사용효과	사용목적
• 피부, 모발, 네일	• 도포, 도찰, 산포	• 질병을 치료하거나 예방하는 의약품이 아닌 물품으로 약리적인 효능·효과에 대한 인체작용을 경미해야 함	• 인체를 청결하게 함 • 인체를 미화시켜 매력적이게 함 • 용모를 밝게 변화시킴 • 피부의 건강을 유지 또는 증진시킴

1. 화장품 분류

화장품			의약외품	의약품
기초	색조	기능성		

• 세안·세정·청결
  – 클렌징 제품
• 피부보호·정돈
  – 화장수·팩·크림에센스
	• 피부색 표현
	  – 메이크업베이스, 파운데이션, 파우더
	• 피부결점보완
	  – 아이섀도, 아이라이너, 마스카라, 블러셔(볼터치), 립스틱, 네일폴리시, 리무버 등
		• 주름개선제, 미백제, 자외선 차단제	• 식약처의 허가 및 인증에 의한 화장품
			  – 클렌징제, 청결제, 소독제, 마스크 등
				• 의사처방이 요구되는 화장품

2. 계면활성제

작용	성질	분류	
• 습윤 → 침투 → 유화 → 분산 → 가용화 → 기포 → 재부착 방지 → 표면저하 → 헹굼	• 미셀, 가용화, 기포성, 유화액, 용해성, 서스펜션	• 음이온성	• 비누, 샴푸, 치약
		• 양이온성	• 린스, 트리트먼트
		• 양쪽성	• 저자극성 베이비샴푸
		• 비이온성	• 가용화제, 크림유화제, 화장수

3. 화장품 품질요소 및 제형공정

안전성, 안정성, 유효성, 사용(기호)성 등은 화장품이 갖추어야 할 품질요소이다.

가용화	유화	분산	에어로졸

• 화장수, 에센스, 향수와 같이 투명상태로 용해	• 물과 기름을 인위적으로 섞는
	  – 선크림(W/O형), 로션(보습·선탠, O/W형)
	• W/O/형은 오일베이스로 물에 유화시킨
	  – 선·아이·바디크림 색조제품에 적용
	• O/W/O형은 워터베이스로서 O/W형을 다시 기름에 유화 – 왁스·버터지방
		• 고체입자를 액체속에 균일하게 혼합
		  – 립스틱, 파우더, 파운데이션 등
			• 기체에 고체 또는 액체 미립자가 분산
			  – 파우더, 스프레이, 헤어스프레이, 헤어스타일링 품 등

⑮ 뼈(골)의 형태 및 발생

골격계	뼈의 구성성분	골격기능	골격분류

• 206개의 뼈와 연골, 인대, 관절 등
• 뼈대 위에 근육과 피부 존재
• 뼈대를 만드는 뼈는 신체 연약부위 지지, 보호, 혈구생산, 미네랄과 지방을 저장
	• 칼슘, 인(무기질)
	  – 45%
	• 콜라겐(유기질)
	  – 35%
	• 물
	  – 20%
		• 신체지지(지지)
		• 혈액세포생성(조혈)
		• 장기보호(보호)
		• 미네랄 저장(저장)
		• 숨쉬기를 도움
		• 운동 시 지지대(운동)
		• 활발하게 성장 스스로 재구성
			• 긴뼈(장골)
			  – 팔·다리뼈
			• 짧은 뼈(단골)
			  – 손목·발목뼈
			• 납작뼈(편평골)
			  – 머리·갈비·복장뼈
			• 불규칙뼈
			  – 엄치·척추뼈
			• 함기뼈
			  – 상악·전두·측두뼈
			• 종자뼈
			  – 슬개뼈

⑯ 손(발)근육의 기능 및 형태

손과 팔은 척골·중간·요골신경이 분포하며 손가락 신경은 인지와 손가락 끝에 많이 분포되어 있다.

기능	형태
• 수의적 활동을 하는 골격근(횡문근)은 뼈에 부착됨 　– 운동을 일으킴, 자세를 유지, 열을 발생 혈관확장과 수축을 관장, 수축을 통해 혈액순환을 일으킴 • 물질이 들어오고 나가는 출입문 역할을 함	• 승모근은 견갑골을 올리고 내·외측 회전에 관여 　– 신근(벌리거나 펴서 내·외측 회전과 내·외향에 적용) 　– 굴근[손(발)목과 손(발)가락을 굽히며 내·외향에 적용] 　– 외전근[손(발)가락 사이를 벌리는 근육] 　– 내전근[손(발)가락 모으거나 붙이는 근육] 　– 회외근[손(발)바닥을 위로 향하게 하는 근육] 　– 회내근[손(발)목을 안쪽 또는 손(발)등을 위쪽으로 향하게 하는 근육] 　– 대립근(물건을 쥐거나 잡을 때 작용하는 근육)

※ 다음 〈보기〉는 네일미용 영역이다. 물음에 맞는 내용을 고르시오

─────────────〈보기〉─────────────
㉠ 내추럴 팁   ㉡ 페디큐어   ㉢ 팁 위드 랩   ㉣ 프렌치 스컬프처
㉤ 파이버글래스   ㉥ 실크익스텐션   ㉦ 핸드페이팅   ㉧ 팁 위드 젤 오버레이

01 위 〈보기〉에서 네일케어에 해당하는 기초기술 영역에 해당하는 것은?
① ㉠   ② ㉡   ③ ㉢   ④ ㉣

해답 ②

02 위 〈보기〉에서 아트네일의 응용영역에 해당하는 기술은?
① ㉤   ② ㉥   ③ ㉦   ④ ㉧

해답 ③
해설 ㉠㉢㉣㉤㉥㉧은 인조네일 영역이다. / ㉡ 네일 케어에 해당되는 영역이다.

03 네일용제의 종류와 제품명이 잘못 연결된 것은?
① 건조제 – 액티베이터   ② 접촉제 – 프라이머
③ 제거제 – 아세톤   ④ 탈색제 – 네일 화이트너

해답 ④
해설 탈색제는 네일블리치이다.

04 네일폴리시(색상제)의 제품명이 잘못된 것은?
① 락커   ② 컬러   ③ 에나멜   ④ 매니큐어

해답 ④

05 매니큐어에 대한 의미로서 설명이 틀린 것은?
① 라틴어에서 유래됨
② 손을 치료한다는 개념으로 시작됨
③ 손을 의미하는 큐라와 관리를 의미하는 마누스에서 전래됨
④ 손의 손질에 따른 관리뿐 아니라 고급미용패션의 액세서리 역할을 나타냄

해답 ③
해설 손을 의미하는 마누스와 관리를 의미하는 큐라에서 전래 되었다.

06 네일 주위의 피부에 해당되는 것은?
① 조구   ② 조모   ③ 조상   ④ 조반월

해답 ①
해설 ②③④는 네일 밑 구조이다.

07 조상에 해당되는 설명인 것은?
① 네일 플레이트라 함
② 조체를 보호하는 손톱자체의 판이라함
③ 조체 밑 피부로서 지지대 역할을 함
④ 네일바디로서 네일 성장을 주관 함

> 해답 ③
> 해석 조상(네일 베드)는 조체 밑 피부로서 조체를 받쳐주는 역할과 신경조직과 신진대사를 담당한다.

08 조체와 자유연의 경계선에 있는 네일구조의 명칭은?
① 네일 매트릭스
② 옐로우 라인
③ 페리오니키움
④ 하이포니키움

> 해답 ②
> 해석 옐로우 라인(스마일 라인)은 네일 바디(조체)상의 둥근선을 나타낸다.

09 이상적인 네일형태가 아닌 것은?
① 자유연이 조체 1/3 길이의 비율을 나타냄
② 조표피 중앙에서 옐로우라인까지 직선길이에 의해 결정됨
③ 가장 이상적 길이를 골든 프로모션이라 함
④ 스트레스 포인트를 기준으로 조체모양 바깥선이 네일 크기를 결정함

> 해답 ①
> 해석 자유연의 길이는 조체 1/4 비율 정도가 골든 프로모션이다.

10 네일 디자인 모형에 속하지 않은 것은?
① 오발형
② 라운드형
③ 트라이엥글형
④ 포인트(아몬드)형

> 해답 ③
> 해석 네일디자인 모형은 5가지로서 오발 · 라운드 · 스퀘어 · 포인트 · 스퀘어오프형 등이다.

11 조체내 폴리시 도포 방법이 아닌 것은?
① 반달형
② 전체코트
③ 프리에지
④ 그라데이션 컬러

> 해답 ④
> 해석 그라데이션 컬러는 네일 케어 영역에 해당되는 기술 영역 이다.

12 고대 한국의 네일미용 역사와 거리가 먼 단어인 것은?
① 헤나
② 봉선화
③ 지갑화
④ 세시풍속집

> 해답 ①
> 해석 헤나는 고대 이집트(외국의 네일미용)시대 손톱염색 염료이다.

13 고대 금속제 오렌지우드스틱을 처음 사용한 나라는?
① 인도
② 중국
③ 한국
④ 이집트

해답 ④

14 립스틱과 네일에나멜을 출시한 최초의 회사는?
① 레브론
② 플라워리
③ 미국 IBD
④ 에씨, 오피아이, 스타

해답 ①
해설 ①은 1932년 레브론사
②는 1910년 매니큐어 회사
③은 1973년 미국(최초 네일접착제와 접착식 인조손톱 개발)
④는 네일전문제품 및 액세서리 출시

15 네일숍 실내 적정온도는?
① 3℃
② 10℃
③ 18℃
④ 26℃

해답 ③ 16~20℃(18±2℃)
해설 ① 3℃는 인체 머리와 발의 간극 ② 10℃ 이하일 시 난방이 요구 됨
④ 26℃ 이상일 시 냉방이 요구 됨

16 알코올에 침전, 세척후 통풍이 잘 되는 그늘에 건조, 보관되는 네일제품은?
① 금속제품
② 나무제품
③ 유리제품
④ 플라스틱제품

해답 ②
해설 ①③④는 알코올 또는 자외선 소독기에 넣어 소독한다.

17 네일케어가 불가능한 질환은?
① 조체 구만증
② 조체 위축증
③ 조체 연화증
④ 조체 비대증

해답 ①
해설 조체 구만증은 조체가 두껍게 만곡 변형되어있다.
②③④는 네일케어가 가능한 질환이다.

18 피부의 기능에 대한 설명인 것은?
① 표피, 진피, 피하조직으로 구성됨
② 손(발)톱, 모발 등의 각질부속기관으로 됨
③ 세포분열과 분화를 갖는 역동적인 기관임
④ 피지선, 한선 등의 분비부속기관을 구성함

해답 ③
해설 ①②④ 피부의 구조이다.

19 표피의 중층상피세포에 해당되지 않는 것은?
① 각질층　　② 기저층　　③ 과립층　　④ 유두층

> 해답 ④
> 해설 유두층은 진피의 세포층이다.

20 다음은 표피조직의 역할이 아닌 것은?
① 피부색 결정　　② 피부외모 개선
③ 피부장벽 구성　　④ 피부탄력 및 유연

> 해답 ④
> 해설 피부탄력 및 유연은 진피조직의 역할이다.

21 피부의 기능이 아닌 것은?
① 감각 전달기능　　② 중금속 합성기능
③ 도구의 기능　　④ 비타민D 생성기능

> 해답 ②
> 해설 ②는 모발 내 모모세포의 기능에 해당한다. 피부의 기능은 보호, 경피흡수, 호흡, 분비, 체온조절, 감각전달, VitD 생성, 저장 작용, 도구의 기능 등이다.

22 표피조직 역할 중 피부외모개선의 요소와 거리가 먼 것은?
① 보습력　　② 피부결
③ 피부재생　　④ 멜라닌색소

> 해답 ④
> 해설 피부색 결정요소는 카로틴, Hb, 멜라닌 색소 등이다.

23 탄력섬유에 의해 충격 및 완충역할 및 고정에 관여하는 피부조직과 세포층은?
① 진피 – 망상층　　② 진피 – 유두층
③ 표피 – 과립층　　④ 표피 – 유극층

> 해답 ①
> 해설 ②는 표피에 영양을 공급하고 집중된 혈관이 상처를 회복시킨다.

24 모발의 기저층과 유극층에 걸쳐 존재하는 면역세포는?
① 인지(촉각)세포　　② 각질형성세포
③ 랑게르한스세포　　④ 색소형성세포

> 해답 ③
> 해설 ①②④는 기저층 부속세포이다.

25 모발형태에서 에피·엑소·엔도큐티클이 존재하는 부위는?
① 모근부　　② 모표피　　③ 모피질　　④ 모수질

> 해답 ②
> 해설 모표피는 상표피(에피·엑소·엔도큐티클)와 세포간물질로 구성되어 있다.

26 소한선에 대한 설명인 것은?
① 모공과 분리된 독립분비선
② 겨드랑이, 생식기, 유두주위분포
③ 사춘기 이후 성호르몬의 영향, 신체체온조절
④ 체외분비 시 공기에 산화되어 유색과 냄새유발

> **해답** ①
> **해설** 신체전신에 분포 특히, 손·발바닥, 이마 부위에 많다.

27 모낭에 달려있는 피지선의 설명으로 틀린 것은?
① 피부표면에 피지막을 형성
② 피지막은 피부 pH를 나타냄
③ 피부 pH는 피부의 알칼리도를 나타냄
④ 유화·보호·살균작용, 유독물질 등 배출

> **해답** ③
> **해설** 피부의 산성도를 나타낸다. 이는 미생물로부터 피부보호와 수분증발억제, 피부보습상태를 유지함

28 다음〈보기〉내용과 관련된 피부타입은?

―〈보기〉―
• 얼굴영역에 따라 건성·지성 등의 현상이 혼재되어 눈가에 잔주름이 많고 광대뼈 부위에 기미가 있다. 중년이후 나타나는 유형으로 후천적 요인이 크다.

① 노화피부
② 지성피부
③ 민감성 피부
④ 복합성 피부

> **해답** ④

29 모세혈관이 피부표면에 드러나며 피지분비가 약해 피부가 예민한 타입은?
① 건성피부
② 노화피부
③ 민감성 피부
④ 복합성 피부

> **해답** ③
> **해설** 민감성 피부조직은 섬세하고 얇아 당김현상이 나며, 온도에 민감하며 홍반현상이 있다.

30 비타민의 효과가 아닌 것은?
① 에너지원
② 콜라겐합성
③ 색소침착억제
④ 항산화·항염

> **해답** ①
> **해설** 피부와 밀접한 비타민은 표피개선, 콜라겐합성, 색소침착억제, 항산화·항염 등의 효과가 있다.

31 자외선 중 단파장에 해당하는 것은?
① 자외선 총량 90% 이상 차지함
② 피부 내 독소 및 노폐물을 체외로 배출함
③ 가장 에너지가 강하여 피부암의 원인이 됨
④ 피부에 가장 유해한 자외선으로 홍반·부종 등 일광화상을 일으킴

> **해답** ③
> **해설** ①은 장파장 ②는 적외선 ④는 중파장

32 적외선의 파장 범위는?

① 200~290nm
② 290~320nm
③ 320~400nm
④ 770nm~1mm

해답 ④
해설 ①은 자외선의 단파장(UVC)
　　　②는 자외선의 중파장(UVB)
　　　③은 자외선의 장파장(UVA)

33 SPF는 어떤 자외선에 대한 차단지수인가?

① UVA
② UVB
③ UVC
④ UVD

해답 ②
해설 UVB 290~320nm, 자외선 총량의 10%, VitD 합성을 촉진시킨다. SPF는 자외선 차단효과를 지수로 표시한다. 화학지수가 높을수록 자극적이다.

34 PA에 대한 설명이 틀린 것은?

① UVA 조사 시 색소침착반응 시기를 나타냄
② UVA 조사 시 지속기간이 길다는 의미임
③ UVB보다 100배 이상 피부 진피층까지 도달함
④ PA⁺~PA⁺⁺⁺로서 +가 많을수록 차단효과가 우수함

해답 ②
해설 UVA조사 시 지속기간이 길다는 의미는 아니다.

35 인체 두 번째 방어기관(적응성)인 B-세포에 대한 설명은?

① 체액성 면역으로 특정항원 접촉 시 즉각적으로 공격함
② 세포성 면역으로 골수에서 만들어지거나 흉선으로 들어가 기능함
③ 흉선은 림프구의 70~80% 훈련시켜 도움·억제·살해·기억세포로 기능함
④ 흉선에서 기능이 부여된 상태로 혈류로 나와 독특한 기능을 함

해답 ①
해설 ②③④는 T-세포(T-림프구)에 대한 설명이다.

36 2차적 피부장애인 것은?

① 가피
② 반점
③ 결절
④ 포진

해답 ①
해설 ②③④는 1차 피부장애로서 초기 손상에 해당된다.

37 피부장애에서 질환의 해석이 잘못된 것은?
① 구진 – 사마귀·뾰루지
② 반점 – 기미, 자반, 주근깨
③ 면포 – 두드러기·담마진
④ 소수포 – 포진·화상물집, 접촉성 피부염

해답 ③
해설 팽진에 관한 내용이다.

38 화장품의 사용목적에 해당되지 않는 것은?
① 인체를 청결하게 함
② 인체를 미화시켜 매력적이게 함
③ 피부의 건강을 유지 또는 증진시킴
④ 약리적인 효능·효과에 대한 인체작용은 경미해야 함

해답 ④
해설 ④는 화장품의 사용효과에 대한 설명이다.

39 기능성 화장품이 아닌 것은?
① 미백제
② 탈모제
③ 주름개선제
④ 자외선차단제

해답 ②

40 의약외품에 해당되는 것은?
① 팩
② 마스크
③ 화장수
④ 크림에센스

해답 ②
해설 ①③④는 기초화장품이다.

41 계면활성제의 작용이 아닌 것은?
① 미셀
② 분산
③ 유화
④ 재부착방지

해답 ①
해설 미셀은 계면활성제의 성질이다.

42 화장품의 제형 공정이 아닌 것은?
① 유화
② 분산
③ 안정성
④ 에어로졸

해답 ③
해설 안정성은 화장품 품질요소(안정성, 유효성, 사용성)이다.

43 유화와 관련된 내용으로 맞게 연결된 것은?
① O/W형 – 보습크림
② W/O형 – 선탠크림
③ W/O/W – 왁스
④ O/W/O – 아이크림

> 해답 ①
> 해설 ②는 O/W형 ③W/O/W는 선·아이·바디크림 색조제품에 적용 ④O/W/O형은 워터베이스로서 O/W형을 다시 기름에 유화시킨 왁스·버터지방 등에 적용된다.

44 골격의 기능이 아닌 것은?
① 지지
② 조혈
③ 저장
④ 분비

> 해답 ④
> 해설 분비는 피부의 기능이다.

45 다음 〈보기〉는 손(발)에서의 어떤 기능인가?

〈보기〉
- 운동을 일으킴
- 수축을 통해 혈액순환을 일으킴
- 자세를 유지
- 열을 발생 혈관확장과 수축을 관장

① 골격
② 관절
③ 근육
④ 인대

> 해답 ③

46 다음 〈보기〉는 손(발)에서의 어떤 기능인가?

〈보기〉
- 골과 골 사이의 충격을 흡수하는 쿠션역할
- 윤활액을 담고 있어 뼈끝이 부딪치는 것을 방지
- 접힘·장력·압력 등을 위한 특수형태와 밀집된 결합조직
- 뼈 끝에 위치하여 움직임을 관장

① 골격
② 관절
③ 연골
④ 인대

> 해답 ③

47 다음 〈보기〉내용에서 근육의 형태로 연결된 것은?

〈보기〉
㉠ 물건을 쥐거나 잡을 때 작용
㉡ 벌리거나 펴서 내·외측 회전과 내·외향에 적용
㉢ 손(발)가락 사이를 벌리는 근육
㉣ 손(발)목을 안쪽 또는 손(발)등을 위쪽으로 향하게 하는 근육

① 굴근 – ㉠
② 신근 – ㉡
③ 내전근 – ㉢
④ 회내근 – ㉣

> 해답 ②
> 해설 ㉠ – 대립근, ㉡ – 신근, ㉢ – 외전근, ㉣ – 회내근

Part 2 네일화장물 제거

❶ 일반네일 폴리시 성분

1. 네일화장물 : 네일표면 위에 사용되는 모든 재료 및 제품, 장식물 등이다.

폴리시 성분	베이스 코트 성분	탑 코트 성분	폴리시 리무버 성분
• 벤조페논, 에틸아세테이트, 아이소프로페놀, n-부틸 아세테이트, 나이트로셀룰로즈	• 송진, 부틸아세테이트, 에틸아세테이트, 포말데하이드, 나이트로셀룰로즈, 아이소프로필 알코올	• 레진, 송진, 부틸아세테이트, 나이트로셀룰로즈 용해제 알코올	• 액상물질로서 아세톤 성분이 적게 함유 – 아세톤, 아세테이드에틸, 아세테이드 n-부틸 *아세톤 – 네일팁 등을 녹임 비아세톤 – 폴리시 색상을 제거함

2. 네일폴리시
- 컬러 · 락커 · 에나멜 · 폴리시 등과 같은 용어로 사용된다.
- 얇은 막을 형성하는 폴리머와 손톱표면에 얇은 막의 접착을 증가시키는 레진과 가소제로 구성된다.
  – 나이트로셀룰로즈(막형성제)에 색소를 배합하여 휘발성 용제로 용해시킨 것으로 휘발성, 내구성, 방수성이 강함. 레진은 열가소성이 있어 컬러가 손톱표면에 접착이 잘 되도록 함.
  – 네일폴리시를 손톱에 도포 시, 휘발성 용제가 휘발하여 나이트로셀룰로즈와 착색제 등 피막이 손톱표면에 밀착됨
- 일반네일 폴리시는 네일에나멜, 베이스 코트, 탑 코트로 구분된다.
  – 톨루엔, 아세트산에틸, n-부틸아세트산이 많이 포함된 화학물질 임

폴리시 유효기간	폴리시 보관	폴리시 도포	폴리시 선택	좋은 폴리시의 특징
• 개봉하지 않은 폴리시는 대략 1~2년	• 냉암소에 보관 • 공기중에 노출 시 농도가 짙어지면서 끈적해지므로 뚜껑을 잘 닫아야 함	• 유색 네일폴리시는 2회 정도 도포하며 • 작업시간은 5~10분 이내가 적당	• 컬러와 용제의 질을 보고 선택함 • 네일브러시 또한 작업의 질을 좌우함	• 피부 및 인체에 무해하고 향이 좋음 • 도포 시 3분 이내에 건조 됨 • 부드럽게 잘 발리며 풍부한 광택 • 최소 1주일 정도 발림(착색) • 물이나 세제에 안정함

- 네일 폴리시 제품 : 착색방지제(베이스 코트), 지속제(탑 코트), 색상제(네일폴리시, 네일 화이트너), 유화제[네일폴리시 유화제(시너)], 건조제(퀵 폴리시 드라이어) 등이다.

㉠ 베이스 코트
  불규칙한 네일표면을 채우며, 폴리시가 네일에 착색되거나 변색되는 것을 방지하여 밀착성을 높인다.

㉡ 탑 코트
  네일과 에나멜에 광택을 부여하고 폴리시가 쉽게 벗겨지지 않도록 방지한다.

❷ 네일도구

1. 네일파일

100~150그릿	180그릿	200~400그릿	400그릿 이상
• 거친파일 - 랩 또는 네일팁의 턱 제거 시 사용 • 인조팁의 턱을 제거하거나 인조손톱을 파일링 시 사용	• 중간파일 - 큐티클 주위와 네일 모양을 만들거나 정리 시 - 네일표면 두께를 정리	• 부드러운 파일 - 표면을 부드럽게 정리 시 • 손톱 판을 부드럽게 정리하거나 인조손톱 작업 시, 파일링 후 매끈한 표면처리에 이용	• 표면에 광택을 부여할 때 사용

2. 네일파일 종류별 사용

자연손톱은 한방향으로 파일링한다. 양방향 파일링 시 조체판 균열 또는 깨어지거나 부서질 수 있다.

샌딩블록	샤이니블록	에머리보드	디스크패드
• 조체표면에 형성된 가로·세로줄의 거침을 매끄럽게 정리 시 사용 • 네일팁이나 랩작업 시 글루나 젤을 도포 후 부드럽게 마무리 할 시 사용	• 광택파일로서 양면으로 구성, 네일을 정리한 후 표면에 광을 내고자 할 때 사용	• 자연손톱의 모양이나 길이를 변경할 시 사용	• 라운드패드로서 파일 후 조체의 잔해나 조체 밑 또는 조곽내 거스러미 제거에 사용

❸ 인조네일

인조네일은 자연네일의 유·수분을 제거함으로써 접착이 잘 되도록 한다. 멸균거즈 또는 더스트 브러시를 사용, 조체표면의 분진을 제거한다. 인조손톱의 들뜸을 최소화하여 유지력과 곰팡이 생성 예방을 목적으로 사용한다. 전처리제는 강산성으로 피부에 닿으면 화상을 입을수 있어 주의하여 최소량만 사용한다.

프리프라이머	프라이머	젤 본더
• 네일의 pH균형을 위해 사용 • 조체표면의 유·수분기를 빠르게 제거함	• 아크릴이 자연손톱에 접착이 잘 되도록하는 촉매제임 • 사용 시 보안경과 마스크, 플라스틱 장갑을 착용 - 피부나 눈에 치명타를 입힘	• 젤네일 폴리시의 밀착력을 높이기 위해 조체 표면에 전처리제(단, 제조회사가 도포를 명시한 경우만 사용)

1. 젤 화장물 보강작업 및 도구

㉠ 젤을 이용한 자연네일 보강의 특징
- 젤은 퍼지는 성질로서 약한 자연네일을 보강하거나 사전손상을 예방하거나 네일 전체 보강 시 효과적이다.
- 찢어진 자연네일의 경우 네일접착제를 사용, 찢어진 부위에 붙이고 젤을 적용한다.
  - 젤 볼을 네일에 올리기 전 표면의 광택을 제거하고 전처리제를 도포

베이스젤	• 네일을 보호하고 착색을 방지하며, 젤이 잘 밀착될 수 있도록 젤도포 전에 사용
톱젤	• 젤이 도포된 네일표면에 광택을 부여
클리어젤	• 투명색 또는 반투명 젤 타입의 액상으로 네일을 연장해 주거나 오버레이 시 사용 - 점도가 적은 소프트 젤은 아세톤이나 젤 전용 제거제를 사용하여 제거함 - 점도가 큰 하드 젤은 파일링으로 제거함
젤본더	• 젤이 자연손톱에 잘 접착되도록 발라주는 역할(단, 제조사가 젤본더 사용지시가 있을 시만 사용)
젤브러시	• 인조섬유로 된 브러시로 조체표면에 젤을 얹을 때 사용
젤클리너	• 큐어링 후 표면에 남아있는 미경화 젤을 닦아내는 역할(젤 전용 클리너)
젤램프기기	• 젤 큐어링 카이트라고 하며, UV젤을 굳게 만드는 자외선(UV램프, 자외선 UVA) 또는 할로겐 전구(LED램프, 가시광선)가 들어있는 전기기구임

- 젤램프 기기 사용 시 경화시간과 방법을 확인하고, 광원을 눈으로 직접 보지 않도록 주의한다.
- 전처리제의 과도한 사용은 자연네일의 유·수분을 탈수시킬 수 있다.
- 보안경을 착용하여 네일제품이 눈에 닿지 않도록 주의하고, 마스크를 착용하여 호흡기 보호와 환기에 신경 쓰도록 한다.

2. 아크릴 화장물 보강 및 활용

㉠ 아크릴을 이용한 자연네일 보강의 특징
- 손상된 범위가 넓고, 두께를 단단하게 형성시켜야 할 경우, 아크릴 화장물로 자연네일을 보강한다. 찢어진 자연네일 보강 시 표면광택을 제거하고 전처리제를 도포함으로써 아크릴 화장물을 적용시킨다.
- 아크릴은 단단하고 수축 및 변형이 없어 내구성이 가장 좋다.
- 아크릴 화장물은 아크릴 파우더, 아크릴 리퀴드, 디펜디시, 아크릴 브러시, 프라이머 등이다.

㉡ 아크릴 화장물 활용

아크릴종류	내용	아크릴방법	내용
내추럴네일 오버레이	자연손톱의 보수, 보강을 위해 오버레이 함	원톤	투명 또는 반투명의 단일 색상 파우더(클리어, 핑크, 내추럴 중 하나를 선택)와 리퀴드를 혼합 사용
팁 위드 아크릴 오버레이	팁을 프리에지에 부착한 후 그 위에 아크릴 볼을 사용하여 오버레이 함		투명 또는 반투명의 단일 색상 파우더(클리어, 핑크, 내추럴 중 하나를 선택)와 리퀴드를 혼합 사용
아크릴 스컬프처	종이 폼을 프리에지 밑(하조피)에 받쳐 놓고 아크릴 볼을 손톱판에 얹어 인조네일을 만듦	투톤	화이트 아크릴 볼을 프리에지 부분을 연장시키고, 조체는 핑크 아크릴 볼을 사용하여 인조네일을 만듦

㉢ 아크릴 네일도구
- 네일폼은 스컬프처 네일 시 네일 연장을 위해 사용되는 받침대이며 디펜디시는 아크릴 리퀴드 또는 아크릴 파우더를 덜어 쓰는 용기이다.
- 아크릴 브러시는 아크릴 리퀴드를 적신 후 아크릴 파우더를 묻혀 아크릴 볼을 만들어 사용하는 브러시로서 팁·벨리·백 등 구조를 갖는다.

팁	벨리	백
큐티클 라인, 옐로우 라인과 미세한 디자인 작업에 사용	손톱표면에 얹어진 아크릴 볼을 방사선상으로 균일하게 정리	아크릴 볼의 두께·길이를 조절하고 펴주는데 사용

❹ 팁 위드 파우더

1. 네일팁(인조손톱)
- 자연손톱을 인위적으로는 늘이고자 할 시, 인조팁을 부착한다
  - 손톱길이의 1/3정도 되게, 자연손톱 판 크기와 모양에서 동일해야 함
- 팁은 손톱판에 접착시키는 형태로서 웰은 손톱판의 정지선으로 홈이 파여 있으며 네일 접착제가 발리는 부분이다.
- 네일팁만 접착 시 쉽게 부러지거나 손톱으로부터 이탈될 수 있다.
  - 젤·실크·아크릴·필러 파우더 등으로 네일 자체를 보강(보완)함

랩(wraps)	연장(extension)	오버레이
인조팁 부착 후 그 위에 덮어씌우는 종류	자연손톱의 길이 연장(팁·아크릴·젤 등) – 팁을 토대로 팁 위드 랩·아크릴·젤 – 네일 폼 사용연장, 아크릴·젤 스컬프처	손톱보강을 위해 손톱판 전체에 덧바르는 작업 – 점성이 있는 재료 사용

2. 네일 랩

손톱을 포장 또는 감싼다. 즉 덮어씌운다라는 의미로서 천이나 종이를 조체 크기만큼 잘라 글루를 사용, 팁 위에 덧붙여서 붙이는 방법이다. 랩을 사용하여 연장시킨 인조손톱은 약하여 보강제품, 필러파우더와 글루를 사용한다.

섬유랩			종이랩(맨딩티슈)	리퀴드랩
실크	파이버글래스	린넨		
• 명주실 직물로서 많이 사용됨 – 가장 얇고 부드러우며 가볍다	• 인조유리섬유 또는 광섬유임 – 올이 굵고 단단함 • 반드시 유색폴리시로 컬러링 해야 함	• 아마줄기로 짠 직물 – 두껍고 투박한 소재 올이 굵고 두꺼운질감 • 반드시 유색 폴리시로 컬러링해야 함	• 글루(맨딩 리퀴드)를 사용하여 접착시킴 – 얇은종이로 사용 시 폴리시 리무버에 용해됨 • 글루(맨딩 리퀴드)를 사용하여 접착시킴 – 얇은종이로 사용 시 폴리시 리무버에 용해됨	• 액체타입으로서 일종의 손톱보강제임 – 종류에는 랩플러스가 있음

3. 자연네일 보강을 위한 네일랩 재료

네일 랩	• 얇고 가볍다 • 손톱의 길이를 늘이거나 자연손톱의 보호 및 유지를 위해 실크랩을 붙이거나 연장술에 사용함
글루	• 네일랩을 고정 • 인조네일을 조체에 접착 • 필러파우더와 함께 사용 • 전체 조체면에 도포 • 스틱 타입제
랩 가위	• 실크가위로서 천(실크, 린넨, 파이버 글래스 등) 재단 시 사용
젤 글루	• 인조네일을 조체에 접착 또는 두께 조절 시 사용 • 브러시 타입제
글루 드라이어	• 글루나 젤을 빠르게 건조시키고 강하게 해주는 스프레이 타입 – 10~15cm 거리에서 분사
필러 파우더	• 자연네일 보강 시, 손상된 부분의 홈을 메우거나 두께 보강 시 사용 – 점성이 낮은 스틱 타입의 접착제와 함께 사용해야 투명하고 견고하게 됨

- 자연네일에 금이 간 경우 : 네일 접착제를 금간 부위에 발라 접착시키고 네일 랩을 적용한다.
  – 네일 랩은 찢어지거나 금이 간 부분을 효과적으로 연결시켜 줌
- 네일 랩은 네일 접착제를 사용하여 자연네일을 보강하고 손상정도에 따라 필러 파우더를 함께 적용할 수 있다.

❺ 인조네일 보수

- 인조네일은 3개월에서 6개월 간 지속력을 유지하지만 6개월 후에는 위생적 또는 미적 관점에서라도 제거해야 한다. 자연손톱의 성장과 외적 자극에 의한 들뜸, 깨어짐이 발생하고 곰팡이 균의 서식처가 되기 때문이다.
- 인조네일은 네일케어보다 오랜기간 유지되지만 보통 2~3주 한번씩은 보수를 해주어야 한다.
- 인조네일 작업 후 자연네일이 자라남에 따라 큐티클 주변에 들뜸이 생길 수 있으므로 꾸준한 관리가 요구된다.
- 보수는 들뜬 부위를 파일한 후 채워주는 작업으로 큐티클과 인조네일의 작업부위 사이(자연네일)에는 프라이머를 반드시 발라주어야 한다.
- 인조네일을 보수하는 이유는 곰팡이 균의 방지, 인조네일의 견고성 유지, 깨끗한 네일미용의 유지, 새로 자라난 자연네일에 의한 큐티클 주변 들뜸방지 등에 있다.

01 아크릴 파우더 또는 리퀴드를 덮어쓰는 용기는?
① 핑거볼 ② 디펜디시
③ 디스펜서 ④ 습식소독용기

해답 ②
해설 ① 습식 매니큐어 시 손가락을 담그는 용기
③ 액체용액을 담아두는 용기
④ 철제도구들을 20분이상 알코올에 담가두는 용기

02 네일화장물의 성분으로서 나이트로셀룰로즈가 들어있지 않는 제품은?
① 탑 코트 ② 폴리시
③ 베이스 코트 ④ 폴리시 리무버

해답 ④
해설 ①②③④의 공동성분은 n-부틸아세테이트, 에틸아세테이트이며 ①②③의 공동성분은 나이트로셀룰로즈(막형성제)로서 손톱에 도포 시 휘발성 용제가 휘발 후 피막이 손톱표면에 밀착된다.

03 다음 내용 중 연결이 바르게 된 것은?
① 탑 코트 – 착색방지제 ② 색상제 – 네일폴리시 유화제
③ 유화제 – 퀵 폴리시 드라이어 ④ 베이스 코트 – 착색방지제

해답 ④
해설 ① 지속제 ② 네일폴리시 ③건조제에 대한 내용이다.

04 네일에 도포된 탑 코트의 역할인 것은?
① 네일과 에나멜에 광택을 부여한다.
② 불규칙한 네일표면을 채운다.
③ 폴리시가 네일에 착색되거나 변색되는 것을 방지한다.
④ 폴리시가 쉽게 벗겨지지 않도록 방지하고 밀착성을 높인다.

해답 ①
해설 네일과 에나멜에 광택을 부여하고 폴리시가 쉽게 벗겨지지 않도록 방지한다.

05 다음 〈보기〉내용과 관련된 것은?

─〈보기〉─
• 중간파일로서 큐티클 주위와 네일모양을 만들거나 정리 시 사용되며 네일표면의 두께를 정리할 때 주로 사용된다.

① 100~150그릿 ② 180그릿
③ 200~400그릿 ④ 400그릿 이상

해답 ②

06 디스크 패드의 사용 설명인 것은?

① 광택파일로서 네일 정리 후 광을 내고자 할 때 사용
② 자연손톱의 모양이나 길이를 변경할 시 사용
③ 라운드 패드로서 파일 후 조체의 잔해나 거스러미 제거에 사용
④ 네일팁이나 랩 작업 시, 글루나 젤을 도포 후 부드럽게 마무리할 시 사용

해답 ③
해설 ①-샤이니 블록, ②-에머리보드, ④-샌딩블록

07 인조네일에 사용되는 전처리제가 아닌 것은?

① 젤 – 글루와 같은 성분으로 강도가 강한 접착제로서 카탈리스트가 필요함
② 젤본더 – 젤 네일 폴리시의 밀착력을 높이기 위해 조체표면 사용
③ 프라이머 – 아크릴이 자연손톱에 접착이 잘 되도록 하는 촉매제로 사용
④ 프리프라이머 – 네일의 pH균형과 조체표면의 유·수분기를 빠르게 제거함

해답 ①

08 큐어링과 관련된 내용으로 거리가 먼 것은?

① 큐어는 '경화'의 의미를 갖는다.
② 큐어 시 젤램프기기를 사용한다.
③ 자외선은 UV램프로서 UV-B이다.
④ 할로겐 전구는 LED램프로서 가시광선이다.

해답 ③
해설 UV램프, 자외선 UV-A

09 아크릴을 이용한 자연네일 보강의 특징에 해당되는 것은?

① 손상된 범위가 넓을 시
② 사전손상 예방 시
③ 네일 전체 보강 시
④ 퍼지는 성질로서 약한 자연네일 보강 시

해답 ①
해설 손상된 범위가 넓고, 손톱두께를 단단하게 형성시켜야 할 경우, 아크릴 화장물로 자연네일을 보강한다.

10 아크릴 브러시의 구조와 역할이 아닌 것은?

① 백 – 아크릴 볼의 두께·길이를 조절하고 펴주는데 사용
② 팁 – 큐티클 라인, 옐로우 라인과 미세한 디자인 작업에 사용
③ 벨리 – 손톱표면에 얹어진 아크릴 볼을 방사선상으로 균일하게 정리
④ 핀치 – 아크릴 볼이 완전히 마르기 전 스트레스 포인트를 눌러 C커브를 만드는데 사용

해답 ④
해설 아크릴 브러시는 아크릴 리퀴드를 적신 후 아크릴 파우더를 묻히는(아크릴 볼 만듬)데 사용된다. 아크릴 스컬프처에서 핀치주기(C커브)는 스트레스 포인트를 양쪽 손의 모지로 지그시 눌러 C커브를 만드는 과정이다.

11 다음 〈보기〉내용은 무엇에 관한 것인가?

〈보기〉
- 자연손톱을 인위적으로 늘이고자 할 시
- 손톱길이의 1/3정도 되게 손톱판에 접착시키는 형태임
- 자연손톱 판 크기와 모양에서 동일해야 함

① 랩 ② 연장
③ 인조팁 ④ 오버레이

해답 ③
해설 ③ 인조팁은 네일팁 또는 인조손톱이라고도 함
① 랩은 인조팁 부착 후 그 위에 덮어씌우는 작업
② 연장은 팁을 토대로 자연손톱 길이를 연장하는 작업
④ 오버레이는 손톱보강을 위해 손톱판 전체에 덧바르는 작업

12 손톱을 감싸는데 사용되는 섬유랩에 해당되지 않는 것은?

① 린넨 ② 실크
③ 필러 파우더 ④ 파이버 글래스

해답 ③
해설 ①린넨은 아마줄기로 짠 직물
②실크는 명주실 직물
④파이버 글래스는 인조유리섬유 또는 광섬유

13 필러 파우더에 대한 설명이 아닌 것은?

① 얇고 가벼워 손톱길이를 늘일 때 사용
② 자연네일 보강 시 사용
③ 손상된 부위의 홈을 메우거나 두께 보강 시 사용
④ 점성이 낮은 스틱타입의 접착제가 함께 사용

해답 ①
해설 ①은 네일 랩에 관한 설명으로 자연손톱의 보호 및 유지를 위해 실크 랩을 붙이거나 연장술에 사용함.

14 인조네일은 최대 6개월 후 인위적으로 제거해야 한다. 가장 적합한 것은?

① 자연네일 성장에 따른 큐티클 주변 들뜸
② 곰팡이 균의 방지
③ 인조네일의 견고성 유지
④ 위생적 또는 미적 관점 유지

해답 ④
해설 ①②③은 인조네일을 보수하는 이유이다.

Part 3 공중위생관리

❶ 공중보건
① 공중보건학의 정의
- WHO(1948)정의 : 육체적, 정신적, 사회적으로 건전한 상태
- 윈슬로우의 정의 : 조직적인 지역사회의 노력을 통하여 질병을 예방하고 생명을 연장하며, 신체적·정신적 효율을 증진시키는 기술이며 과학이다.
- 대상 및 공중보건의 최소단위 : 지역사회

② 공중보건학의 분야(범위)

환경보건	역학 및 질병관리	보건관리
• 환경위생, 식품위생, 환경오염, 산업보건	• 역학, 감염병 관리, 기생충 질환관리, 비감염성 질환 관리	• 보건행정, 보건교육, 보건영양, 인구보건, 모자보건, 가족보건, 노인보건, 의료정보, 응급의료, 사회보장제도

③ 전염병(질병) 발생의 3대 요인 : 전염원(병인), 전염경로(환경), 숙주
④ 공중보건의 3대 산업 : 보건교육, 보건행정, 보건관계법

❷ 인구보건 및 보건지표
1. 인구증가

인구증가	자연증가	사회증가
• 자연증가+사회증가	• 출생인구-사망인구	• 전입인구-전출인구

2. 인구 구성형태

• 피라미드형	• 후진국형	• 인구증가형 – 출생률 높고 사망률 낮음 (14세 이하가 65세 이상 인구의 2배 초과)
• 종형	• 이상형	• 인구정지형 – 출생률과 사망률이 낮음 (14세 이하가 65세 이상 인구의 2배)
• 항아리형	• 선진국형	• 인구감소형(평균수명이 높고 인구 감퇴)
• 별형	• 도시형	• 인구유입형(생산층 인구증가형 – 15세~49세 인구가 전체 인구의 50% 초과)
• 기타형	• 농촌형	• 인구유출형(생산층 인구 감소형)

③ 보건지표
㉠ 인구통계

조출생률	일반출생률
• 한 국가의 출생수준을 표시하는 지표	• 15~49세의 가임여성 1,000명당 출생률

㉡ 사망통계

• 조사망률	• 인구 1,000명당 1년 동안의 사망자 수
• 영아사망률	• 한 국가의 보건수준을 나타내는 지표 – 생후 1년안에 사망한 영아의 사망률

•신생아 사망률	•생후 28일 미만 유아의 사망률
•비례사망지수	•한국가의 건강수준을 나타내는 지표 - 총 사망자가 수에 대한 50세 이상의 사망자 수를 백분율로 표시한 지수

- 한 국가나 지역사회 간의 보건수준 비고 시 사용 지표
  - 영아사망률, 평균수명, 비례사망지수
- 한 나라의 건강수준을 다른 국가들과 비교 시 지표(세계보건기구가 제시)
  - 조사망률, 평균수명, 비례사망지수

❸ 전염병 관리

1. 병원체 : 숙주에 기생하면서 병을 일으키는 미생물

•세균	•호흡기계	•결핵, 나병, 폐렴, 백일해, 성홍열, 디프테리아, 수막구균성수막염
	•소화기계	•콜레라, 파상열, 장티푸스, 세균성이질, 파라티푸스
	•피부점막계	•매독, 임질, 파상풍, 페스트
•바이러스	•호흡기계	•두창, 홍역, 인플루엔자, 유행성 이하선염
	•소화기계	•폴리오, 소아마비, 유행성 간염, 브루셀라증
	•피부점막계	•황열, 공수병, 일본뇌염, AIDS, 트라코마
•리켓차	•발진열, 발진티푸스, 쯔쯔가무시병, 록키산홍반열	
•스피로헤타	•매독, 서교증, 와일씨병(랩토스피라증), 재귀열, 황달	
•원생동물(원충)	•사상충, 말라리아, 이질아메바, 질트리코모나스	
•수인성 감염병	•이질, 콜레라, 소아마비, 장티푸스, A형간염, 파라티푸스	
•기생충	•사상충, 회충증, 간흡충증, 말라리아, 폐흡충증, 무구조충증, 유구조충증	
•진균	•백선, 칸디다증	
•곰팡이	•캔디다아시스, 스포로티코시스	
•클라미디아	•앵무새병, 트라코마	

2. 병원소

인간병원소	동물병원소	토양병원소
•환자, 보균자	•개, 소, 말, 돼지	•파상풍, 오염된 토양

3. 보균자는 건강·잠복기·병후보균자로 구분된다.

건강보균자	잠복기보균자	병후보균자
•병원체를 보유하고 증상이 없으나 체외로 이를 배출 - 색출이 어려우며 활동영역이 넓으며 격리가 어렵다 - 폴리오, 일본뇌염	•잠복기간 중에 병원체를 배출 - 호흡기계 감염병 - 홍역, 백일해, 디프테리아	•임상증상이 소실된 후에도 병원체를 배출 - 소화기계 감염병 - 세균성 이질

4. 감염병의 종류

소화기계	호흡기계	동물매개	만성
•콜레라, 폴리오, 장티푸스, 세균성 이질, 유행성간염, 파라티푸스	•결핵, 두창, 수두, 홍역, 백일해, 성홍열, 디프테리아, 유행성이하선염, 인플루엔자, 폐렴	•공수병, 탄저병, 파상열(브루셀라), 말라리아, 발진티푸스, 유행성일본뇌염	•결핵, 매독, 임질, 한센병, B형감염, AIDS(후천성 면역결핍증)

㉠ 감염병의 신고
- 의료기관 소속 의사(치과·한의)는 의료기관장에 보고
- 의료기관 미소속 의사(치과·한의)는 관할 보건소장에게 신고 → 관할, 특별자치 도지사 또는 시장·군수·구청장 → 보건복지부장관 및 시·도지사
- 신고시기 : 제 1급 감염병(즉시), 제 2·3급 감염병(24시간 이내), 제 4급 감염병(7일이내)

❹ 기생충 질환관리

1. 기생충 종류
- 선충류 : 회충, 요충, 편충, 구충(십이지장충), 동양모양선충, 사상충, 아니사키스충(고등어, 대구 등 해상어류에 감염), 말레이사상충증(모기흡혈로 감염), 선모충증(쥐, 돼지 등 인수공통 감염)
- 조충류 : 유구조충(돼지), 무구조충(소), 광절열두조충(제 1중간-숙주·물벼룩, 제 2중간숙주-송어, 연어)
- 원충류 : 이질아메바, 질트리코마나스
- 흡충류 : ㉠ 간흡충증(간디스토마증), – 제 1중간 숙주(왜우렁이, 쇠우렁이), – 제 2중간 숙주(잉어, 참붕어, 피리미)
  ㉡ 폐흡충증 : 제 1중간 숙주(다슬기) , 제 2중간 숙주(가재, 게)
  ㉢ 요코가와흡충증 : 제 1중간 숙주(어패류, 다슬기), 제 2중간 숙주(민물고기, 은어, 숭어)

2. 전파(절지동물)

이	모기	파리	진드기
• 재귀열, 참호열, 발진티푸스	• 황열, 뎅기열, 사상충, 말라리아, 일본뇌염	• 결핵, 이질, 콜레라, 장티푸스, 파라티푸스	• 쯔쯔가무시, 유행성출혈열

❺ 환경보건

1. WHO 환경위생 정의 : 인간의 신체발육, 건강 및 생존에 유해한 영향을 미치거나 미칠 가능성이 있는 물리적 생활환경에의 모든 요소를 통제

자연적 환경	생리적(생물학적) 환경
• 공기, 토지, 광선, 물, 음향	• 설치류, 모기, 파리, 이, 위생해충

2. 기후의 3대 요소

기온	기습	기류
• 지상 1.5m, 건구온도 • 쾌적온도 18±2℃	• 일정 온도 내 공기중 수증기의 양 • 쾌적습도 40~70%	• 공기의 흐름 – 실내·외 온도차 5~7℃

3. 공기와 건강

CO_2(이산화탄소)	O_2(산소)	CO(일산화탄소)	N(질소)
• 실내공기 오염지표 – 지구온난화 주범 • 공기중 약 0.03% • 군집독 • 허용한계량(8시간기준) – 0.07~0.1%(1,000~1,500ppm)	• 산소량 10% 이면 호흡곤란 • 7% 이하 질식사 • 공기성분 중 20.93%	• 공기보다 약간 가볍다. 무색, 무취, 확산성과 침투성이 강하다 – Hb과의 결합력이 산소에 비해 250~300배 • 허용한계량(8시간 기준) – 0.01%(100ppm)	• 감압병, 잠수병 • 공기성분 중 가장 많은 (78.1%) %를 차지

4. 대기환경기준

아황산가스	일산화탄소	이산화질소	오존

• 1일 평균치
  - 0.05ppm 이하
• 1시간 평균치
  - 0.15ppm 이하
	• 8시간 평균치
	  - 9ppm 이하
	• 1시간 평균치
	  - 25ppm 이하
		• 1일 평균치
		  - 0.06ppm 이하
		• 1시간 평균치
		  - 0.10ppm 이하
			• 8시간 평균치
			  - 0.06ppm 이하
			• 1시간 평균치
			  • 0.1ppm 이하

5. 수질오염

용존산소(DO)	생물학적 산소요구량(BOD)	화학적 산소요구량(COD)	대장균
• DO가 낮으면 하수의 오염도 높음 • 위생하수 기준 : 5ppm 이상	• BOD가 높으면 하수의 오염도가 높음 • 위생하수 기준 : 20ppm 이하	• 공장폐수의 오염도 측정지표 • COD가 높을수록 오염도가 높음	• 음용수(수질)의 일반적인 오염지표

• 수질오염에 따른 건강장애 질병 – 미나마타병(수은), 이타이이타이병(카드뮴)

㉠ 하수처리 과정

예비처리	본처리		오니처리
	호기성 처리법	혐기성 처리법	

• 스크린
침사, 침전
	• 산소를 공급하여 호기성균이 유기물을 분해
	  - 활성오니법, 산화지법, 관개법
		• 무산소 상태에서 혐기성균이 유기물을 분해
		  - 부패조법, 임호프조법
			• 소각법,
			퇴비법,
			건조법

㉡ 상수처리 과정

취수(수원지) → 도수(취수한 물을 정수장까지 끌어옴) → 정수(침사→침전→여과→소독) →송수 → 배수 → 급수

㉢ 음용수 유리잔류염소량

유리잔류염소	경도	색도	탁도	수소 이온 농도
4mg/ℓ 이하	300mg/ℓ 이하	5도 이하	INTU (0.50 이하)	pH5.8~8.5

㉣ 물의 농도

- 경도는 물이 석회암으로 흐를 때 물 속에 용해된 칼슘과 마그네슘이 중탄산염, 탄산염, 황산염 등의 형태로 존재 한다.
- 독일식 경도는 물 100㎖ 중에 산화칼슘(CaO) 1㎎ 이 함유되었을 때를 경도 1도라고 한다. 즉 10PPM(10mg/ℓ)의 산화칼륨량이 경도 1도인 것이다.
- 미국식 경도는 물1ℓ 중 탄산칼슘($CaCO_3$) 1㎎ 이 함유 되었을 때를 경도 1도라 한다.
  즉 1PPM(1mg/ℓ)의 탄산칼슘량이 경도 1도인 것이다.

  a. 경수(센물) : Ca, Mg, Cu, Pb, Fe, Zn 등이 많이 함유, 세발 세안, 세탁에 부적당함
  - 일수경수 – 끓이면 연수가 됨
  - 영구경수 – 끓여도 경도가 낮아지지 않음

  b. 연수(단물) : 비누가 잘 풀리고 거품이 잘 일며, 음용수는 물론 세발, 세안, 세탁에 적당함

❻ 식중독의 분류

자연독		세균성		유독금속류	
식물성	동물성	감염형	독소형	• 납 • 비소 • 구리 • 수은 • 카드뮴	유해성 금속 화합물, 농약 잔류(살충제)
• 감자 – 솔라닌 • 미나리 – 시큐톡신 • 맥각류 – 에고톡신 • 버섯 – 무스카린 • 청매 – 아미그달린	• 복어 – 테트로톡신 • 조개류 – 삭시토신	• 병원성 대장균 • 살모넬라균 • 장염비브리오균	• 보툴리누균 – 통조림 • 웰치균 • 포도상구균 – 화농성질환		

❼ 소독학

1. 소독의 정의

멸균	살균	소독	방부
• 아포까지 전부 사멸하는 무균 상태	• 미생물만 급속 사멸시킨 상태	• 병원성 미생물을 가능한 제거하여 감염 위험이 없도록 한 상태	• 미생물의 부패나 발효를 방지

2. 소독방법

① 물리적 소독법

㉠ 건열멸균법

소각법	건열멸균법	화염멸균법
• 오물소각 – 화염멸균법 중 가장 효과적임	• 건열멸균기 160~180℃, 1~2시간 가열 후 냉각	• 20초 이상 불꽃에 직접 접촉

㉡ 습열멸균법

자비(열탕) 소독	고압증기멸균	유통증기(간헐)	저온 소독	초고온순간멸균
• 100℃ 이상, 15~20분 가열 –석탄산 5% 또는 크레졸 2~3% 첨가 –금속제 소독 시 탄산나트륨 1~2% 첨가	• 미생물, 아포 등 사멸 –10LBS 115.5℃ (30분간) –15LBS 121.5℃ (20분간) –20LBS 126.5℃ (15분간)	• 100℃ 유통증기 30~60분 가열 –1일 1회 3회 실시(100℃ 30분간)	• 우유 – 65℃, 30분 • 건조과일 – 75℃, 30분 • 아이스크림 원료 – 80℃, 30분 • 포도주 – 55℃, 10분	• 135℃, 2~4초간 살균

② 화학적 소독법

석탄산 (페놀)	• 3% 수용액, 피부점막 자극성, 금속부식성, 냄새, 독성이 강함, 아포·바이러스에 소독효과 없음 – 산성도가 높고 고도일수록 소독효과가 높음. 석탄산계수 = $\dfrac{\text{소독약의 희석배수}}{\text{석탄산의 희석배수}}$
크레졸	• 3% 수용액, 세균에는 효과적이나 바이러스에는 효과 없음 • 손, 피부소독에 1% 수용액
알코올	• 70~80% 에틸알코올, 아포에 효과 없음, 손, 피부, 유리, 금속도구 소독
승홍	• 0.1%(승홍1 : 식염1 : 물 1,000), 맹독성에 금속부식력이 강함, 피부, 아포 소독
생석회	• 생석회 분말2 : 물8의 비율, 무아포균소독, 분변, 해수, 오수, 오물, 토사물 등 소독
과산화수소	• 3% 수용액, 상처소독에 사용, 자극성이 적고 무포자균 살균에 효과적, 구내염, 인두염 소독, 구강세척제 등
머큐로크롬	• 2% 수용액, 자극성이 없고 살균감이 약함, 환자의 배설물 소독
염소제	• 표백분, 차아염소산나트륨은 독성이 약하고 가격이 저렴, 표백, 방부, 방취에 효과 금속부식성이 강하고 피부 자극 유발(의료용 사용 불가능), 수영장, 목욕탕, 하수 등 소독
붕산	• 상처소독에 3% 수용액, 자극성이 없고 살균력이 약함, 인체 및 피부소독

역성비누	• 0.001~0.1% 수용액, 살균력과 침투력은 강하지만 세정력이 약함, 포도상구균, 결핵균 등에 유효, 냄새와 독성이 없음
약용비누	• 살균 및 세정효과가 뛰어남, 손과 피부, 창상의 소독
포르말린	• 0.02~0.1% 수용액, 세균포자 사멸, 의류, 도자기, 목제품, 고무제품, 셀룰로이드 등 소독
포름알데하이드	• 1~2% 수용액 살균효과는 크나 냄새와 독성이 강함, 금속·고무제품, 플라스틱 재질 등 소독

③ 소독제 구비조건

강한 살균력(높은 석탄산계수), 안정성(인체 무해, 무독), 잘 용해될 것, 물품을 부식·표백시키지 않을 것, 가격이 저렴하고 사용방법이 편리할 것, 향이 없고 탈취력이 있을 것, 환경오염을 발생시키지 않을 것 등이다.

④ 소독제의 살균기전

산화작용	균체단백응고	균체효소 불활성화 작용	가수분해작용	탈수작용	중금속염의 형성작용	세포막의 삼투성 변화작용
• 과산화수소, 오존, 염소, 과망간산칼륨	• 석탄산, 알코올, 크레졸, 포르말린, 승홍	• 알코올, 석탄산, 역성비누, 중금속염	• 강산, 강알칼리, 열탕수	• 식염, 설탕, 알코올, 포르말린	• 승홍, 질산은, 머큐로크롬	• 석탄산, 역성비누, 중금속염

⑤ 병원성 미생물

바이러스	세균(박테리아)	리케차	진균
• 세균여과기로 분리됨 • 핵산DNA와 RNA중 하나만 가짐 - 인플루엔자, 수두, 감기, 유행성 이하 선염	• 아포형성 • 구균 – 포도상구균, 연쇄상구균 • 간균 – 막대모양 • 나선균 • 편모(운동성을 지닌 부속기관)	• 인수공통의 미생물 병원체, 세균보다 작고 바이러스보다 큰 막대 모양 • 발진티푸스 – 이(유행성 발진티푸스) • 발진열 – 쥐벼룩(발진열) • 반점열 – 진드기(로키산홍반열) • 지중해열 – 진드기(트롬비큘라 – 부톤네즈열) • 콕시엘라부르네티 – 공기 또는 접촉(Q열) • 쯔쯔가무시병 – 털진드기	• 박테리아보다 큰 진핵세포, 균사라는 가는 실모양의 세포 • 표재성 – 무좀, 칸디다증 • 피하성 – 스포로트리쿰증 • 심재성 – 히스토플라스마증, 분아균증

Part 4 공중위생관리 법규

❶ 미용업의 정의
미용업은 손님의 얼굴 · 머리 · 피부 및 손톱 · 발톱 등을 손질하여 외모를 아름답게 꾸미는 영업을 말한다. 네일미용업은 손톱과 발톱을 손질 · 화장하는 영업을 말한다.

❷ 영업신고 : 보건복지령이 정하는 시설 및 설비를 갖추고 시장·군수·구청장에게 신고한다.

영업신고 첨부서류	시설 및 설비기준
• 영업신고서 / 영업시설 및 설비개요서 • 위생교육 수료증 / 면허증 원본	• 미용기구는 소독을 한 기구와 소독을 하지 아니한 기구를 구분하여 보관할 수 있는 용기를 비치해야 함 • 소독기 · 자외선 살균기 등 미용기구를 소독하는 장비를 갖추어야 함

❸ 변경신고
- 보건복지부령이 정하는 중요사항을 변경할 때에는 시장 · 군수 · 구청장에게 신고한다.

변경신고사항	변경신고 시 첨부서류
• 영업소의 명칭 또는 상호 / 영업소의 주소 / 업종간 변경 • 신고한 영업장 면적의 3분의 1 이상의 증감 • 대표자의 성명 또는 생년월일	• 영업신고증 • 변경사항을 증명하는 서류

❹ 폐업신고
보건복지부령이 정하는 폐업신고를 하려는 자는 공중위생영업을 폐업일로부터 20일 이내에 시장 · 군수 · 구청장에게 신고한다.

❺ 영업승계
- 영업자의 지위를 승계하는 자는 1개월 이내에 보건복지부령이 정하는 바에 따라 시장 · 군수 · 구청장에게 신고한다.

승계조건	승계 시 제출서류
• 면허소지자	• 영업자 지위승계 신고서 • 양도 – 양도 · 양수 증명서류 사본 • 상속 – 가족관계 증명서, 상속자 증명서류 • 양도 · 상속 이외 – 해당 사유별 영업자의 지위승계 증명서류

❻ 면허
- 보건복지부령이 정하는 바에 의하여 시장 · 군수 · 구청장의 면허를 받아야 한다.
- 면허취소 · 정지명령을 받은 자는 지체없이 시장 · 군수 · 구청장에게 면허를 반납하고 관할 시장 · 군수 · 구청장은 면허정지 기간 동안 반납한 면허증을 보관해야 한다.
- 면허취소 시 1년 경과 후, 재 취득할 수 있다.

면허결격자	면허취소	면허정지
• 피성년후견인 • 정신질환자 • 감염병환자(보건복지부령) • 마약 기타 약물중독자(대통령령) • 면허가 취소된 후, 1년이 경과되지 아니한자	• 피성년후견인, 정신질환자 또는 마약 기타 대통령으로 정하는 약물중독자 • 「국가기술자격법」에 따라 자격이 취소된 때 • 이중으로 면허를 취득할 때(나중에 발급받은 면허) • 면허정지 처분을 받고도 그 정지기간 중에 업무를 하였을 때	• 6개월 이내 기간을 정하여 면허를 정지함 • 면허증을 다른 사람에게 대여할 때 • 「국가기술자격법」에 따라 자격정지 처분을 받을 때(자격정지 처분 기간에 한정) • 「성매매알선 등 행위의 처벌에 관한 법률」이나 「풍속영업의 규제에 관한 법률」을 위반하여 관계행정기관의 장으로부터 그 사실을 통보 받을 때

① 면허 재발급 및 사유

면허재발급	면허재발급 사유
• 재발급자는 시장·군수·구청장에게 신청서 제출	• 면허증의 기재사항(성명, 주민번호 등)의 변경 • 면허증이 헐어 못 쓰게된 때와 잃어버렸을 때

❼ 행정지도 감독

보고 및 출입·검사	영업제한	위생지도 및 개선명령
• 시·도지사 또는 시장·군수·구청장은 공중위생관리상 필요하다고 인정할 때 공중위생영업자에 대해 필요한 보고를 할 수 있다. • 소속공무원은 위생관리의무 이행 등에 대하여 검사하게 하거나 장부나 서류를 열람하게 할 수 있다. • 관계 공무원은 그 권한을 표시하는 증표를 지녀야 하며, 관계인에게 이를 제시해야 함	• 시·도지사 또는 시장·군수·구청장은 공익상 또는 풍속을 유지하기 위하여 필요하다고 인정할 때 - 공중위생영업자 및 종사원에 대해 영업시간 및 영업행위에 관한 필요한 제한을 할 수 있다.	• 보건복지부령으로 정하는 바에 따라 시·도지사 또는 시장·군수·구청장은 기간을 정하여 그 개선을 명할 수 있다. - 공중위생영업의 종류별 시설 및 설비기준을 위반 - 위생관리의무 등을 위반 • 개선명령 기간 – 6개월 범위 내에서

① 영업소의 폐쇄(보건복지부령)
  • 영업정지, 일부시설의 사용중지, 영업소·폐쇄명령 등은 시장·군수·구청장이 집행한다.
② 폐쇄명령위반, 무신고 영업 시 조치사항
  • 해당 영업소 간판 및 기타 영업표지물을 제거 / 위법한 영업소임을 알리는 게시물 부착 / 영업을 위해 필요한 기구, 시설물을 사용할 수 없게 봉인한다.

❽ 위생관리

① 위생서비스 수준의 평가(보건복지부령)
  공중위생영업소의 위생관리수준 향상을 목적으로 시·도지사는 계획을 수립하여 시장·군수·구청장에게 통보한다.

평가방법	평가주기	위생관리 등급	위생등급관리 공표	위생감시
• 세부평가계획을 수립한 후 평가 - 시장·군수·구청장 • 관련전문기관 및 단체 위생서비스 평가 가능	• 2년마다 실시 종류 및 관리 등급 별로 평가 주기를 달리 할 수 있음	• 최우수 – 녹색 • 우수 – 황색 • 일반관리대상 업소 – 백색	• 공중위생영업자에게 통보 및 공표 • 등급표지를 영업소 명칭과 함께 영업소 출입구에 부착가능	• 평가 결과에 따라 등급별로 위생감시 실시 • 영업소 출입·검사 실시주기 및 회수 등

② 위생교육
  • 위생교육 실시 단체의 업무 : 교육교재를 편찬하여 교육 대상자에게 제공함, 위생교육을 수료한 자에게 수료증 교부(실시단체장), 교육결과를 교육 후 1개월 이내에 시장·군수·구청장에게 통보해야 함, 수료증 교부대장 등 교육에 관한 기록을 2년 이상 보관·관리해야 함

교육횟수 및 시간	교육대상	교육내용	교육기관	교육의 면제
• 1년(매년) • 3시간	• 공중위생영업자(네일미용 영업자) • 영업을 승계한 자 • 영업신고를 하고자 하는 자 – 직접 영업에 종사하지 않거나 두 개 이상의 장소에서 영업하는 자 – 영업장별 공중위생책임자	• 공중위생관리법 및 관련 법규 • 소양교육(친절 및 청결사항 포함) • 기술교육 • 기타 공중위생에 관한 필요 내용	• 보건복지부장관이 허가한 단체 또는 공중위생영업자 단체	• 위생교육을 받은 날부터 2년 이내 같은 영업을 하려는 경우 – 위생교육을 받은 것으로 봄

❾ 위임 및 위탁 주체와 업무

대통령령	보건복지부령	보건복지부장관	시·도지사	시장·군수·구청장
• 공중위생 감시원 – 자격·임명·업무·범위	• 미용사(네일) 업무범위 • 위생기준 및 소득 기준 • 위생서비스 수준 – 평가주기와 방법, 위생관리 등급	• 업무위탁	• 영업시간 및 영업행위제한 • 위생서비스 평가계획수립	• 영업·변경·폐업신고 및 영업신고증 교부 • 면허신청·취소 및 면허증 교부·반납·폐쇄명령 • 위생서비스 평가 • 위생등급관리 공표 • 과태료 및 과징금 부과·징수 • 청문

❿ 벌칙(징역 또는 벌금)

1년 이하의 징역 (또는 1천만원 이하 벌금)	6월 이하 징역 (또는 500만원 이하 벌금)	300만원 이하의 벌금
• 영업신고 없이 영업소 개설자 • 영업정지 명령 또는 일부 시설사용 중지명령을 받고도 – 그 기간 중에 영업을 하거나 그 시설을 사용 시 • 영업소 폐쇄명령에도 – 계속 영업 시	• 변경신고 하지 않은 자 • 영업지위 승계한 경우 – 지위승계 신고를 하지 않은 자 • 영업자 준수사항을 준수하지 않은 자	• 네일미용사 면허증을 빌려주거나 빌린자 또는 알선한 자 • 면허취소 또는 정지 중에 영업을 한 자 • 면허를 받지 않고 – 네일미용업을 개설하거나 그 업무에 종사한 자

- 양벌 규정 : 법인의 대표자나 법인 또는 개인의 대리인, 사용인 그 밖의 종업원이 그 법인(또는 개인)의 업무에 관하여 위 벌칙에 해당하는 행위 위반 시
  - 그 행위자 외에 법인(또는 개인)에게도 해당 조문의 벌금형을 부과함
  - 법인(또는 개인)이 그 위반행위를 방지하기 위해 주의와 감독을 게을리하지 않을 경우에는 그러하지 않음

⓫ 과태료

① 과태료의 부과·징수

과태료는 대통령령으로 정하는 바에 따라 보건복지부장관 또는 시장·군수·구청장이 부과·징수한다.

② 과태료 부과기준

일반기준	개별기준	
	과태료	위반행위
• 시장·군수·구청장은 – 위반행위의 정도, 위반횟수 – 위반행위의 동기와 그 결과 등을 고려하여 → 그 해당 금액의 1/2범위에서 경감하거나 가중할 수 있다.	20만원	• 위생교육 미수료 자
	50만원	• 미용업의 위생관리 의무 불이행 자
	70만원	• 영업소 외의 장소에서 미용업무를 행한 자
	100만원	• 공중위생 관리상 필요한 보고를 하지 않거나 • 관계 공무원의 출입·검사, 기타 조치를 거부방해 또는 기피 시 • 위생관리 업무에 대한 개선명령 위반 시

③ 과태료

200만원 이하	300만원 이하
• 위생교육을 받지 않은 자 • 영업소 외의 장소에서 미용업무를 행한 자 • 다음 위생관리 의무를 지키지 않은 자 – 의료기구와 의약품을 사용하지 않은 순수한 화장 또는 피부미용 – 미용기구는 소독한 것과 하지 않은 것을 분리 보관, 면도기는 1회용 면도날을 손님 1인에 한해 사용 – 네일미용사 면허증을 영업소 안에 게시	• 공중위생 관리상 – 필요한 보고를 하지 않거나 – 관계 공무원의 출입·검사 기타 조치를 거부·방해 또는 기피 시 • 위생관리 의무에 대한 개선명령 위반 시 • 시설 및 설비기준에 대한 개선명령 위반 시

⑫ 과징금 처분

- 영업정지가 이용자에게 심한 불편을 주거나 그 밖에 공익을 해할 우려 시, 영업정지 처분에 갈음하여 1억원 이하의 과징금을 부과할 수 있다(단 예외일 경우, 성매매 알선 등 – 행위의 처벌에 관한 법률 / – 풍속영업의 규제에 관한 법률 또는 이에 상응하는 위반행위로 인해 처분을 받게 되는 경우).
- 과징금 부과의 주체는 시장·군수·구청장이며, 보건복지부령에 의한다.

① 과징금 산정 기준

영업정지 계산	과징금 부과기준	신규사업·휴업 등
• 1월(개월)은 30일로 함	• 매출금액은 처분일에 속한 연도의 전년도(1년간) 총 매출 금액을 기준	• 1년간의 총 매출금액을 산출할 수 없거나 • 1년간의 매출금액을 기준으로 하는 것이 불합리하다고 인정되는 경우 – 분기별·월별 또는 일별 매출금액을 기준으로 산출 또는 조정

② 청문
- 보건복지부장관 또는 시장·군수·구청장에 의해 실시되는 청문의 경우는
    - 공중위생영업 신고사항의 직권 말소에 의해 네일미용사의 면허취소 또는 면허정지 시
    - 영업정지명령 시 / 일부시설의 사용중지명령 또는 영업소폐쇄명령 시 등이다.

③ 벌금·과태료·과징금의 의미
- 부가 주체로서 벌금과 과료는 판사, 과태료와 과징금은 해당 행정관청이 부과한다.

벌금	과료	과태료	과징금
• 재산형 형벌(금전박탈)로 미부과 시 노역 유치 가능	• 벌금과 같은 재산형 – 일정 금액의 지불 의무를 강제함 – 경범죄 처벌법과 같이 벌금형에 비해 주로 경미한 범죄에 대해 부과	• 행정법상 의무위반 – 불이행에 대한 제재로 부과징수하는 금전부담 – 형벌의 성질은 갖지 않음	• 행정법상 의무위반 – 불이행 시 발생된 경제적 이익에 대해 징수하는 금전부담 – 형벌의 성질은 갖지 않음

⑬ 행정처분

① 네일미용사 면허에 관한 1차 위반 시 면허취소 및 면허정지

면허취소	면허정지
• 네일미용사 자격취소 시 / 이중으로 면허취소 시(나중발급 받은 면허) • 금치산자, 정신질환자, 결핵환자, 약물중독자에 의한 결격사유 해당자 • 면허정지 처분을 받고 그 정지기간 중 업무를 행한 자	• 국가기술 자격법에 따라 네일미용사 자격정지 처분을 받을 시

② 법 또는 법에 의한 명령에 1차 위반 시 개선명령 및 경고, 영업장 폐쇄명령

개선명령	경고	영업장 폐쇄 명령
• 시설 및 설비기준을 위반 시	• 영업자 지위를 승계한 후 1월 이내에 신고하지 않을 시 • 소독한 기구와 소독하지 않은 기구를 각기 다른 용기에 보관하지 않거나 1회용 면도날을 2인 이상의 손님에게 사용 시 • 시·도지사 또는 시장·군수·구청장의 개선명령을 이행하지 않을 시	• 영업정지처분을 받고 그 영업정지기간 중 영업 시 • 영업신고를 하지 않은 경우 • 정당한 사유없이 6개월 이상 계속 휴업하는 경우 • 관할 세무서장에게 폐업신고를 하거나 관할 세무서장이 사업자등록을 말소한 경우

③ 법 또는 법에 의한 명령에 1차 위반 시 경고 또는 개선명령
- 신고를 하지 않고 영업소의 명칭 및 상호 또는 영업장 면적의 1/3 이상 변경 시
- 네일미용업 신고증 및 면허증 원본을 게시하지 않거나 업소 내 조명도를 준수하지 않을 시

01 WHO 공중보건학 정의를 정확하게 제시한 것은?
① 조직적인 지역사회의 노력을 통하여 질병을 예방한다.
② 조직적인 지역사회의 노력을 통하여 생명을 연장한다.
③ 신체적·정신적 효율을 증진시키는 기술이며 과학이다.
④ 육체적, 정신적, 사회적으로 건전한 상태를 말한다.

> 해답 ④
> 해설 ①②③은 윈슬로우의 공중보건학 정의이다.

02 질병발생 요인이 아닌 것은?
① 면역　　　② 병인　　　③ 숙주　　　④ 환경

> 해답 ①
> 해설 ②③④는 질병발생의 3요소이다.

03 공중보건학의 범위와 거리가 먼 것은?
① 보건관리 – 보건행정·교육·영양, 사회보장제도
② 질병관리 – 역학, 감염병관리, 기생충질환관리
③ 인구관리 – 인구·모자·가족·노인보건, 의료정보
④ 환경보건 – 환경위생·오염, 식품보건, 식품위생

> 해답 ③
> 해설 공중보건학 분야(범위)는 보건관리, 질병관리, 환경보건 등이다.

04 공중보건의 3대사업이 아닌 것은?
① 보건교육　　　　　　　② 보건지표
③ 보건행정　　　　　　　④ 보건관계법

> 해답 ②
> 해설 공중보건에서 보건교육, 보건행정, 보건관계법은 3대사업에 들어간다.

05 인구구성 형태에서 가장 이상형에 해당하는 내용인 것은?
① 종형　　　　　　　　② 별형
③ 항아리형　　　　　　④ 피라미드형

> 해답 ① 종형 – 이상형
> 해설 ②는 도시형, ③은 선진국형 ④는 후진국형이다.

06 보건지표에서 사망통계의 내용과 연계가 바르게 된 것은?
① 조사망률 – 한 국가의 보건수준을 나타내는 지표
② 영아사망률 – 생후 28일 미만 유아의 사망률
③ 신생아 사망률 – 생후 1년 안에 사망한 신생아의 사망률
④ 비례사망지수 – 한 국가의 건강수준을 나타내는 지표

해답 ④

해설 비례사망지수는 총사망자 수에 대한 50세 이상의 사망자 수를 백분율로 표시한 지수이다. ①은 영아사망률 ②는 신생아사망률
- 조사망률은 인구 1,000명당 1년 동안의 사망자 수, 영아사망률은 한 국가의 보건수준을 나타내는 지표이며, 생후 1년안에 사망한 영아의 사망률이다.

07 한 국가나 지역사회 간의 보건수준 비교 시 사용되는 지표가 아닌 것은?
① 조사망률   ② 영아사망률   ③ 평균수명   ④ 비례사망지수

해답 ①

08 한 나라 건강수준이 다른 나라들과 비교되는 지표(세계보건기구의 제시)가 아닌 것은?
① 조사망률   ② 영아사망률   ③ 평균수명   ④ 비례사망지수

해답 ②

09 감염병 발생 3대 요인이 아닌 것은?
① 병원소   ② 병원체   ③ 보균자   ④ 병원미생물

해답 ④

10 병원체 중 세균에 의해 발생되는 질병은?
① 두창   ② 나병   ③ 폴리오   ④ 트라코마

해답 ②
해설 ①③④는 바이러스가 병원체이다.

11 피부점막계를 매개로 일으키는 병원체가 아닌 것은?
① 매독   ② 황열   ③ AIDS   ④ 유행성이하선염

해답 ④
해설 ④의 유행성이하선염은 바이러스를 병원체로 하는 호흡기계로서 볼거리라고도 한다.
① 매독 – 세균 ② 황열 ③ AIDS–바이러스

12 수인성 감염병이 아닌 질환은?
① 이질   ② 콜레라   ③ 재귀열   ④ A형간염

해답 ③
해설 재귀열은 스피로헤타를 병원체로 하는 질환으로 이, 벼룩, 진드기, 모기 따위가 매개하는 제 2종 전염병이다.

13 토양병원소에 해당되는 것은?
① 환자   ② 보균자   ③ 파상풍   ④ 오염된 수질

해답 ③
해설 ①②는 인간병원소, ④는 오염된 토양이라 할 때 파상풍과 더불어 토양병원소에 해당된다.

14 병후보균자에 해당되는 내용은?
① 폴리오, 일본뇌염 등의 감염병이다.
② 병원체를 보유, 증상이 없으나 체외로 배출한다.
③ 색출이 어려우며 활동영역이 넓어 격리가 어렵다
④ 임상증상이 소실된 후에도 병원체를 비출한다.

> 해답 ④
> 해설 ①②③은 건강보균자이다.

15 감염병 발생 시 신고시기로서 잘못 연결된 것은?
① 즉시 – 제 1급 감염병
② 24시간 이내 – 제 2급 감염병
③ 48시간 이내 – 제 3급 감염병
④ 7일 이내 – 제 4급 감염병

> 해답 ③
> 해설 24이내 – 제 2·3급 감염병이다.

16 기생충 종류와 매개체 간 연결이 바르게 된 것은?
① 선충류 – 무구조충, 유구조충
② 조충류 – 사상충, 선모충증
③ 원충류 – 이질아메바, 질트리코마나스
④ 흡충류 – 회충, 요충, 편충, 구충(십이지장충)

> 해답 ③
> 해설 ① 조충류, ②④ 선충류

17 기생충 종류인 조충류와 중간숙주의 연결이 바르게 된 것은?
① 간흡충증 – 제 1중간 숙주(왜우렁이)
   제 2 중간 숙주(잉어·참붕어)
② 폐흡충증 – 제 1중간 숙주(다슬기)
   제 2중간 숙주(가재, 개)
③ 요코가와 흡충증 – 제 1중간 숙주(다슬기)
   제 2중간 숙주(은어, 숭어)
④ 광절열두조충증 – 제 1중간 숙주(물벼룩)
   제 2 중간 숙주(송어, 연어)

> 해답 ④
> 해설 ①②③은 흡충류에 해당된다.

18 질병 전파의 매개체인 절지동물의 연결이 잘못된 것은?
① 이 – 재귀열, 발진티푸스, 파라티푸스
② 모기 – 황열, 뎅기열, 사상충, 일본뇌염
③ 파리 – 결핵, 이질, 콜레라, 장티푸스
④ 진드기 – 쯔쯔가무시, 유행성출혈열

> 해답 ①
> 해설 ① 파라티푸스는 파리를 매개로 하는 질병이다.

19 모기, 파리 등 설치류의 위생해충은 어떤 환경에 속하는가?
① 물리적 환경
② 생리적 환경
③ 자연적 환경
④ 화학적 환경

> 해답 ③

20 기후의 3대 요소에 대한 내용으로 잘못된 것은?

① 기류 – 공기의 흐름으로서 실내·외의 온도차는 5~7℃가 적당하며, 기류를 느낄 수 있는 최소한의 범위 0.5m/sec이다.
② 기습 – 일정온도 내 공기 중 수증기의 양, 쾌적습도는 4~70% 이며, 40% 이하 시 건조하여 건강에 해롭다.
③ 기압 – 공기의 이동, 즉 온도의 영향으로 차가운 곳의 공기는 수축하여 무거워 하강기류(고기압)로서 맑은 날씨가 된다.
④ 기온 – 지상 1.5m 높이의 대기온도로서 쾌적한 쾌감온도 18±2℃ 이며 평상 시 체온유지 범위는 36.1~37.2℃ 이다.

> 해답 ③
> 해설 온열인자(요소)는 기온·기습·복사열이며, 기후의 3대요소는 기류·기습·기온이다.

21 일산화탄소(CO)에 관한 내용인 것은?

① 실내온난화 주범이다.
② 실내공기 오염지표이다.
③ 공기보다 1.5배 무거우며 공기성분 중 0.03% 차지한다.
④ 허용한계치는 8시간 기준 0.01%(100ppm)이다.

> 해답 ④
> 해설 CO_2의 서한량은 8시간 기준 0.07~0.1%(700~1,000ppm)이다. ①②③은 이산화탄소(CO_2)와 관련된 내용이다.

22 물의 경도에 대한 설명으로 잘못된 것은?

① 칼슘과 마그네슘이 주요원인이 된다.
② 일반적으로 탄산칼슘 형태로 존재한다.
③ 경도 1도는 물 1L중 탄산칼슘 1mg이 함유됨을 나타낸다.
④ 경수는 단물이며 연수는 센물로서 음용수는 물론 세발·세안·세탁에 적당하다.

> 해답 ④
> 해설 경수(센물), 연수(단물)이다. 연수는 음용수·세발·세안·세탁 등에 적당하다.

23 하수처리나 방류 후 오염도 측정에 사용되는 것은?

① 수소이온농도(pH)
② 용존산소량(DO)
③ 생화학적 산소요구량(BOD)
④ 화학적 산소요구량(COD)

> 해답 ②
> 해설 어류 등이 생존하는데 필요한 DO의 양은 5ppm 이상이어야 한다. DO부족 시 혐기성 부패에 의해 메탄가스가 발생하고 악취가 난다.

24 음용수(수질)의 일반적인 오염지표로 사용되는 것은?

① 대장균
② 용존산소량
③ 생화학적 산소요구량
④ 화학적 산소요구량

> 해답 ①
> 해설 대장균 균은 50ml 중에서 검출되지 않아야 한다.

25 하수처리 과정 중 오니처리에 대한 설명으로 잘못된 것은?
① 투기　　② 소각　　③ 퇴비화　　④ 스크린 설치

> 해답 ④
> 해설 ④스크린 설치는 예비처리 과정에서 적용된다. 하수처리 과정 중 최후처리로서, 예비처리와 본처리를 거친 오니를 투기·소각·퇴비화·사상건조·소화 등의 방법을 이용해서 처리한다.

26 전염병(질병) 발생의 3대 요인에 해당되는 것은?
① 보균자　　② 병원소　　③ 병원체　　④ 전염원

> 해답 ④
> 해설 전염병 발생 3대 요소는 전염원(병인), 전염경로(환경), 감수성이 있는 숙주집단(숙주) 등에 해당된다.

27 보균자에 대한 설명으로 잘못된 것은?
① 보균자는 자각적, 타각적 임상증상을 갖는다.
② 병후보균자는 회복기 보균자로서 장티푸스, 세균성이질 감염자이다.
③ 잠복기보균자는 발병전 보균자로서 잠복기간 중에서도 전염력을 갖고 있다.
④ 건강보균자는 불현성 보균자로서 건강인과 다름없이 병원체를 배출하는 자이다.

> 해답 ①
> 해설 보균자는 자각적, 타각적 임상증상은 없으나 병원체를 배출한다.

28 식중독 분류에서 식물성 자연독으로서 연결이 틀린 것은?
① 감자 – 솔라닌　　② 버섯 – 무스카린
③ 청매 – 아미그달린　　④ 독미나리 – 에고톡신

> 해답 ④
> 해설 독미나리는 시큐톡신으로서 특히 뿌리부분에 경련성 유독성분을 함유, 에고톡신은 맥각(보리·밀 등)이 개화 시 맥각균의 기생에 의해 중독증상을 야기한다.

29 물체의 표면 또는 그 내부에 있는 병원균 또는 아포까지 없애는 가장 확실한 소독법은?
① 멸균　　② 방부　　③ 살균　　④ 소독

> 해답 ①
> 해설 멸균은 소독의 가장 안전한 형태이다.

30 다음 〈보기〉는 소독에 필요한 조건이다. 물리적, 화학적 인자로 구분될 때 물리적 인자로만 묶인 것은?

―〈보기〉―
㉠물　　㉡열　　㉢자외선　　㉣농도　　㉤시간　　㉥온도

① ㉠㉡　　② ㉡㉢　　③ ㉢㉣　　④ ㉤㉥

> 해답 ②
> 해설 화학적 인자는 물, 농도, 시간, 온도이다.

31 물리적인 소독법 중 건열에 의한 방법이 아닌 것은?
① 건열멸균법　　　　　　　　② 자외선멸균법
③ 소각소독법　　　　　　　　④ 화염멸균법

> 해답 ②
> 해설 자외선 멸균법은 열을 이용하지 않는 멸균법으로서 2400~2800Å의 파장을 지닌 자외선의 강한 조사에 의한다. 종류에는 세균여과법, 일광소독 등도 여기에 포함된다.

32 100℃의 유통증기를 15분간씩 24시간 간격으로 3회 가열하며, 그 사이의 쉬는 시간에는 실내온도를 20℃ 정도로 유지시키는 소독법은?
① 간헐멸균법　　　　　　　　② 고압증기멸균법
③ 자비(열탕)소독　　　　　　④ 초고온순간멸균소독

> 해답 ①

33 화학적 소독법 중 맹독성이 있고 아포소독에도 효과가 있는 것은?
① 석탄산(39%)　　　　　　　② 승홍수(0.1%)
③ 알코올(70~80%)　　　　　 ④ 크레졸(3%)

> 해답 ②
> 해설 승홍은 맹독성이 있어 금속을 부식시키며 피부나 아포소독에 사용한다.

34 석탄산에 대한 설명으로 잘못된 것은?
① 카본산 또는 페놀 등으로 불린다.
② 단백질의 응고 또는 세포를 용해시키는 작용을 한다.
③ 높은 농도일 때 세균벽을 침투하여 멸균효과를 나타낸다.
④ 거의 대부분의 병원균과 바이러스, 아포에 대해 효과가 있다.

> 해답 ④
> 해설 거의 대부분의 병원균에 효과가 있으나 바이러스, 아포에 대해서는 효력이 적다.

35 포르말린과 포름알데하이드에 대한 설명으로 잘못된 것은?
① 포르말린은 포름알데하이드가 37% 이상 포함된 소용액이다.
② 포름알데하이드는 메탄올을 산화시켜 만든 가스체로서 밀폐된 실내나 특별 상자 속에서 발생시켜 소독한다.
③ 30℃ 이상 온도가 유지될 때 소독력이 극히 강하나 취기가 오랫동안 남는다.
④ 강한 환원력과 낮은 농도, 아포에 대해서도 강한 살균효과가 있다.

> 해답 ③
> 해설 가스체로서 사용하므로 취기가 빨리 없어진다.

36 소독제의 구비조건이 아닌 것은?

① 인체 무해 · 무독한 안전성을 갖는다.
② 높은 석탄산계수로서 강한 살균력이 있다.
③ 물품을 부식, 표백시키지 않으며 향이 없다.
④ 가격이 저렴하고 사용방법이 편리하며, 환경오염을 발생시키지 않아야 한다.

> 해답 ①
> 해설 안정성(인체 무해, 무독)을 갖춘다.

37 소독제의 살균기전 중 산화작용의 역할인 것은?

① 석탄산　　② 역성비누　　③ 중금속염　　④ 과산화수소

> 해답 ④
> 해설 ①②③은 세포막의 삼투성 변화작용의 살균기전이다.

38 병원체 리케차와 연관된 내용인 것은?

① 세균여과기로 분리된다.
② 아포를 형성하며 편모를 갖고 있다.
③ 인수공통의 미생물 병원체로서 큰 막대모양이다.
④ 박테리아보다 큰 진핵세포로서 가는 실모양의 세포이다.

> 해답 ③
> 해설 ① – 바이러스, ② – 세균(박테리아), ④ – 진균 등이다.

39 진드기에 의해 전파되는 질환이 아닌 것은?

① 반점열　　② 발진열　　③ 지중해열　　④ 쯔쯔가무시병

> 해답 ②
> 해설 발진열은 쥐벼룩에 의한 질환이다.

40 공중위생영업을 하기 위해 영업신고 시 첨부서류로 잘못된 것은?

① 영업신고서　　② 영업시설 및 설비개요서
③ 면허증사본　　④ 위생교육수료증

> 해답 ③
> 해설 면허증원본을 첨부해야 한다.

41 공중위생 영업자가 중요사항을 변경할 때 변경신고사항이 아닌 것은?

① 영업자의 주소　　② 영업소의 명칭 또는 상호
③ 신고한 영업장 면적의 1/3 이상 증감　　④ 대표자의 성명 또는 생년월일

> 해답 ①
> 해설 영업소의 주소가 변경할 때 시장 · 군수 · 구청장에게 신고한다.

42 공중위생영업을 폐업일로부터 며칠 이내에 시장·군수·구청장에게 신고해야 하는가?
① 10일 이내 ② 20일 이내
③ 30일 이내 ④ 3개월 이내

해답 ②

43 영업승계 시 제출 서류로서 연결이 잘못된 것은?
① 영업자 지위승계 허가서
② 양도 시 양도·양수 증명서류 사본
③ 상속 시 가족관계 증명서, 상속자 증명서류
④ 양도·상속 이외 해당 사유별 영업자의 지위승계 증명서류

해답 ①
해설 영업자 지위승계 신고서이다.

44 대통령령이 정하는 바에 의한 면허결격자는?
① 감염병환자 ② 피성년후견인
③ 마약 기타 약물중독자 ④ 면허가 취소된 후 1년이 경과되지 아니한 자

해답 ③

45 영업소의 폐쇄명령 위반 및 무신고 영업 시 조치사항의 내용으로 잘못된 것은?
① 위법한 영업소임을 알리는 게시물을 부착한다.
② 해당 영업소간판 및 기타 영업표지물을 제거한다.
③ 영업을 위해 필요한 기구, 시설물을 사용할 수 없게 봉인한다.
④ 영업소의 폐쇄는 보건복지부령에 의해 시·도지사가 집행한다.

해답 ④
해설 보건복지령에 의해 시장·군수·구청장이 집행한다.

46 위생관리수준 향상을 목적으로 통보되는 위생관리 등급으로 맞는 것은?
① 우수 - 황색 ② 최우수 - 백색
③ 일반 - 녹색 ④ 일반관리대상업소 - 청색

해답 ①
해설 ② - 녹색, ④ - 백색

47 위생교육에서 교육대상이 아닌 것은?
① 공중위생영업자
② 영업을 승계한 자
③ 변경신고를 하고자 하는 자
④ 두 개 이상의 장소에서 영업하는 자는 영업장별 공동위생책임자

해답 ③
해설 영업신고를 하고자 하는 자는 위생교육을 받아야 한다.

48 위임 및 위탁 주체와 업무로서 틀린 것은?
① 대통령령 – 공중위생감시원
② 보건복지부장관 – 위생기준 및 소독기준
③ 시·도지사 – 영업시간 및 영업행위 제한
④ 영업·변경·폐업신고 및 영업신고증 교부

> 해답 ②
> 해설 보건복지부장관은 업무위탁과 연관된다. 위생기준 및 소독기준은 보건복지부령에 해당된다.

49 300만원 이하의 벌금에 해당되는 것은?
① 면허취소 또는 정지 중에 영업을 한 자
② 변경신고를 하지 않은 자
③ 영업신고 없이 영업소 개설자
④ 영업자 준수사항을 준수하지 않은 자

> 해답 ①
> 해설 ②④ – 6개월 이하 징역 또는 500만원 이하 벌금
>   ③ – 1년이하 징역 또는 1천만원 이하 벌금

50 개별기준 과태료와 위반행위 간의 연결이 잘못된 것은?
① 20만원 – 위생교육 미수료자
② 50만원 – 미용업소의 위생관리 의무 불이행자
③ 70만원 – 위생관리업무에 대한 개선명령 위반 시
④ 100만원 – 관계 공무원의 출입·검사, 기타 조치를 거부방해 또는 기피 시

> 해답 ③
> 해설 ③은 100만원 과태료이다. 영업소 외의 장소에서 미용업무를 행한자에게는 70만원 과태료를 징수해야 한다.

51 보건복지부장관 또는 시장·군수·구청장에 의해 실시되는 청문의 경우가 아닌 것은?
① 영업정지 명령 시
② 공중위생영업 신고사항의 직권말소 시
③ 네일미용사의 면허취소 또는 면허정지 시
④ 일부시설의 사용중지 명령 또는 폐업신고 시

> 해답 ④
> 해설 일부시설의 사용중지명령 또는 폐쇄명령 시에 청문을 실시할 수 있다.

52 네일미용사 면허에 관한 1차 위반 시 면허취소에 해당되지 않는 것은?
① 네일미용사 자격취소 시
② 영업신고를 하지 않는 경우
③ 금치산자, 정신질환자, 결핵환자 등의 결격사유 해당자
④ 면허정지 처분을 받고 그 정지기간 중 업무를 행한자

> 해답 ②
> 해설 ②는 영업장 폐쇄명령에 해당된다.

2주완성 미용사 네일 필기시험문제

발 행 일	2026년 1월 10일 개정7판 1쇄 인쇄 2026년 1월 20일 개정7판 1쇄 발행
저 자	류은주·윤미선 공저
발 행 처	크라운출판사 http://www.crownbook.com
발 행 인	李尙原
신고번호	제 300-2007-143호
주 소	서울시 종로구 율곡로13길 21
공 급 처	(02) 765-4787, 1566-5937
전 화	(02) 745-0311~3
팩 스	(02) 743-2688, 02) 741-3231
홈페이지	www.crownbook.co.kr
ISBN	978-89-406-4955-8 / 13590

판권 본사 소유

특별판매정가 13,000원

이 도서의 판권은 크라운출판사에 있으며, 수록된 내용은 무단으로 복제, 변형하여 사용할 수 없습니다.
Copyright CROWN, ⓒ 2026 Printed in Korea

이 도서의 문의를 편집부(02-6430-7006)로 연락주시면 친절하게 응답해 드립니다.